UNLIMITED
POWER

激发
无限潜能

[美] 安东尼·罗宾（ANTHONY ROBBINS）/ 著　　杨茂蒙 / 译

光明日报出版社

图书在版编目（C I P）数据

激发无限潜能 /（美）罗宾著 ; 杨茂蒙译 . -- 2版

. -- 北京 : 光明日报出版社 , 2015.1（2024.4重印）

书名原文 : Unlimited power

ISBN 978-7-5112-5753-6

Ⅰ . ①激… Ⅱ . ①罗… ②杨… Ⅲ . ①成功心理—通

俗读物 Ⅳ . ① B848.4-49

中国版本图书馆 CIP 数据核字 (2014) 第 282130 号

图字号：01-2014-4072

激发无限潜能

JIFA WUXIAN QIANNENG

著　者：〔美〕安东尼·罗宾　　　　　译　者：杨茂蒙

策　划：双螺旋文化

责任编辑：杨　茹　　　　　　　　　　责任校对：傅泉泽

特约编辑：唐　浒　杨亚妮　　　　　　责任印制：曹　诤

封面设计：7拾3号　　　　　　　　　　特约技术编辑：张雅琴　黄鲁西

出版发行：光明日报出版社

地　　址：北京市西城区永安路106号，100050

电　　话：010-63169890（咨询），010-63131930（邮购）
　　　　　　010-63497501，63370061（团购）

传　　真：010-63131930

网　　址：http://book.gmw.cn

邮　　箱：gmrbcbs@gmw.cn

法律顾问：北京市兰台律师事务所龚柳方律师

印　　刷：固安兰星球彩色印刷有限公司

装　　订：固安兰星球彩色印刷有限公司

本书如有破损、缺页、装订错误，请与本社联系调换，电话：010-63131930

开　　本：170mm×240mm

字　　数：320 千字　　　　　　　　　印　张：21.75

版　　次：2015 年 2 月第 2 版　　　　印　次：2024 年 4 月第 5 次印刷

书　　号：ISBN 978-7-5112-5753-6

定　　价：68.00 元

这是一种全新而奇特的技巧……一种重新组织你的思考和行为的技巧——如果您想完全挖掘出自身的潜能,这本书你不得不看。

——诺曼·文森特·皮尔(Norman Vincent Peale)

《积极思考就是力量》的作者

安东尼·罗宾的天才之处在于他向公众传达"不可能之事亦有可能之法"……我已经迫不及待地将从书中所学的技能用到自己和我的病人身上。

——医学博士卡尔·西蒙顿(Carl Simonton)

癌症专家,《恢复健康》的作者

这本书充满感染力,同时又具体详尽,安东尼激励您并赋予您独特的工具。倘若能灵活地使用这些工具,即可在你生活的任一领域纵横驰骋,无论是工作、家庭、抑或是财务和个人身体,可谓攻无不克。你所要做的就是买这样一本书,用心地阅读,并好好地利用书中的内容。

——戴维·南丁格尔(David Nightingale)

南丁格尔–柯南公司

本书包含的材料是个人成功方法的一次飞跃。它并未停留在对过去50年成功题材简单的复制,而是积极寻求指导方法的绝对创新。阅读这本书固然十分重要,但更重要的是将其付诸实用。

——罗伯特·艾伦(Robert Allen)

《创建财富》及《直面挑战》的作者

I

如果在本年度选择一本最能帮助人们更加成功的书,这本书应当仁不让。我从来没有见到过比这更有效的技术以及比安东尼更好的交流者了。他说话就像散步一样自然。

——斯科特·迪嘉莫(Scott Degarmo)

《成功》杂志主编

对那些追求个人目标和专业成就的人而言,该书提供了详尽、睿智的方法,读者只需设定自身的目标并严格遵循书中的指导即可。

——《出版人周刊》(Publisher Weekly)

《激发无限潜能》是一种从精神和情感上"适应生活"的绝佳方法。

——哈维(Harvery)和玛丽莲·戴蒙(Marilyn Diamond)

《适应生活》的作者

罗宾是一个优秀的沟通者,他总是可以将长篇大论的建议详尽、生动地娓娓道来,而不是仅仅王婆卖瓜式的自夸。本书中吸引了众多希望通过自身努力改变生活现状的读者群体。

——《科克斯(Kirkus)书评》

在激发人类潜能研究的思潮当中,本书可谓前无古人。

——《东/西期刊》

本书获许摘录或部分摘录以下内容,在此,笔者一并致以诚挚的感谢。

《拥有非凡视觉的男孩》摘自《巴尔的摩太阳报》。该故事出自普利策年度特稿写作奖得主爱丽丝·史坦贝克之手。

阿蒂马斯·科尔的漫画《十份沙拉》。该漫画初见于《新女性》,摘录已获得阿蒂马斯·科尔本人许可。

托马森·J·皮特斯和罗伯特·H·华特曼《寻求卓越》一书中的内容,哈珀–柯林斯出版公司发行。

比尔·豪斯特的漫画《哈里,叫猫吃饭》。

摘录杰伊·弥尔顿·霍夫曼博士《缺失的医学联系:食物与人体之间的化学联系》一书中的内容。

汉克·卡西姆《淘气鬼詹尼》,该书由美国新闻集团发行。

联邦快递的故事,涉及到威廉·莱克的内容,均已得到斯基普·莱克的同意。

诺曼·卡森斯《笑对病魔》,已获诺顿出版集团准许。

赫伯特·本森《观念与思想的相互作用》,该书由西蒙＆舒斯特出版集团发行。

莱尔·沃特森《生活之潮》,该书由西蒙＆舒斯特出版集团发行。

《花生系列漫画》,由美国联合图画公司发行。

Ziggy 漫画,由环球出版公司发行。

鲍勃·迪伦《没什么大事,妈妈(我只是流了点血)》一曲中的歌词,该曲由华纳兄弟唱片公司发行。

激发出深藏在你身体内部的潜能
激发出你爱的潜能
让那些曾经帮助过你的人一同分享
潜能背后的魔力

献给杰西卡、Josbua、朱丽叶、
泰勒、贝基，以及我的母亲

　　本书能够付梓，与众人的支持、建议以及忘我的工作分不开。首先我在此一并表达我的谢意。即便我在此未指明是谁，也并非我对你们缺乏感激，仅仅是因为文章篇幅所限。

　　首先，我应该感谢我的妻子和家人，是他们为我营造了写作的氛围，使我无时无刻不思如泉涌，他们也宽容地接纳了我的观点。

　　其次，当然离不开皮特和亨利·古登对本书杰出的校订工作。在本书写作的不同阶段，怀亚特·乌德斯莫以及肯恩·布兰查德也提供了很多建设性的意见。本书付梓亦离不开詹·米勒以及鲍勃·朝比奈的努力，他们与西蒙＆舒斯特出版公司表现出了高度的严谨和足够的宽容，允许我在最终交稿的前一刻做了最后一次修改。

　　前辈们的个人魅力、方法及友谊对本书的完成也帮助很大——从我最早接触的简·莫里森和理查德·库伯，到吉姆·罗恩、约翰·葛瑞德、理查德·班德勒——我将一生牢记他们的教诲。

　　美编、助理以及研究职员和我一同承担了截稿之际的压力，在此，请允许我——列出他们的名字：罗布·埃文斯、邓恩·艾里斯、唐纳德·博登巴赫、凯西·伍迪，当然还有帕特里夏·威利通。

　　最后，我向罗宾研究中心的职员、中心经理以及遍及全国的数百名推广团队成员表示特别的感激之情。正因他们无日无夜的努力，才能使我的思想传遍全球。我应感谢的人还有很多人，因篇幅所限，在此就不一一列举了。

目录

Unlimited power

第一部分　模仿他人的成就

这是一个一夜之间功成名就的时代,这更是一个充斥着新想法,新概念的时代,每个人都渴望成功,却成败殊途、前途各异。

★ 一个小伙子,只有 25 岁,仅仅高中学历,何以在短短三年就变得富有、健康、快乐、功成名就呢?

★ 权力转瞬即逝,潜能才是永恒的东西。梦想就在某处向你招手,让生活质变的潜能藏在你身体的深处,你所要做的就是发现并释放它。

他人可以实现的成就,你同样也可以实现。问题不在于结果是否一致,而在于你是否注意到他人做事的方式。

★ 在我看来,模仿无疑是通往卓越成就的最佳捷径——意即倘若某人所缺的某项成就,只要肯投入时间和精力,所有的人均可以做到这一点。

★ 何谓运气,就是机会和精心准备的人不期而遇。学习有意识地、准确地模仿他人的行为,成功自然水到渠成。

1

第三章　心态的作用 / 39

心态是理解变化和取得成就的关键。行为是心态的直接反应。当我们感觉时时顺心时，一切都得心应手。但不幸的是，我们大多数时候都那么不够顺心。

★　心态具有惊人的力量，但心态是完全可以控制的。无论生活中遭遇怎样的挫折，都不是意志消沉的借口。

★　费西尔如何在沉船中寻到价值超过 4 亿美元的金银币，迪克汤米如何让他的球队完成惊天大逆转，控制心态真的能像控制音箱音量一样随心所欲吗？

第四章　卓越成就之源：信念 / 53

是什么让一个风烛残年的老人可以一瞬间变成活泼的精灵。"他的手指缓缓地张开，移向琴键，就像树枝的嫩芽在向阳光中伸展……"

★　为什么盐罐就在手边，你却找不到。为什么在你不停地告知自己"我记不起来"时，你就真的会记不起来。

★　你的个人信念来自何处？来自于街头巷尾的泛泛之辈？来自于广播电视？来自于那些高谈阔论之士？若想成功，必须谨慎地选择你的信念。须谨记，我们所能激发出的潜能，我们所能取得的结果，均始自我们的信念。

第五章　成功的七个谎言 / 65

本章所用的"谎言"一词代表了一种持续的提醒，提醒我们一切事情均无确切的定论。它是一种善意的提醒，提醒我们不要轻易抹杀另外一种可能性。

★　你对事情的预期是好是坏？你是希望倾尽所有精力换取你的成功，还是希望得过且过？你会从逆境中发现新光亮，还是在顺境中只看到绊脚石？

★　你是否畏惧失败？你又如何看待学习和经验积累呢？如果你能从他人的经验中学习，必将无往不利。

想要改变自己的心态,并非一定要重新体验那些难忘的痛苦经历,生活的转折有时只需要换一张唱片的力量。

★ 大多数人并不缺少资源,他们缺少的只是对资源的掌控能力。

★ 所谓王者,即是将一切掌控在自己手中,自己控制大脑运转的人。

生活中所有问题都有最佳应对策略,倘若我们的策略正确,便会无往不利,最终自然也会达成所愿。

★ 就如同施了魔法一般,短短 15 分钟,一个被公认为反应迟钝的孩子就可以像神童一样拼字了。

★ 爱因斯坦将他发现相对论的最大功劳归于他的视觉想象力,所以,如果你也能想象自己"骑着光束飞行",那么你至少理解了相对论。

如何像读懂地图一样,读懂一个人的所有细节;如何像顶级交流者一样,缜密的思考、观察、捕捉信息,开启他人的密码锁呢?

★ 其实人分三种类型,视觉性对世界的感知来自刺激,听觉型的人在言辞上比较挑剔,触觉型的人则主要依靠自己的感觉。你属于哪一种?

★ 大多数人都认为世界就是自己眼中的世界,认为有效的表白方式也是放诸四海皆准的求爱手段。我们往往忘了地图上的界限并不是真实的边界,而仅仅是我们一厢情愿的分界线。

第三部分　领导力:卓越成就的挑战

第二十一章 卓越的生活：人类最大的挑战 / *319*

考虑最后一道问题。你当前将走向何方？如果你按照这种方向走下去，五年或者十年之后，你将会到达何方，达到哪种高度？可这种地方、这种高度，又是不是你所愿呢？千万不要对自己撒谎。

★　世间有无数的人掌握着与史蒂夫·乔布斯和特德·特纳相同的信息，但仅仅他们采取了行动，取得了非凡的成就，进而改变了世界。

★　生活的一切事情都是一种积累，每一种结果都是我们在同一方向上行进距离的累积。累积的过程就是最终实现目标的过程。

词汇表 / *328*

Unlimited power

序言

当安东尼·罗宾邀请我为《激发无限潜能》一书作序时,我欣然应允。我之所以答应得如此爽快,主要是基于如下几点原因。首先,我相信安东尼是一个非同寻常的年轻人。我们初次见面是在 1985 年的 1 月,当时我正在参加棕榈泉①举行的"鲍勃希望沙漠精英赛职业——业余配对高尔夫比赛"。我在刚刚结束的一场比赛中有着十分出色的发挥,那是一场人人向往的比赛。在我们去吃晚餐的路上,一名来自澳大利亚的朋友基思·潘趣恰好从安东尼·罗宾的火炭行走课程广告牌旁边经过,恰恰看到了那句"释放你自身的潜能"。说实话,我听说过安东尼,一度对这个名字十分好奇,之前我和潘趣已经喝了点东西,而且我们都是那种不肯错过任何机会的人,所以我们决定不再回到球场继续打球,而是去参加他的课程。

在随后的四个半小时内,我目睹了安东尼在众多商业顾问、家庭主妇、医生、律师各色人等面前的精彩"催眠"表演。当然,我这里的"催眠"并不是指安东尼的教程使用了诸如黑魔法②之类的东西。事实上,安东尼以其非凡的号召力,迷人的个人魅力,以及出色的人类行为学方面的专业知识,使得椅子上的听众深深折服。这是过去 20 年,我所见识到的最愉快、最令人振奋的管理培训课程。课程结束后,除了我和基思,几乎所有的人都跨过了近 5 米宽的炭床,当然所有人也都完好无损。这对他们而言,实在是一次令人振奋的经历。

安东尼选择火炭行走作为一种精神暗示。他并不是在传授江湖术士的歪门邪道,而是在传授一套实用的工具,教会你如何战胜内心的恐惧,采取积极高效的行动;告诉你一切伟大成就的潜能都深藏在你身体内部,等待着你亲自挖掘。所以,我乐于写这篇序言的首要原因,是我对安东尼·罗宾本人的无限敬重。

第二点原因则是《激发无限潜能》能向读者展示安东尼·罗宾思维的深度和广度。安东尼并不单单是一个励志演说家。年仅 25 岁,他已经成为首屈一指

---

① 棕榈泉(Palm Springs),亦作帕姆斯普·普林斯,是美国加利福尼亚州里弗赛德县的一座城市。
② 跟魔法一样,黑魔法的称谓来自长久以来对于魔法和超自然力的盲目崇拜。之所以会被称为黑魔法,主要是因为其魔法来源的属性是黑暗的,且大都是跟恶魔借的力量。

的励志学专家。我深信这本书是最能展现这一种激发潜能的绝佳方法。安东尼在健康、释压、目标设定、认知等方面的出色才华,淡化了其间的差异。对于任何致力于成功的人士,本书不得不读。

我希望读者能够和我一样深入地阅读这本书。尽管这本书要比拙作《一分钟经理人》稍长,我依然希望你能够书不离手,直至完全读透,然后利用书中所学的内容释放你自身的伟大潜能。

肯尼斯·布兰查德

《一分钟经理人》作者

Unlimited

power

引言

在公共场合,我一直不善言谈,即使在摄影时也是如此。每一个镜头拍摄之前,我总是莫名地不自在。对于我这种对公共场合演讲心存恐惧的人,听说一个名叫安东尼·罗宾的人,可以帮助你击碎内心的恐惧,治疗你的心理疾病。你可以想象出我当时的欣喜程度。

即便我受邀与安东尼·罗宾会面时十分兴奋,但仍忍不住对他半信半疑。我之前也尝试过安东尼所擅长的 NLP 之类的方法,但效果不大,否则我也不会继续花那么多钱寻找专业的帮助了。

以前的专家总是告诉我,我的恐惧感源自多年的积累,很难在短期内取得根治。他们为我安排了反复的治疗疗程,但情况却丝毫没有改观。

见到安东尼的第一眼,我就忍不住惊呼"实在太魁梧"了。我几乎很少见到比我高大的人,而安东尼差不多有 2.01 米、108 千克。他年富力强,笑容灿烂。当他开始问我问题时,我忍不住又紧张起来。

他问我追求的是什么,如何改变现状。我的恐惧感自然而然地跳出了回答,其他的想法则寂然无声。但在安东尼柔和的声音的鼓励下,我终于开始仔细倾听他所讲的内容。

代之以一种全新的感觉,我逐渐消除了在公共场合演讲时的痛苦感,拥有了更强大的自信。安东尼让我再次设想我上一次在公共场合成功的经历,当我心中展现出自己谈笑风生的画面时,他不停地给我鼓励。这种鼓励进一步强化了我演讲时的心态和自信程度。相信阅读完这本书,你会获得同样的感受。

在这一过程中,我一直紧闭双眼倾听安东尼讲话,时间大约持续了 45 分钟。其间,他偶尔碰碰我的膝盖或者手臂,为我提供精神上的鼓励。当这个过程结束后,我感到自己如此的放松、坦然、沉静,几乎感觉不到自己身上有哪怕一丁点的缺陷。现在,我可以自信地参加卢森堡电视节目,坦然地面对约 4.5 亿电视观众。

如果其他人能像我一样从安东尼的方法中获益,那么这便是全人类的财富,我们都应该分享这一成果。试想躺在病床上，医生告诉我们，我们已经罹患癌症，时日不多，我们内心会不会忐忑不安，压力重重。而现在，安东尼的方法使得困扰我一生的难题可以在短短一小时内迎刃而解，那么对于那些身患其他方面——情绪、精神或心理——疾病的人，理应也能收到同样的疗效。他们同样可以战胜内心的恐惧，释放心中的压力，快乐地生活。生命如朝露，切勿因畏惧而迟滞不前。畏惧水、畏惧肥胖、畏惧公共场合演讲、畏惧蛇、畏惧老板、畏惧失败、畏惧死亡，难道我们的一生就浪费在这该死的畏缩面前！

现在我已脱离苦海（你知道我指的什么），这本书也为你指明了道路。对《激发无限潜能》一书可以在畅销书单中名列前茅一事，我深信不疑。这本书不仅告诉了我们如何击碎内心的恐惧，也赋予了我们挑战一切不可能的行为的策略和信心。熟练运用本书中的内容，你便可掌控自己的思想和身体，进而把握自己的命运，创造精彩的人生。

杰森·温特
《杀死癌症》作者

成　功

　　时常保持开心;去赢得智者的尊重并感染孩子们;虚心接纳真诚的批评,对朋友无意的背叛应足够宽容;发掘别人身上最大的优点;努力让我们生活的世界变得更美好;有一个健康的孩子,找一片空地种种花草,抑或是挽回曾经错误的人际关系;要认识到你曾充实地生活过,甚至一生的呼吸都比以前更为轻松。这就是成功!

——拉尔夫·沃尔多·爱默生

第一部分
模仿他人的成就

Unlimited
power

伟大的人生始于知，而止于行。

——托马斯·亨利·赫胥黎

第一章

国王的权杖

Unlimited

power

数月前,我听到人们传颂这个年轻人,传说他富有、健康、快乐,年纪轻轻就已功成名就。耳听为虚,眼见为实,我决定亲自观察一下这个年轻人。我目送他离开电视台,随后跟踪了几个星期。在此期间,他和形形色色的人谈笑风生,上至国家元首,下至幻想忧虑症患者。饮食家、培训专家、运动员以及智障儿童都成了他交流的常客。这个年轻人看起来无比的快乐,家庭也完美无缺。他深爱着自己的妻子,他们牵手环游了世界的各个角落。疲倦时,他们便收拾行囊返回圣地亚哥,躲在海边的豪宅里与家人享受清闲的时光:面朝大海,春暖花开!

这个小伙子只有 25 岁,仅仅高中学历,何以在短短数年就乌鸡变凤凰、一跃龙门化为龙呢?要知道三年前,他还龟缩在仅 40 平方米的单身公寓,在卫生间一手肥皂地洗盘子。那时,他极度失意、身材臃肿,人际关系一塌糊涂,一副一事无成的困窘相。三年过去了,这个年轻人成为众人关注的焦点,看起来精气神十足,在各种社交场合游刃有余,前途无量。这些转变如此不可思议,但这又是如何发生的呢?

的确不可思议,尤其故事的主角是你自己时,恍如梦境一般。不错,我在讲述属于我自己的故事!

我无意自诩自己的成功等同于全部成功。每个人对生活的期冀和理解不同,对成功的理解自然也存在差异,见仁见智。结识到某些名人,到达过某些地方,拥有巨额的财富,均不是衡量个体成功与否的标准。对我而言,成功就是不停前行,是在激情、社交、精神、物质、智力、金钱增长的同时,能用积极的人生态度感染周围的人。成功者永远保持着在路上的追求姿态。成功是一种工作和生活态度,而非终极目的。

故事的核心很简单——这本书里记述着我成功的所有哲学,将这些哲学付诸实践后,我的身心态度大为改观,自此,我的生活也逐渐走向正轨,走向幸福的康庄大道。写作这本书就是想让更多的人分享我成功的点滴,我也衷心希望这本书里的内容能带给你方法、策略、技巧和思维境界的提升,就像当初鞭策我前进一样,为你带来前进的动力。梦想就在某处向你招手,生活质变的潜能藏在你身体的深处,你所要做的就是发现并释放它。

回顾梦想成真的过程,一切发生都难以置信,令人敬畏。但比我更为传奇的人生比比皆是。这是一个一夜之间功成名就的时代。史蒂夫·乔布斯①,一个曾经穿着廉价牛仔裤、身无分文的小孩,惟一的资本就是一个家用电脑的想法,谁能想到史上发展时间最短的世界五百强公司就出自他之手?特德·特纳②,仅仅靠一个几乎不存在的媒体(有线电视)便创造了一个商业帝国。还不够?那么看看娱乐业,史蒂文·斯皮尔伯格或者布鲁斯·斯普林斯汀③够不够说服力?还有在商业界叱咤风云的李·艾柯卡④和罗斯·佩罗(Ross Perot)⑤。从这些人取得的惊人成功的故事之中,能否发现某些个体上的相通之处?答案很简单:他们都激发出了自身的潜能(Power)⑥。

潜能是一个情绪化的词,对其理解也是仁智各异。有些人嗤之以鼻,有些人趋之若鹜,有些人视之为洪水猛兽,避之不及。你想拥有多少潜能?又有多少潜能值得你开发?潜能对你而言又有何意义?

我所指的潜能不是奴役他人的权力,亦不是对人评头论足、指手画脚的特权。我从不鼓励人们为这样的权力奔走,因为在我眼中权力转瞬即逝。潜能则是个永恒的东西。你设定自己的愿景,抑或由人为你安排;你做着自己乐意的事,抑或是局限在别人为你设计的轨道上。潜能是改变自己生活、践行自己愿景的能力,是掌控万物而非受其驱使。真正的潜能追求大同,而非个人私欲,是敏感地发现人们(自己抑或是所在意的他人)的需求并努力填补。这是一种驾驭自身(思考和行为)的能力,有了这种能力,实现梦想仅仅是水到渠成的事情。

纵观整个历史进程,Power(泛指权力、能力、潜能等)掌控我们生活的范例比比皆是。在早期社会,Power 是生理状态的简单外化(即体力),那些身体强悍、奔跑快速的人有能力掌控自己的人生,并借此影响周围的人。随着文明的演变,Power 来自于继承(即权力),普天之下莫非王土,国王的权威无人能够撼动,

---

① 史蒂夫·乔布斯(Steven Spielberg,1955～2011),苹果公司首席执行官、创办人之一。
② 特德·特纳(Ted Turner,1938～),CNN 创始人。
③ 布鲁斯·斯普林斯汀(Bruce Springsteen,1949～),美国 70 年代以来大红大紫的摇滚乐巨星之一。
④ 李·艾柯卡(Lee Iacocca,1924～),先后担任福特汽车和克莱斯勒汽车公司总裁,美国商业偶像第一人。
⑤ 罗斯·佩罗(Ross Perot,1930～),IT 史上最具传奇色彩的人物,最大独立计算机服务公司 EDS 公司创始人,佩罗系统公司创始人、董事会主席。
⑥ Power 在英文中有多重意思,可以为权力、能力、体力。本书中的 power 主要指的是"潜能",应与其他意思区别开来。

其他人的 power 都来自于他的恩赐。此后人类社会便步入早期工业社会,资本成了最大的 Power(能力或动力),那些掌握资本的人主导着工业革命的进程。事实上,即便在今天,以上三种 power 依然在我们生活当中发挥作用,拥有健康的体魄、无上的权力以及大把大把的金钱,对谁而言都是百益而无一害的好事。然而,当今社会最大的潜能来自于专门的知识。

绝大多数人都经常听人谈及我们正生活在信息社会。我们再也不是生活在前工业社会文化当中,而是开始步入沟通文化。我们生活的时代是一个新想法、运动以及概念瞬息万变的社会,大到博大精深的量子物理学,小到畅销的汉堡包,无时无刻不在紧随着这一跳跃的节奏飞奔向前。如果要描绘当今社会的特征的话,那就是海量、超乎寻常的信息流动,以及由此衍生的变化。从图书到电影,从音响器材到电脑芯片,这些信息如风暴一般扑面而来,充斥在我们周围,我们时时刻刻听到、看到、感觉到他们的存在。在信息社会,那些拥有海量信息并将其谙熟运用的人,拥有着过去国王才具有的无限潜能。就像约翰·肯尼斯·加尔布雷思①的书中所述:金钱推动着工业社会的进程,但在信息社会,社会进程的推动力将不再是金钱,而是知识。人们将看到一个全新的阶层:掌握着信息、摒弃无知的一类人。这一新的阶层所拥有的潜能并非来自于金钱、土地,而是知识。

值得欣慰的是,对于我们这些普通人而言,潜能不再遥不可及。在封建社会,从一介庶民到封疆大吏可能比登天还难;在工业社会,身无分文注定只是工业革命的看客——你赚得盆满钵满的概率微乎其微。而在当今社会,随便一个路边穿着蓝色牛仔裤、手插在裤兜里的小男孩,都有可能创建一个足以改变世界的跨国公司。在信息社会,信息就是国王的权杖,掌握信息并加以利用的人掌控着自己的人生,同时也在改变着整个历史进程。

读到此处,你肯定会忍不住想驳斥我的观点。毕竟在当今的美国,对于那些追求生活梦想的人,我们的教育环境几乎提供了所需的全部知识。每一个书屋、音像店,每一座图书馆均能见到各种专业的教材;遍及全国的讲座、研讨会以及培训课程也时刻向每一个人敞开。我们每一个人都渴望成功,从那些畅销书单中就可以清楚地看出这一点:《一分钟经理人》、《追求卓越》、《大趋势》、《哈佛

---

① 约翰·肯尼斯·加尔布雷思(John Kenneth Galbraith,1980～2006),美国著名的经济学家和新制度学派的领军人物。

商学院学不到的经营之道》《跨越永恒之桥》……诸如此类,不胜枚举。但为何信息随处可见,现实却成败殊途、前途各异呢? 为何仍有很多人无法精神饱满、健康快乐地生活,取得事业上的成功呢?

事实上,即便在信息社会,信息仍然匮乏。如果单纯靠梦想和乐观的想法,目标就可以实现的话,我们幼时都有堆满整个房间的玩具,而且现在也早已"从此过着幸福、快乐的生活"了。行动才是成功最不可或缺的环节,是结果的直接致因。掌握了知识但并未付诸实际,知识终究只是一个潜在的能力。实际上,"潜能"这个词的意思就包含"付诸实践的能力"。

生活之中如何同自身沟通,决定着我们生活的质量。在当今社会,沟通、交流的质量决定了我们生活的质量。我们脑中所描绘的、心中对自己所说的东西,我们是否能运用我们的肢体语言和面部表情的能力尽可能地表达出来,决定着我们所能激发出的最大潜能。

我们经常会陷入一个误区,总是认为那些取得巨大成就的人身上有着特殊的天赋,认为他们的成功是上天赐予的结果。但倘若你仔细观察过这些人,你就会发现,这些人最大的天赋就是他们可以执著地将想法付诸实践。而这种天赋,是我们每个人都可以培养出来的。毕竟,并非仅有史蒂夫·乔布斯掌握着电脑方面的知识,也并非仅有特德·特纳意识到有线电视背后深藏的巨大价值。但是特纳和乔布斯采取了行动,他们不仅仅改变了自己的生活,也改变了我们大多数人所生存的世界。

我们通常采用两种交流方式认知世界和定位自己。第一种是通过我们自身所描绘的画面、内心的语言以及身体知觉同自身交流。第二种是通过文字、语言、面部表情、肢体语言以及身体动作去与外部世界交流。两种交流方式都包含着一系列运动和动作,而所有的交流都会对自身以及周围的人造成影响。

沟通即潜能之一。那些掌握着高效沟通技巧的人除了可以掌控自己对世界的认知,还改变着世界对他们的认知。所有的行为和知觉均能从沟通方法和能力上找到根源。那些影响我们大多数人思考、感知及行动的人,总是那些掌握高效的沟通技巧的人。想想那些在历史长河中熠熠生辉的名字——约翰·F·肯尼迪,托马斯·杰斐逊,马丁·路德·金,富兰克林·罗斯福,温斯顿·丘吉尔,莫罕达斯·甘地;或者想想那些足以遗臭万年的角色。这些人所共有的特点就是他们都是超级演说家,他们能将自身的愿景(无论其将人类送入太空还是创造一个充满仇恨的第三世界)传达给周围的人。他们的传达方式是如此的具有煽动性,以至于左右了大众的思考和行为。正是通过这种沟通能力,他们改变了世界的进程。

斯皮尔伯格,斯普林斯汀,艾科卡,方达①或者里根等人的成就,何尝不是拜它所赐! 难道他们不是熟练掌握了人类最高效的沟通工具吗? 就像他们用这种沟通工具感染其他人一样,我们一样可以用同样的方法作用在自身。

人同外部世界的交流能力决定了他所能到达成功的高度(个人能力、个人情绪、社会关系以及经济收入等)。而更为重要的是,人身体内部的成功体验(高兴、快乐、狂喜、爱以及任何其所期望的情绪)则是自身内部交流的直接结果。你所感觉到的并不是发生在你身上的事情,而是自身对所发生事情的认知。成功人士的经历一再向我们展示着一个亘古不变的真理:一个人的生活质量并不取决于所遭遇的事情,而是取决于对所遭遇事情的认知。

一个人选择的认知内容,决定了他的感知和行为方法。倘若我们不赋予一件事任何意义,所有所谓的意义都是扯淡。大多数人都是任由自己的认知行为随意发生,但是我们却忽视它可能影响着我们对世界的认知记忆。

本书的主要内容是教会你如何通过大量、集中、稳定的行为,取得正面的结果。事实上,如果让我用几个字概括这本书的内容,那就是"取得结果"! 试着想一想,你是否真的对某一件事情感兴趣? 可能你想要改变对自己以及周围世界的认知,可能你想做个成功的沟通者,想形成更为亲密的关系,想学得更快,想变得更健康,又或者想赚很多很多的钱。所有这一切都可以掌控在你自己手中,惟一的前提是你能够高效地运用本书所述的内容。在取得结果前,你必须首先认识到你时刻都在取得某种结果,只是当前的结果并非你所追求的最终结果而已。多数人误认为我们的精神状态以及内心的想法、念头是不受控制的,但其实我们对自身的念头、想法有着超乎想象的控制力,只是自己从未意识到而已。倘若你情绪低落,其实是你把自己拖到一个自己创建的低落情绪当中;同样,倘若你十分高兴,也是因为你自己创建了乐观的情绪。

须谨记,诸如低落、沮丧这样的情绪并非强加在你身上,你不是"被"情绪化。实际上,陷入低落情绪和其他结果一样,需要采取一系列心理和生理行动。

---

① 亨利·杰因斯·方达(Henry Jaynes Fonda,1905~1982),美国著名电影、电视、舞台剧演员。

倘若你想让自己情绪低落,需要不停地用合适的语调对自己讲些特定的话,需要采用特定的站姿、特定的呼吸节奏。例如,如果你想情绪低落,你可以耷拉着肩膀,将头深埋下去,用悲伤的语调说话,并且在脑海中不断想象一生之中最为凄惨的画面。有时候你还需要借助一些生理方面的刺激,如吃些低劣的食物,酗酒或者吸毒——当你的身体进入低血糖状态时,这种低落的情绪也会进一步加强。

简单来说,我的观点就是:情绪低落实际上是颇费周折的,仔细想来,甚至很困难。为了沮丧、低落,你需要采取一系列的行为。对于部分人而言,由于时常有着这样情绪低落的经历,这一过程也已变得驾轻就熟,几乎连自己都觉察不到。他们甚至将这些内心的交流归结为一切外部事件的必然结果。也许有些人还会因为情绪低落获得一些意外的收获——诸如他人的关注、同情、怜爱,他们将这种交流归结于自身的天性。也许还有一些人已经习惯了低落的情绪,甚至形成了依赖心理。这些人逐渐习惯了给自己的心理状态贴上标签。然而,也许你还未能意识到,通过改变我们精神和思维,几乎可以使我们的情绪和行为立即改观。

如果你采取了创造愉悦心情的一系列行为,便可以立刻变得心情愉悦。你可以在心里描绘那些使自己心情愉悦的画面,改变和自己内心讲话的语调和内容,采取特定的姿势,特定的方式呼吸,以及其他一切能使你感到愉快的行为。相信此时你已经满脸笑容了。同样,如果你想让自己看起来很悲伤,你只需采取一些悲伤时的生理和精神行为。关爱感和其他情绪也是通过这种方式创建的。

也许此时你会意识到,创造心态的方式和导演电影多少有点相似。为了取得某种效果,电影导演们需要采取一系列的电影手法,组合不同的视听内容。如果他想让观众感到恐怖,他需要突然加大音量,并在恰当的时机闪现恐怖的画面。如果他想要感动观众,他将选取合适的音乐、合适的光线,以及其他一切足以感动观众的视听元素。就同一事件,电影导演们执导成悲剧还是喜剧,一切均取决于他选择呈现在银幕之上的内容。如果你的内心是一个银幕,使用自身的能力和某些特定技巧,你同样可以导演出自身的喜怒哀乐。你可以在心中将正面画面调亮、声音调高,也可将这些画面调到昏暗,让内心回荡着负面的声音。用心执导你自己的电影吧,相信你可以做得和斯皮尔伯格、斯科西斯①一样

---

① 马丁·斯科西斯(Martin Scorsese,1942~),美国的现实主义电影导演。奥斯卡最佳导演奖、戛纳金棕榈奖及柏林金熊奖得主,世界电影大师。

出色!

此时,你可能会对这些理论嗤之以鼻,以为只不过是又一个狗皮膏药之类糊弄人的东西。你可能更不会相信盯着一个人观察就能准确地知道他心中所想,更罔论片刻之间就可以使人精神振奋、斗志满满了。但倘若在一百年前,你是否会想到人类能踏上月球,八成你会被认为说这话的脑子有病,是一个不折不扣的疯子(Lunatic①)——猜猜这个词是怎么来的? 甚至当时你说短短五个小时就可以从纽约抵达洛杉矶,别人也会笑你痴人说梦。但是现在呢,航天航空技术使得当初的痴人说梦的事皆已成真。现在就有一家航空研发公司正在研制一种飞行器,争取在 20 年内,将从纽约到洛杉矶所花费的时间缩短至 20 分钟。同样,这本书中包含的"最佳表现技术"的法则也可以激发出你自身尚未意识到的巨大潜能。

每一份有迹可循的努力,都会获得丰厚的奖励。

——吉姆·罗恩②

成功总是有法可循,我称之为"成功公式"。第一步,确定你的目标,即清楚地知道你所渴望得到的东西。第二步,为实现这个目标,采取有效的行动——否则,梦想永远仅仅是梦想。所谓的有效行动,即你认为能有助于你实现梦想的行动。很可能,我们所采取的行动并没有带来我们所期望的结果,此时我们需要采取第三步:用知觉的敏锐重新审视你的行动所带来的回馈和结果,尽早确认你是离目标越来越近,还是背道而驰。你必须清楚地知道你每一个行动的具体意义,无论是普通的谈话,还是每天的日常生活。如果你发现你的目标有迹可循,你便可以判断出各个阶段希望得到的结果;倘若结果并不如你所愿,你便可以在第一时间觉察到。随后就进入第四步:不停地灵活调整你的行为,直至实现自己的梦想。仔细观察那些取得成功的人,你会发现他们几乎都是沿着同一轨迹:确立一个目标——总不能指望天上掉馅饼似的掉下目标吧;采取行动,因为他们深知仅仅意识到目标远远不够;他们通过观察他人,了解自身行为所带来的反应,不停学习,不停调整、变换自己的方法,直至最终实现自己的目标。

想想史蒂文·斯皮尔伯格,年仅 36 岁,却已成为电影史最成功的制片人。

---

① Lunatic 最初来源于拉丁语 lunatics(luna 在拉丁语中为月亮的意思),因为人们相信是因为月亮的变化使人暂时发疯。

② 吉姆·罗恩(Jim Rohn,1930~2009),成功学大师,一生中培养无数人才。他最擅长发掘人们的潜能去达成他们的梦想。他同时也是成功学的创办人,是本书作者的老师。

史上票房前十位的电影当中,他执导了四部影片,其中就包括史上最高票房的《E. T》①。他如何年纪轻轻却能取得如此惊人的成就? 他的故事是成功公式的最好阐释。

自十二三岁起,斯皮尔伯格就确定了想成为一个电影导演的梦想。在他 17 岁那年的一个下午,他拜访了环球电影公司,他的生活自此有了根本改变。当然,仅仅一次拜访并不足以使他成为一个成功的导演,此时他只是成功地确定了自己的目标,并采取了行动。他一个人偷偷地跑到那里观察如何执拍一部真实的电影,他还幸运地与环球电影公司的编辑部门负责人交流了一小时。那个"大人物"友善地表示了对斯皮尔伯格的欣赏。

对大多数人而言,事情就到此为止了。但斯皮尔伯格并未如此,他有着超强的个人信念,清楚地知道自己苦苦追求的东西。基于第一次的经历,他改变了策略。第二天,他穿上西服,甚至戴上了父亲的领带,手里拿着三明治和糖果棒再次来到环球电影公司——如同自己就在这上班一样,他还故意在门卫跟前逗留了一会。后来,他找到一个别人丢弃的空白卡片,用塑料字母贴上"斯皮尔伯格,导演"。然后,他整个夏天都在那里和导演、编剧及剪辑师交流,在与他的梦想仅有一线之隔的领域徜徉,贪婪地从周围的每一次谈话中汲取营养,细心地观察,逐渐形成了一个优秀导演所需的敏锐感觉。

不久之后,在 20 岁那年,斯皮尔伯格终于有幸为环球电影公司拍摄了一部温情影片,他也因此获得一份七年的合同,有幸执导一部电视剧——梦想终于步入现实。

斯皮尔伯格的经历是否遵循了成功公式? 当然遵循。他拥有专业的知识,知道自己的目标并采取了行动;他能敏锐地觉察到自己所能获得的结果——相对自己的梦想,是越来越近还是渐行渐远;为了实现目标,他灵活地调整自己的行为和方式。我认识的所有成功人士几乎都有着这样的经历。最后总是那些不断灵活调整行为的人最终过上了自己所期望的生活。

再来看看哥伦比亚大学法学院的院长芭芭拉·布莱克女士,早在幼年,她就立志要成为一个法学院院长。做为一个女士,她先在男士精英云集的哥伦比亚大学成功取得法学学位。然后她决定暂时将梦想放在一边,并选择了另一个目

---

① 本书初版于 1986 年,《E. T》是当时的票房纪录。在此之前,斯皮尔伯格还执导了《大白鲨》(1975 年)等创造当时票房纪录的影片。

标——组建自己的家庭。九年之后,她认为追逐自己的第一个梦想的时机已经成熟,所以她在耶鲁大学读了研究生课程,培养通向她"梦想的工作"的教学、研究及写作技术。她扩展了自己的信念系统,她不停地调整自己的方式。现在她的两个目标均已实现。她成为全美最令人向往的法学院院长。她打破了常规,证明了人可以同时实现各个目标。她是否遵循了成功公式?当然是。她清晰地知道自己的目标,她尝试了某些方法,并且在行不通时做出了调整——直至最终执掌法学院。同时,她还是一位成功的妻子和母亲。

还有一个例子。你吃过肯德基吧?桑德斯上校[①]创建的这个商业帝国不仅使他成为百万富翁,更改变了整个国家的饮食习惯。你知道他当初是如何起步的吗?最初,他只是一个有一份炸鸡烹饪秘方的退休老头,这份烹饪秘方是他惟一的资产。的确,他曾经有那么一间靠近公路的小餐馆,但自打公路改道以后,这个小餐馆也就日渐冷清,趋于倒闭了。当他收到第一份社会保险金的时候,他决定试试能否通过售卖自己的烹饪秘方赚点钱。他最初只想把秘方卖给一个餐馆老板,以期获得百分之一的提成。

看起来最可行的梦想也并不一定就会轻易成真,而事实也的确如此。但我们的肯德基爷爷并未就此打住,他开始了自己驾车在全国奔走的日子,夜间便和衣睡在自己的车上,苦苦寻觅着愿意出资购买自己秘方的人。他不停地调整自己的设想,并不停地叩响每一扇希望的门。在被拒绝1009次以后,奇迹发生了,终于有人向他说了一句"是",一个饮食商业帝国自此拉开了序幕。

你比一个只有一份烹饪秘方的人多了多少东西?你比一个穿着白色西装的矮胖老头又多了多少体力和才能?桑德斯上校之所以能获得命运的垂青,是因为他持之以恒地采取坚定的行动,锲而不舍。他拥有着实现梦想所需的个人潜能,他能在被拒绝一千次以后仍然信心满满地鼓励自己去敲开下一扇门,矢志不移地坚信总会有人欣赏自己的秘方,甚至可能就是下一个。

一言以蔽之,本书所有的内容都是用来指导你如何用高效的信号刺激你的大脑,使你做出有助于自己成功的行为。几乎每周,我都要开展四天称做"观念革命"的课程。在这个课程上,我们指导人们如何最大限度激发无限潜能,涵盖了饮食、呼吸及运动方法。这四天课程的第一天,我们的授课内容是"击溃你内心的恐惧"。设计这一环节的目的是鼓励学员在困难面前不要畏缩,而是积极

---

① 桑德斯上校(Colonel Sanders),肯德基(KFC)的创始人,也有人称之为肯德基爷爷。

地采取行动。在课程的最后一天,学员们会有机会从 3~8 米宽燃烧着的火炭上方跨过;而在高阶课程里,我会让学员跨过约 14 米宽的火炭。可能会有人误解我,不能理解我让学员跨越火炭的深层意义。我最终的目的并不是鼓励学员跨越火炭,我想恐怕也没有人相信在热烘烘的火炭上方跨过会带来所谓的经济、社会的好处。跨越火炭是一种独特的个人潜能体验,暗示了一种可能性,激励学员勇于尝试自己当初不曾设想或不敢设想的目标。

几千年来,人类跨越火炭的版本不过几种。在世界的某些地方,这是一种信仰是否虔诚的考验手段。而我这里的跨越火炭,则没有任何宗教和信仰目的,仅仅是为了最形象、最直观地告诉学员,他们可以适应、调整并拓展自己的潜能,他们完全有能力去做之前从未设想的事情,他们最大的担忧和局限并非来自于外部世界,这一切全来自于他们的内心。

你是否能越过火炭,惟一的决定因素在于你能否暗示自己你可以——即便在你的生活之中,曾经的恐惧经历一再折磨着你的内心。这一课程的目的就是为了告诉学员,只要内心坚信你可以采取有效的行动,从理论上讲你就可以成就任何事情。

所有的这一切都表明了一个简单的道理:成功绝非偶然,一个人功成名就还是一事无成的区别并不是掷骰子的概率事件,而是取决于你是否采取了一系列持续、合理的行为,遵循特定的成功轨迹——人人皆可成功,人人皆可释放出自身巨大的潜能。我们现在要做的,就是要寻找出最好、最充分的利用我们的思想以及身体的方法。

你是否想到斯皮尔伯格和斯普林斯汀有何共同之处? 约翰·肯尼迪和马丁·路德·金身上又有着怎样共有的魔力,可以使成千上万的人为之激动疯狂? 特德·特纳和蒂娜·特纳①又有着何种异于常人的特质? 彼得·罗斯②和 罗纳德·里根呢? 上述诸人均能为实现梦想百折不挠地采取有效的行动。他们能够百折不挠、永不懈怠的动力来自何处呢? 固然成就各人的因素多种多样,但我深信其中他们都经历过自身某些共有特性的发展过程,这七个共有特性就是他们取得成功的火种,同样可以触发你走向成功。

---

① 蒂娜·特纳(Tina Turner,1939~),美国歌手、舞者及女演员,以摇滚音乐而知名,并有摇滚乐女王的称号。曾经获得 8 次格莱美奖。

② 彼得·罗斯(Peter Rose),康捷国际公司首席执行官,康捷国际公司创始人。

特性一:激情! 这些人均有着一个强烈、理性的目标,这个目标使他们斗志满满,甚至达到某种强迫性心理,鞭策着他们贪婪地追逐梦想,永不停止。这种激情为他们的"成功之舟"提供了必需的能量,激发出他们真正的潜能。激情激励着彼得·罗斯不停地向"二垒"①冲锋,好像他只是一个首次参加职业棒球联赛的菜鸟;激情驱动着李·艾柯卡做出了超乎常人的行为;激情激励着电脑工程师们夜以继日地寻求科学上的突破,以期有朝一日人类可以在太空自由翱翔;激情激励着人们夙兴夜寐、晨昏不息,激情也是人际关系中不可或缺的元素。激情为生活赋予能量、动力以及存在的意义。激情是运动员、艺术家、科学家、父母或商人持续前进的最大热情。缺少了激情,一切所谓的"伟大"都徒有其表。我们将在本书第十一章详述如何释放出自身的激情。

特性二:信念! 所有宗教题材的图书均会谈及人类信念和信仰的能力和作用。人的成败很大程度取决于自身的信念。所谓信念,指的是我们如何定位自身以及预估自身所能取得的成就。如果我们相信魔法,我们会生活在一个充满想象力的世界。如果我们的生活被局限在某一处,终其一生,我们永远无法走出这一思维的栅栏。那些我们坚信是真实、可实现的东西,终有一天也会成为现实,最终实现。本书将为你提供一种具体、科学的方法,快速地改变你的信念,助你实现你人生中的目标。许多人的生活不乏激情,但因为深信自身和周围的境遇难以改变,索性自暴自弃,任其梦想荒废在无谓的行为之中。一个人能够成功,是因为他们深信自己可以做到这一点。我们将在本书第四、五两章详述何为信念,如何将信念为我所用。

激情和信念为卓越成就提供了燃料和螺旋桨,但仅仅有这些是不够的。否则的话,科学家们只需为火箭提供动力,它就会径直飞向我们期望的地方了。除了动力,我们还要采取特定的方法,遵循合乎逻辑的理性过程。为了有的放矢,我们需要——

特性三:策略! 策略即是利用资源的方式。当史蒂文·斯皮尔伯格决定做一个电影导演时,他为自己设计了一个征服梦想的规划图:他确定了自己想学习的内容、结识的人,以及需要去做的具体事情。史蒂文·斯皮尔伯格不乏激情,同样有着坚定的信念,而且他还为最充分的利用激情和信念设计了必要的策略。罗纳德·里根为了实现自己期望的目标,培养出了高效的沟通能力。每一个成

---

① 棒球比赛中的术语。

功的娱乐从业者、政治家、父母或是员工均深知,掌握成功所需的资源并不能等同于成功,成功的前提是能够最高效地利用这些资源。所谓的策略,就是让你认识到你尽管自身拥有天赋和抱负,但同样需要正确的实施方法。同样是一扇紧闭的门,你可以破门而入,也可以寻找相应的钥匙。我将在本书的第七、八两章详述通往卓越成就的策略。

　　特性四:清晰的价值观! 何以美国能成为一个伟大的国家?我们通常认为是爱国主义、容忍、自由等这些东西就是价值、原则、伦理、道德以及是否实用的判断标准,我们从中衡量孰轻孰重、孰主孰次、孰对孰错。正是这种价值衡量,才使我们的生活有了意义。很多人生活中没有清晰的价值判断,很多人尽管心里有一百个不情愿,仍然做着自己不乐意的事情,因为他们不能清楚地知道他们所做的事情对于自身及他人的意义。看看那些取得巨大成就的人,几乎无一例外都是那种有着清晰价值判断的人,罗纳德·里根、约翰·肯尼迪、约翰·韦恩[①]、简·方达[②]无不如此。他们都有着清晰的目标。他们的共同之处在于都有着基本的道德底线,清楚何为该做的、因何要做。价值观是通往卓越成就的最大奖赏,是开启成功之门的钥匙。本书第十八章将详述"价值观"。

　　此时你可能注意到了,这些特性之间丝丝相扣,有着清晰的内在联系。信念是否影响着激情?当然影响!我们对某种事情越发确信,我们就越愿意投入时间、精力以及资金之类的成本。是否单单信念就足以促成卓越成就?信念的确不可或缺,是一个良好的开端。但方法上的错误也会断送美好的开局,这就如同你想看一场日出,为了实现这一目标,你却选择看向西方一样。我们的成功策略是否又受价值观的影响呢?不妨试想一下,如果你通往成功的道路所要采取的策略违背了你的意愿,甚至冲击着你所有的原则和道德底线,你是否依然能够毅然决然地走下去?即便最好的策略也可能仍然一文不值。的确也能看到某些人通过这种策略小获成就的个例,但这种小成就往往只能以个体有限的小成就收尾。这是因为个体的价值观和他的策略存在着不可调和的冲突。

　　同样,上述四种特性同样也离不开——

　　特性五:精力! 能量可以是布鲁斯·斯普林斯汀和蒂娜·特纳的摇滚乐,声如雷鸣,热情洋溢;能量可以是唐纳德·特朗普[③]和史蒂夫·乔布斯的企业家精

---

　　①　约翰·韦恩(John Wayne,1907～),以演西部片著称的好莱坞明星。

　　②　简·方达(Jane Fonda,1937～),亦译珍·芳达,美国女影星。

　　③　唐纳德·特朗普(Donald John Trump,1946～),美国特朗普集团的总裁,企业家、电视人和作家。

神,始终精力充沛;能量可以是罗纳德·里根或是凯瑟琳·赫本①的活力。如散步一般懒散地(此处指的是工作态度,而非生活态度)前行的人,几乎不可能成功。取得卓越成就的人是那些能够把握机遇的人。他们每天都在期待着巨大的机遇,他们深知每个人的时间均如白驹过隙,片刻不容荒废。在这个世界上,有很多人有着激情、信念,采取了正确的策略,并且有着清晰的价值判断,但是却没有足够的精力去为之奋斗。伟大的成功离不开体力、智力以及精神能量做为后盾,缺少这些东西,我们永远无法激发出自身最大的潜能。在本书的第九、十两章,笔者将为你详解各种可以调节自身机体,使之充满能量的方法。

特性六:融会他人的潜能! 几乎所有取得成功的人在融会他人的潜能方面,都有着惊人的才华:他们可以与不同背景、不同信念的人培养融洽的关系。当然也不能排除某些人凭着命运的眷顾,仅仅依靠一己之力就创造出足以改变世界进程的发明。但是,这些天才终其一生囿于某处,无疑也放弃了在其他层面获得更大提升的机会。伟大的成功者——肯尼迪们、马丁·路德们、里根们以及甘地们——都有着融会成千上万个个体的能量的潜能。世界上最大的成功并不是站在世界的中央,万众仰慕;而是回归自己的内心,潜心向我。实际上,每个人都需要与周围的人形成恒久、默契的关系。没有这种关系的支撑,任何所谓的"成功"、"功勋卓著"都是空中楼阁,幻若烟云。本书的第十三章,将为你详述如何结合他人的能力。

最后一个特性,我们已经在前文中提及到。那便是——

特性七:掌控沟通技巧。这也是本书的核心。我们与自身以及他人的沟通技巧和沟通质量,将直接决定我们生活的质量。一个人之所以能成功,是因为了解如何面对生活所遭遇的考验,并从内心深藏的经历中汲取经验,激发自己成功地改变当前境遇。而另外一些人之所以一事无成,是因为他们未能从生活中汲取经验,在坎坷面前望而却步。那些塑造我们的生活及文化的人,同时还掌握着和他人进行最有效沟通的技巧。他们的共同之处在于他们都有能力和你交流愿景、追求快乐、铭记使命。正是这种沟通技巧成就了伟大的父母、艺术家、政治家或者教师。本书的所有章节,都是在直接或间接地讨论如何沟通,如何跨越沟通的障碍,如何与陌生人沟通,以及如何与他人分享自己的愿景。

---

① 凯瑟琳·赫本(Katharine Hepburn,1929~1993),美国电影女演员,被认为是美国电影与戏剧界的标志性人物、好莱坞的传奇。

　　本书的第一部分重点在于教会你如何掌控自己的身体和大脑,使之更高效地运转。我们将针对影响你交流的方法进行分析、处理。在本书的第二部分,我们将帮助你清晰地界定自己的人生目标,教会你如何更高效地与他人沟通,以及如何提前预知不同类型的人的下一步行为。本书的第三部分,将从一个更广、更具全球意识的视角阐述我们如何行动、如何激励自身,以及如何在超越个体的更广层面有所作为——即利用本书所学的技巧成为一个领袖。

　　当我写这本书时,最初的目的是为了写一本有助于个人发展的书——即一本涵盖了所有最新、最好的人类自我调节技巧的书。我想通过这样一本书,为读者提供当今社会急需的技巧和策略,以使他们能够改变任何想要改变的事物,以一种超乎想象的速度去实现自身的梦想。本书采用了大量例证,我期望能借此向读者展示一种可以立即改善生活质量的方法。此外,我还希望你能够反复阅读这本书,因为每次阅读都会给你带来全新的有用信息。我这里所述的很多内容,将在本书中详尽地阐释。然而,我仍然希望能在此为你提供全面的、放之四海皆准的东西。这些东西就深藏在本书中,等待你亲自发掘。

　　当初稿完稿后,样书引起的反应非常热烈,但仍有一点意外,某些读者认为:"你在写两本书啊! 何不将其分成两本书,前一本书就此出版,后一本等个把年再出版?"在此重申,我的目的是为了向读者尽快地提供更高质量的信息,我无意把本书所述的技巧分成若干块介绍给您。因为部分调查显示,10%的购书者买来的书一般不会翻过第一章,我因此开始担心,会不会因为这个原因,很多人甚至根本看不全我这本书,后面的内容将全是浪费笔墨! 当然这只是戏言,首先,我对这一调查表示质疑。其次,全美经济独立的人低于3%,有着写作目标的人不超过10%,仅仅有35%的美国妇女(男人的统计数据甚至更低)对自己的身材满意。在很多州,离婚率达到50%。事实上,只有极少数人过着梦想中的生活。原因何在? 这需要艰辛的付出,需要持续采取行动。

　　邦克·亨特,得州的石油大亨。曾有人向他问及成功的惟一秘诀。他说,成功很简单。首先,确定具体的目标;其次,预计你要付出的代价——然后将这些代价用出去。如果没有第二步,你将永远达不到你所追逐的目标。我倾向于将那些深知自己的目标,并愿意付出自己的时间、精力、金钱等等的一类被称为"少数敢于行动的人",而将另外的人称为"大多数夸夸其谈"的人。我希望你能认真地阅读本书,利用书中所述的内容,与人交流你的心得,并享受本书带来的精神愉悦。

　　本章,我着重将采取积极的行动放在首位。但是采取行动的方式千差万别,很多行动存在着很大的失败和遭受挫折的可能性。那些取得成功的人能够经受起反复的调整甚至无数次重头来过的考验，这也是他们最终成功的原因所在。失败和挫折的惟一坏处在于，它荒废了我们最为宝贵的资源——时间。

是否相信有一种可以加快这一进程的方法？是否相信这本书中恰恰包含那些前辈成功之前所学的东西？是否相信有一种方法可以让你在短短数分钟内学到别人一生都未必能学到的东西？我将这种方法称为模仿，这是一种精确地复制他人成功的方法。相对于那些仅仅有着成功梦想的人，成功的人又有何不同呢？这就是……

生活是一件很有趣的事情，如果你始终
坚持卓越，往往就能做到卓越。

——威廉·萨默塞特·毛姆

第二章

Unlimited 差之毫厘，谬以千里

power

当时他正驾驶着摩托车以每小时 100 千米的速度飞驰在公路上,意外发生了。路边的某个东西引起了他的注意,他的头不由自主地转向后方,事故发生仅用了一秒钟的时间。前面的一辆麦克货车①出其不意地突然刹车。几乎在一瞬间,为了挽救自己的生命,他放倒了摩托车,身体拖在地上向前滑行,那短暂的一刻如一生一样漫长。煎熬的滑行最终还是停止了,他躺在了卡车车轮下面。摩托车上的油盖飞了出去,最不幸的事情发生了——汽油迅速涌出并引燃……当他再度恢复知觉的时候,已经躺在医院的病床上了。浑身火辣辣地疼痛,丝毫不能移动,甚至连呼吸都十分困难,他四分之三的身体达到恐怖的三级烧伤。但他并未就此放弃,他挣扎着返回到正常的生活当中,重新开始了一段传奇生涯,孰料迎接他的又是一个巨大无比的灾难:一次飞机失事使他腰部以下终身瘫痪。

每个人的一生多少会遭遇一些极限的考验,遭遇到你已尝试用尽所有的资源的时刻,遭遇到让你忍不住抱怨命运不公的时刻,遭遇到信仰、价值观、耐心、同情心以及坚持的勇气均被面前的困境击得粉碎的时刻。有些人把这些考验当做自己能否变得更好的试金石,而另外一些人则索性破罐子破摔。你是否想知道不同的人在面对生活的考验时差别如此之大的原因何在? 我可以一一告诉你。我一生的大多数时间,都对如何激发一个人做出某种行为的动机而着迷。自打记事起,我就痴迷于寻找一个人异于他人的原因。是什么造就了领导者、成功者? 为何有很多人即使历经生活的磨难仍能笑对生活,而另外一些人则一生都生活在绝望、愤怒以及沮丧的情绪当中?

再听我讲另一则故事,注意他与前一个人的不同。这个人的生活光明得多,拥有着巨额财富和集万千宠爱于一身的娱乐天赋。年仅 22 岁,他便已经成为芝加哥著名的第二城剧团的一员。几乎在一夜之间,他成了万众瞩目的明星——纽约最大牌的喜剧演员。他不仅是 20 世纪 70 年代家喻户晓的电视明星,而且是全美知名度最高的电影明星。他还涉足了音乐界,同样所向披靡。他有着众多仰慕他的朋友、美满的婚姻和位于纽约城区以及马萨葡萄园岛的超级豪宅。

---

① 麦克货车(Mack Trucks),美国一家重型货车制造厂商,也是全球最大型的厂商之一,至 2001 年为瑞典富豪集团所收购,成为富豪集团的附属公司。

他几乎拥有一个人梦想的所有东西。

如果可以选择的话,你想成为他们当中的哪一个? 可能很少有人选择前者。

但还是告诉你这两人更多的信息吧。前者是我一生当中所认识的最有活力、最强壮、最成功的人之一,他的名字叫 W·米歇尔,至今他仍然在科罗拉多州生活得很好。自从那次可怕的车祸之后,他反而比我所知道的大多数人都要成功和快乐。他与不少全美闻名的人物之间有着非同寻常的私人关系,同时他也成了商界的百万富翁。尽管他的脸遭到毁容,他仍毅然决定角逐议员的席位。想不想听听他的竞选口号? "选我做议员吧,我至少不是又一个小白脸!"现在,他已经和一个特殊的女士形成了非同寻常的私人关系。笔者写作本书时,他正信心满怀地角逐 1986 年的科罗拉多州副州长。

可能第二个人大家就熟悉多了,他曾经带给我们无尽的欢乐。他就是约翰·贝鲁西,我们那个时代最受追捧的喜剧明星,20 世纪 70 年代演艺圈的传奇人物。贝鲁西可以丰富无数人的生活,却无法让自己更为充实。年仅 33 岁,便因过度服用可卡因和海洛因而一命呜呼,对于他这样的结局,大多数熟识他的人均不感到意外。实际上在这之前,这个集万千宠爱于一身的人便已成为一个故步自封、不能自已的瘾君子,比他的实际年龄要更加苍老。表面上看,他似乎应有尽有,实际上呢,早在数年前他便挥霍一空。

实际上这样的例子俯拾皆是。你是否听说过皮特·史杜威? 这个生来没手没脚的马拉松运动员至今已奔跑了约 40233.6 千米。再想想海伦·凯勒的传奇一生,或者想想"反对酒驾母亲联盟"的发起人凯蒂·莱特纳——她的经历同样凄惨:一个喝醉酒的司机夺去了她女儿的生命,她因此发起了一个抵制酒驾的机构,挽救了成百上千条生命。再来看看一些负面例子:想想玛丽莲·梦露和欧内斯特·海明威[1],他们都曾春风得意,却不约而同地选择用极端的方式结束自己的生命。

在此,我想问问读者:有无之间、能否之间、做与不做之间有何区别? 为何有些人能够击碎内心的恐惧,从难以承受的厄运中获得重生,最终功德圆满;而另一些人尽管拥有着天时、地利、人和等一切有利因素,仍不能避免以悲剧收尾呢? 为何有些人能够将过去当做生活的阅历,从中汲取营养,为我所用;而另外一些

---

① 欧内斯特·米勒·海明威(Ernest Miller Hemingway,1899~1961),美国记者和作家,被认为是 20 世纪最著名的小说家之一。晚年在爱达荷州凯彻姆的家中自杀身亡。

人则被过去的经历扼住喉咙,止步不前? W·米歇尔和约翰·贝鲁西之间又有着多少差异? 又是那一种差异决定两人生活质量的最终天壤之别?

我一生都痴迷于破解这一问题。随着阅历的增长,我有幸结识到了形形色色的卓越人士,他们的卓越和伟大亦遍布各行各业:令人羡慕的工作,融洽的人际关系,强健的体格。我逐渐意识到,这些人能从我和周围的人之中脱颖而出的根本原因——归根结底,源自他们与自身交流的方式以及所付出的行动。我们一样会遇到四处碰壁、几近绝望的困境,此时我们该如何抉择呢? 事实上,那些卓越人士所遭遇的困境丝毫不比我们少——甚至更多。只有那些躺在坟墓里的人才不受各种困难的侵扰。成功绝不是一帆风顺,必然伴随着形形色色的困难。一个人成功与否,关键在于能否未雨绸缪,及早采取应对措施。

当 W·米歇尔知道自己身体的四分之三被重度烧伤时,实际上他面临着诸多选择。一个人遭遇此类厄运,即便轻生,相信大多数人也能够理解——他有权悲伤! 但 W·米歇尔并不这么认为,他把这种经历当做上苍对自己苦其心志、劳其筋骨的考验;这是为了有朝一日大获成功在做铺垫。正是这种自我交流,使得他形成了影响其一生的信念和价值观。他的人生并没有就此以悲剧收尾,即便他之后又遭遇下半身瘫痪的惨痛经历,他亦能坦然处之。无手无脚的皮特·史杜威何以能完成世界上最困难的"派克峰"马拉松赛? 一言以蔽之,他知道如何向自身传达积极的信号。当身体的疲倦唤醒他痛苦、无奈的回忆时,他能够为其赋予新的意义,并不停地以积极的信号提醒自己。

事物从未改变,改变的是我们自身。

——亨利·戴维·梭罗①

我曾经对特别人物的特别经历十分好奇,并一度认为这无迹可循——所谓不同寻常的事情,其实就是特殊的人做着我们常人难以企及的事情。但我越来越意识到,仅仅这样理解,并不足以解释清楚 W·米歇尔和欧内斯特·海明威的经历。因此,我必须清楚地知道他们是如何实现的。我坚信,只要我能够完全照搬他们的经历,我也必然可以得到相同的结果。这就如同我悲伤便能流下眼泪一样简单。换言之,如果一个人在最为激愤的环境中仍能在内心怀着悲悯的精神,我必然可以在他的身上发现相应的方法——看待事物的视角,在这种环境

---

① 亨利·戴维·梭罗(Henry David Thoreau,1817~1862),美国作家、哲学家,著名散文集《瓦尔登湖》和论文《论公民的不服从权利》的作者。

下如何利用自己的身体等——我甚至可以比他更有悲悯情怀。同样,如果一对模范夫妻能够和谐地相处 25 年,且彼此之间仍能相敬如宾、相濡以沫,我的夫妻生活中便可照搬他们的行为,践行他们的信条。而实际上,我也是通过这种模仿,几乎在一夜之间使我的家庭关系如获新生。通过这件事情,我意识到,如果我能够像一个身材苗条的人同样思考,采取相同的饮食习惯,模仿他们的所作所为,我身上的这些赘肉同样可以轻松除去,之后我轻松地减去 30 磅的体重。将这一策略应用在人际关系方面,屡试不爽。我意识到,模仿的巨大功效,在我所研究的卓越成就领域,我不放弃每一个成功模式。

随后我有幸接触到一门叫做神经语言程序学(Neuro - linguistic programming,简称 NLP)的学科。其中的"Neuro"意为大脑,即思维系统;而"linguistic"意为语言,即沟通系统。"programming"意为编程,即规划或程序的装载和组织。NLP 是一门研究沟通系统(包括语言形式和非语言形式的)如何作用神经系统的一门科学。我们的所有能力、行为均由神经系统控制,任何人的任何成就均离不开(神经系统)特定的交流方式。

NLP 研究人们通过何种方法可使自己处世更为睿智,并因此创造出更多的机会(行为选择)。神经语言程序学这一名称清晰地表示出了这一学科的主要内容,但你也许从未意识到你生活中的诸多事情均与之相关。过去,只有心理学家以及极少数的高级商业顾问能有幸接触到这门学科。当我第一次接触到这一学科时,我瞬间意识到这是我以前从未涉猎(甚至闻所未闻)的内容。我曾见到一名 NLP 理疗师用短短四五十分钟时间便治愈了一名长达三年的焦虑症患者。这在当时的我看来太不可思议了。我暗暗发誓一定要学会这门学科的全部知识。(顺便提一下,这只是一个极普通 NLP 理疗师,优秀的理疗师甚至可用五到十分钟解决类似病症。)NLP 提供了一种指挥大脑的系统框架,不仅教会我们如何指挥自己的状态和行为,也可间接地影响周围的人。简而言之,这是一门以最有效的方式运转自己的大脑、实现最佳结果的科学。

NLP 为我打开了一个全新的世界。多年来,某些人缘何能得到"最理想"的结果一直是我心中难解的谜团,NLP 为我提供了一把开启这一谜团的钥匙。如果有人能在清晨一睁眼便翻身起床,且仍然精力充沛,这对我而言便是一种理想的结果。接下来我们要做的便是仔细地观察这个人,看看他如何通过精神和心理行为操纵自己的身体,实现这种结果。NLP 假设每个人具有相同的潜质,因此只要能按照相同的方式运转自己的神经系统,理论上而言,你可以获得他人可完成的任何成就。这种精确、具体地复制他人的特定行为的方法,在本书中称为"模仿"。

在此我再次重申,他人可以实现的成就,你同样可以实现。问题不在于结果是否一致,而在于你是否注意到他人做事的方式。如果某人是个令人敬畏的拼字高手,只要我们能找到正确的模仿方法,你同样可以成为全美最耀眼的拼字明星(本书的第七章将详述这一方法)。同样,倘若有人可以和孩子们亲密无间,又或者大清早便可轻松地起床,对你而言同样轻而易举。一切的一切,都是模仿他人如何控制自己的神经系统的过程。当然,对于个别艰巨而复杂的任务,模仿过程需要花费的时间和精力可能要多很多。但只要有坚定的信念支撑,并随时细心地观察、思考,不断调节自己的行为,任何行为的重现都不是天方夜谭。通常,为了获得某种结果,先行人可能需要数年皓首穷经,经受无数次的失败和挫折。而后人的征途则相对平坦得多,即便你不能在短短数月取得前人的惊天伟业,至少复制这一成就的过程要相对轻松、快捷得多。

NLP 的主要奠基人是约翰·葛瑞德和理查德·班德勒。前者是全球最杰出的语言学家之一,后者则是数学、格式塔理疗学以及计算机方面的专家。这两个人将毕生的才华用在一项特殊的研究中——即研究各行各业最成功的人物,研究他们能迅速做出改变的特征,而这一特征也是大多数人所梦寐以求的。他们选择那些在商界、心理学以及其他行业最顶尖的人物作为研究对象。从这些人身上可以看到战胜失败和挫折的勇气,以及长期的付出汗水。

理查德·班德勒和约翰·葛瑞德最为人熟知的案例就是对催眠治疗学派创始人米尔顿·艾克森、家庭治疗大师维珍尼亚·萨提亚以及沟通大师葛瑞利·贝特森的研究。他们对这四个人的行为进行详尽地调查:为何萨提亚能够屡屡攻克家庭关系的难题,而其他理疗师则屡屡碰壁?她采用了何种方法……他们将研究结果转授给自己的学生,结果这些学生取得了相同的结果。即便他们丝毫没有这些大师们数年的经验积累,一切的一切仍能如春种秋收一样水到渠成。起初,理查德·班德勒和约翰·葛瑞德只是按照大师们的方法进行工作,但随着研究成果的进一步积累,他们自己的学科也逐渐成形,这就是后来大名鼎鼎的 NLP。

这两位大师的伟大之处不仅仅在于提供了一种高效地做出改变的方法,而且在于他们为我们提供了短期内复制任何人的任何成就的系统方法和思路,为我们注入了自信。

的确,两位大师的成就称得上是惊天伟业,他们为我们提供了一扇开启理想之门的金钥匙。然而，即便我们手中紧握着这把钥匙，大多数人却只是将它用做控制自己情绪和行为的手段，从未想过将其高效地运用在实践当中——入宝山而空手归，实在让人扼腕。容我再次强调一下，若不采取行动，即使掌握再多的知识仍只会入宝山而空手归。

此后，我阅读了很多 NLP 相关的书籍，我遗憾地发现那么多 NLP 书籍居然没有一本详尽地阐释模仿过程。在我看来，模仿无疑是通往卓越成就的最佳捷径——意即倘若某人能取得某项成就，只要肯投入时间和精力，所有的人均可以做到这一点。想要成功？OK！模仿一个已经成功的人，用他的思维和行动方式做事，直至复制他的成就。想成为一个最好的朋友、最富有的人、最成功的父母、最优秀的运动员、最成功的商人？同样只需找到一个成功的楷模，认真模仿。

推动和改变世界进程的人往往是那些最专业的模仿者——那些能够从别人的经验中借鉴学习，并为我所用的人。他们知道如何节约人生最宝贵的资产——时间。事实上，如果你读一下《纽约时报》的畅销书单，你会发现排行榜前端的大多数书均含有如何高效做事的模范。其中有一本彼得·杜拉克[1]的书为《创新与创业精神》。在这本书中，杜拉克先生为我们列出了高效的创新者和创业者所应采取的行动。他明确地指出，创新是一个非常特别且需要深思熟虑的过程。创业者身上并没有任何神秘特殊之处，也绝非命运的垂青。这是一个可以模仿的过程。听起来是不是有点耳熟？他认为某些人之所以能取得商业上的巨大成功，恰恰是因为他们掌握了模仿技巧。《一分钟经理人》则是一部教人如何模仿他人的沟通技巧、如何高效地管理人际关系的书。该书罗列出了如何模仿全美最成功的经理人的方法。《追求卓越》显然是一本模仿全美最成功的公司的教材，而《跨越永恒之桥》则教人如何以全新的视角看待人际关系……这份长长的书单没有尽头，却传达了同样一条道理，即如何通过模仿控制自己的思考、身体，通过合适的交流方式引导他人参与，从而达到期望的最优结果。但我并不仅仅要求你去模仿他人，而是要超越模仿，使自己成为他人的模仿对象。

你可以训练一条狗（只是一个比喻，并无任何贬低的成分），同样的方法也适用于人。但我想要你知道，这只是一个复制你所期望的成就的过程、框架和方法。我希望你能学到 NLP 之中最有效的方法，并不是想让你成为"NLP 通"，而

---

[1] 彼得·费迪南·杜拉克（Peter Ferdinand Drucker，1909~），奥地利出生的作家、管理顾问及大学教授。"知识工作者"一词经由彼得·杜拉克的作品而广为人知。他被誉为"现代管理学之父"。

是一个出色的模仿者——模仿那些取得杰出成就的人。有些人不停地追逐"最佳表现技巧",所以不要灰心,继续尝试一切可行的手段和方法,但是需要适时、理性地做出调整,直至达到你所期望的结果。

为了模仿卓越的人,你要像侦探和研究员一样机警、缜密,不停地质疑、追踪,不放过任何蛛丝马迹,直至产生期望的结果。

我曾在美国军方指导最好的神枪手进行手枪射击,具体方法便是找到手枪射击的最好方法。通过观察空手道高手的行为,我学会了空手道技术。我还帮助专业运动员和奥林匹克运动员提高了运动成绩。之所以能做到这些,是因为我让他们回想一下自己的最佳状态,并让他们模仿当时的情景,触发出他们的最佳表现。

对于大多数模仿者而言,从他人的成功中积累是一个基本方面。在科技社会,工程和电脑设计方面的每一次发展都是前期探索和突破的结果。在商业社会,不能从过去的经验中借鉴、不能掌握运用最新信息的公司,都将被淘汰。

但人类社会的某些极少数领域却仍然沿袭着早已过时的理论和信息。大多数人仍然用 19 世纪的方法操纵自己的思考和行为。我们为某件事物贴上了"沮丧"的标签,接着便心安理得地跟着悲天悯人。事实上,这些标签是一种强烈的心理暗示。本书将教会你如何积极地暗示自己,并提供必要的方法、技巧,使你过上你所期待的高质量生活。

班德勒和葛瑞德发现,倘要复制任何卓越的成就,对三个基本要素的复制必不可少。这三种形式的精神和心理行为直接决定着是否能达到期望的结果。我将这三个要素比作通往金碧辉煌的颁奖大厅的三扇门。

第一扇门代表一个人的信念系统。信与不信之间,以及信念的坚定程度,对一个人所能取得的成就起着很大程度的决定作用。谚语有云:信与不信,皆成事实。即一件事自己坚信可以做到即可做到,反之则必然失败。理论上讲,这句话普遍适用。这是因为如果你不相信自己可以成就某一件事情,便会自然地向自己的神经系统传达悲观的信息,自然而然就放弃了努力尝试的念头;反之,则会向神经系统传达积极的信息,并不停地自我暗示和鼓励,自然信心满满,事半功倍。因此,倘若你能模仿一个人的信念系统,你便可以模仿出他的行为和思考方式,同样也会取得与其相同的成就。本书第四章将详述信念系统。

第二扇门代表一个人的思维方式。思维方式即一个人组织思考的特定方法。思维方式与编码多少有点相似。电话号码包含七个数字,只有按照正确的顺序拨号，才可能连通到你想要打给他的那个人。同样，只有正确的思维方式才能保证人的大脑和神经系统高效运转。大多数人之间之所以不能有效沟通，往往是因为各自的编码方式不同。掌握了思维方式，你就开启了第二扇门。我将在本书第七章详述思维方式。

第三扇门代表人的生理状态。人的思想和机体之间有着千丝万缕的联系，一个人的生理状况和行为（诸如呼吸方式、身体控制、身体姿势、面部表情，以及运动习惯和运动质量等）决定了他的心理状态，而这种心理状态又作用在你的信念系统和具体行为之中，间接决定了你的成败。我将在本书第九章详述人的生理状态调节。

实际上，模仿的示例比比皆是：从婴儿的牙牙学语到运动员钻研前辈的技术，再到创业者创建自己的公司。在我看来，那些富可敌国的人往往是那些会取巧（善于模仿）的人。我们生活在一个价值普适的社会，意即若在某处一件事能取得成功，理论上讲在其余地方成功的概率是对等的。如果一个人能在底特律的商场里靠卖巧克力饼干发家，你自然也可在达拉斯做到；如果一个人能在芝加哥靠抛售奇装异服赚大钱，你同样可在纽约或者洛杉矶做到。

所有的成功商人都具有将某一地方、某一领域的成功之处复制到其他地方、其他领域的能力，当然他们会抢在大家一窝蜂地都涌入到这一地方、领域之前。我们要做的便是找到一个成熟的系统、方法，然后加以模仿，并很有可能因此取得意想不到的惊人成就。

全球最擅长模仿的是日本人。过去的二十多年，日本经济所取得成就堪称惊艳，其根本原因何在？是因为日本人聪明，有着出色的发明天分？可能有那么一丁点。但翻开过去 20 年的工业史，就会发现源自日本的重大新产品或尖端科技寥若晨星。日本人的天分和才华在于他们能够发现新发明的价值，将其加以巧妙的模仿，保留精华，改进其余部分，变为自己的成果。从汽车到半导体行业，这样的例子比比皆是。

阿德南·穆罕默德·卡沙基[①]是多数人公认的世界首富。你是否知道他的发家史？很简单，模仿洛克菲勒、摩根以及其他金融巨子，遍阅一切与这些人相关的内容，研究他们的信念，模仿他们的具体行为。为何 W·米歇尔并未因为

---

① 阿德南·穆罕默德·卡沙基（Adnan Mohanmad Khashoggi），沙特富豪，以买卖军火起家，是阿拉伯世界有名的富豪。在作者写作本书时，其为世界首富。

病痛而一蹶不振,反而从中激发出惊人的能量?在他还躺在病床上几近绝望时,好友时常为他阅读那些"艰难困苦,玉汝于成"的励志事迹。正是这些精神楷模的感染力给米歇尔带来了生的希望,以乐观积极的心态走出了消极悲观的泥沼。成败的惟一区别在于看待事物的视角和心态,以及这种视角和心态在个人经历和生活中的反映。

同样的模仿程序也成就了今天的我,使得我和周围人的生活从中获益。我毕生致力于个人成就捷径的研究。我将这种所谓的捷径称为"最佳表现技巧",这也是本书的主旨。我希望读者能明白一点,我的终极目标并不是让你谙熟书中所谓的方法,而是希望你能够青出于蓝,开辟自己的方法,成为万千人争相模仿的对象。约翰·葛瑞德曾告诫我:切勿迷信任何事情,因为总有一天这些事情会失灵。NLP的确是个强大的工具,但它终究只是你用来创建你自己的方法、思维方式,以及拓展你的视野的手段。世上毕竟没有万能的金钥匙。

模仿这个东西丝毫不新鲜,每一个伟大的发明都离不开对前人发现的模仿。又有哪个健全的孩子没有牙牙学语的模仿过程呢?

但遗憾的是,多数人的模仿过程是完全无序,如无头苍蝇一般乱撞。我们从某个人行为中找到零星的自以为值得借鉴的东西,随即模仿,却将很多重要的东西弃如敝履;到处模仿着或好或坏、鱼龙混杂的东西;又或者想要模仿,却苦于摸不清门路。

何谓运气,就是机会和精心准备的人不期而遇。

——笔者

将这句话当做你的座右铭,学着有意识、理性、准确地模仿他人的行为,成功自然水到渠成。

这样的模仿对象和资源随处可见。我对你的第一个期望是希望你能像个模仿者那样思考,发现和发掘那些杰出的模仿对象。如果某人取得非凡的成就,立刻在心里寻思:"为何他能够做到,又是如何做到的?"我希望你能够培养出一双不停地发掘模仿对象的慧眼,从这些模仿对象身上探寻值得借鉴的东西。果真如此,那么成功仅仅是时间问题。

接下来,我们要讨论的是,面对不同生活环境时哪些东西对我们的反应起着决定作用。下文将介绍——

善恶、悲欢、贫富皆由心态作用。

——埃德蒙·斯宾塞

第三章

Unlimited

power

心态的作用

您是否有过考试时对答如流、自信满满的经历？是否有过一切顺风顺水的经历？这种经历可能是在网球赛里你每次击球都刚刚压线；可能是在商业会议中你一切成竹在胸；可能是不可思议地完成了史诗般的成就，以至于自己都惊叹不已。当然想必你也有着完全相反的经历，一切都乱七八糟，过去稀松平常的事情现在处理起来却是一团乱麻，举步维艰，以至于你开始怀疑自己是否压根不是这块料。

两者的差异何在？你还是那个你，一切周围的事物也没有丝毫变化，为何有时顺风顺水有时却屡屡受挫、举步维艰呢？为何顶尖的运动员也有着状态的起伏，连续几天投篮都是三不沾，或连一个安打都搞不定呢？

这之间的差异就在于你所处的心态。当处于积极状态时，你自信、敢爱、坚强、快乐、兴奋，精力无穷。反之，你则会多疑、忧郁、恐惧、焦虑、悲伤、沮丧，甚至绝望。每个人都不可避免地遭遇着各种心态。你有没有经历过走进一家餐厅，女服务员不耐烦地对你嚷"点啥"的经历？你认为她一直是这副脸色吗？可能是生活的窘境，使她变成这样，不可救药；但更可能她已经劳累了一天，仅有的几个客人却连小费都不舍得给。其实，她并不是不可理喻，只不过是心理状态不佳而已。心态改变了，行为自然也会改观。

须知，心态是掌控变化和取得成就的关键。行为是心态的直接反映。当我们感觉事事顺意时，一切都得心应手。但不幸的是我们大多数时候都那么不够顺心。我曾经有过这种不堪回首的经历，并因此做了很多糊里糊涂的傻事。可能你也不能幸免。所以当他人以不公正的态度对待你时，你首先应该以包容心理解他当时的心态，不应该怒目相向，而是宽容大度地对待对方。要学会换位思考，理解别人的处境。谨记一点：女侍或其他人的行为并不能代表他们自身的品质、道德，我们不能因此失态，而是应该自己掌控自己的心态以及由此衍生出的行为。试想一下，倘若你能随心所欲地进入某种最佳状态——春风满面、自信满满、活力四射、心思敏锐——你会取得多少成就呢？想必定能势如破竹，一往无前吧！

我希望当你合上这本书时，能够春风满面、自信满满，我更希望你可以随时随地达到这种自信、乐观的心态。还是那句话老话，"切勿纸上谈兵，一切终须实行"。这本书旨在教会读者如何控制自己的心态,从而使你更容易做出决断,采取理性、高效的行为。本章我将详述何为心态,心态如何作用在我们的具体行为上,以及我们为何要控制自己的心态,使其为我所用。

心态是体内无数神经结构协同作用的结果,也就是我们某一时刻所有经历的交集。实际上,我们的大多数心态都是无意识的,或者仅仅依靠某种直觉。当遭遇某件事情时,我们的态度和反应即是我们的心态。可能我们会从积极乐观的一面来理解,也有可能我们会失意沮丧,但对大多数人而言,这是一个掷骰子的概率事件,只有极少数人会主动、刻意地控制自己的心态。追求人生目标的道路必然会成败殊途。成败的决定性差别,往往就在于你能否以积极、自信、乐观的心态去经营你的愿景。

其实,人生所谓的目标,何尝不是为了达到某种心态呢?试想一下,你所要求的一切东西,哪一种能离得开心态呢?你渴望爱情吗?如果答案是肯定的,那么渴望爱便是一种心态。在这种心态作用下,我们从周围的世界捕捉爱情的讯息,然后再将这些信息归纳整理(有意识或是无意识地),反馈到我们的神经和思维器官,从而形成一定的感知。自信、自尊同样也是某种心态的折射。可能你会反驳:"哼,我喜欢的是钱,和心态有啥关系?"但仔细想想,你喜欢的真是钱么?非也!你喜欢的是金钱带给你的心理愉悦,以及金钱带给你的地位、自信及随心所欲的状态。你不可能为了存折上某个数字或小数点疯狂。所以爱情、快乐以及支配欲的关键,在于你如何控制和主导你的心态。

主导心态、取得成功的第一要诀就是学会如何高效地思考。我们首先应该了解心态缘何产生,其有着怎样的运转机理,哪些因素在其中起着决定性作用。千百年来,人类就对心态的作用原理充满了好奇。心态如何构成人生体验的差异,一直是个未解之谜。为了破解这个谜题,人们尝试了诸如禁食、吸毒、巫术、音乐、性爱、食谱、催眠、诵经等各种方法,成效各有所长,又各有所短。放心,我这里所讲的方法没那么复杂,却要比那些方法更有效,你完全可以轻松、准确地掌握这些方法。

"即便哑巴小孩看起来也是乖巧可爱,聪明伶俐!
但有些人却天生令人讨厌。"
淘气鬼詹尼,汉克·卡西姆(Hank Ketcham)①
及美国新闻集团授权使用。

　　倘若所有的行为都受个人心态直接支配,当我们处于不同心态时,沟通方式以及行为方式自然也会有着天壤之别。接下来我们不禁要问,是何种原因造成了我们心态的变化? 人的心态主要有两种致因:第一种源于自己的储忆认知,第二种则来自于我们周围的状况以及我们的生理状况。你心中所想的内容和思考的方式,以及你向自己传达的信息内容决定了你的心态以及具体的行为。例如,倘若你的另一半很晚才回家,你将作何反应? 你当时的行为完全取决于你当时的心态,你的心态也决定了你看待这件事情的角度和思维方式。如果在他(或她)推门而入之前,你一直战战兢兢地担心他(或她)遭遇车祸,血流不止,躺在病床上奄奄一息,当他(或她)完好无损地出现在你面前时,你可能长舒一口气,将对方拥在怀里,感动地喜极而泣,然后才会埋怨他(或她)回家那么晚。这种心态源自对对方的关爱。反之,倘若你一直想象着他(或她)一定在某处偷情,在给你戴绿帽子,或者想象着自己在对方心中无足轻重,当他(或她)出现在你面前时你的反应也会截然不同。这种行为背后,是你感觉自己被戏弄的心态。

_____

① 亨利·金·汉克·卡西姆(Henry King "Hank" Ketcham),美国漫画家,《淘气鬼詹尼》系列喜剧漫画的作者。

储忆认知
我们心中展现的画面以及如何展现
我们向自己传达的信息以及选择倾听的内容

行为
语言—说话
生理—行为
面部表情
呼吸方式和节奏

心态

生理
姿势
生化状态
神经敏感度
呼吸方式和节奏
肌肉紧张/放松

　　接下来我们好奇的是,是什么因素可以使张三能够以关爱的心态应对另一半的晚归,而李四却充满猜疑,愤怒得几乎要爆炸呢?原因可能多种多样。父母家人以及周围人类似的经历可能会对人的心理造成某种暗示。例如,当你年幼时,由于父亲经常晚归,母亲总要担惊受怕,你也因此学会了战战兢兢地看待此类事情。如果母亲不停地向你抱怨,猜疑父亲不忠,你可能会用相同的方式看待你的另一半。基于上述原因,我们的信念、态度、价值观以及过去的经历,都在影响着我们的自我暗示,进而决定着我们行为的差异。

　　此外,决定着我们的愿景和储忆认知的还有一个极具决定性的因素,这就是我们的生理状态及应用方式。包括肌肉紧张或是松弛、饮食习惯的好坏、呼吸方式、肢体运动,以及全身各种的生理作用,都对我们的心态起着重要影响。储忆认知和生理状态相互作用,相互影响。因此,若要改变心态,就需要改变自己的储忆认知及生理状态。例如,倘若你的恋人、老伴或小孩进门之前,你处于完全放松的状态,你可能会把他们迟到的原因归结于堵车的耽搁;但倘若因生理上的病因造成你肌肉紧张、身心俱疲,或者浑身酸痛、四肢无力,你就会倾向于用负面的储忆认知。你肯定不否认,神清气爽或身心俱疲时,你对周遭的态度会有天壤之别。是不是很大程度上生理状态影响着你对周围事物的视角和具体行为? 当你心神不宁、烦躁不安时,你全身的肌肉会不会不自然地绷紧? 由此可见,储忆认知以及生理状态之间的确相互作用,引起心态和行为的巨大差异。因此,若想控制并引导我们的行为,首先应控制并引导我们的心态;若要控制我们的心态,就必须首先控制并有意地调用储忆认知并调节自己的生理状态。想想倘若有一天我们能像控制音箱音量一样随心所欲地控制自己的心态,是不是特别兴奋?

首先,我们应知道如何感知,才有可能指导我们的感知。人类是哺乳类动物,用一套特定的感知器官认知周围的世界。人的感知结构通常分为五种:味觉、嗅觉、视觉、听觉和触觉。但对于绝大多数人而言,主要的感知行为都来自于视觉、听觉和触觉。

因此,你的心理暗示及你自身对事物的反应,并非来自于事物本身,而是来自于你内心对事物本质的理解和判断。一个人的大脑器官对接收的信息进行选择性处理,大多数信息都被过滤掉了,只有极少数经过筛选的信息会作用在你的大脑里——如果你连左手指脉搏到眼跳都要思绪万千,你的神经系统迟早会被这些琐碎的杂物搞崩溃。所以,我们的大脑出于本能会选择性地储存有价值或有潜在价值的信息,而将其余的信息忽略掉。

这种过滤、筛选过程能够很好地解释为何不同人对同一事件的反应有着天壤之别。例如,同样是面对一场交通事故,甲可能更在意他所看到的内容,而乙则更在意他所听到的内容,他们选择从不同的感知角度理解同一问题。当他们经过现场时,由于各自生理状态的差异,他们会优先选择自己适合的感知方式认知这一事故。例如,甲的视力达到5.2,而乙却视力不佳,双方对这一事故的感知必定存在巨大差异。这种差异的感知及自我暗示又反过来形成了某种经历,影响着各自随后的人生体验。

NLP 包含着一个重要观念,即"地图并不能代表实际的疆域"。在《科学与理性》一书中,阿尔弗雷德·科日布斯基①曾说道:"须知地图有一个重要的特性,地图并不能显示出真正的疆域,但从某种程度上,它又在某些应用中发挥着疆界的作用。"这句话用到人身上,意思是人的自我暗示并不是事物的真实状况,而是事物经过每个人特有的信念、态度、价值观以及所谓的"形而上的程序"过滤之后的镜像。这或许就是为什么阿尔伯特·爱因斯坦会说:"在真理的认识方面,任何以权威者自居的人,上帝均会对他嗤之以鼻!"

既然我们无法了解事物的真貌,一切都是事物认知之后的镜像,理论上而言,我们完全可以摒弃那些所谓的局限,以积极的态度驱动自己的认知。这一切均依赖于持续的积极、乐观的储忆认知。多数情况下,你应该避免消极、沮丧等使你有着挫败感的心态,而是将注意力集中到事物积极的一面。无论周遭的环境多么险象环生、四面受敌,你都可以以积极的暗示使自己信心满满,毅然前行。

一个人之所以能成功,是因为他能够始终将注意力保持在积极进取的一面。这何尝不是成败的决定性差异? 再回想一下 W·米歇尔——决定他人生的并不是他的境遇,而是他面对这些境遇持有的心态。尽管他的身体严重烧伤,尽管他随后半身不遂,但他仍能从中挖掘出使自己充满进取心的心态。记住一点,人生并没有命定的成败、优劣,一切的一切均来自于我们自己的界定。我们可以以积极的心态暗示自己,同样可以消沉、失意地了此残生。试想一下,倘若你能一直处于积极乐观的心态,又有什么打击可以使你低头、消沉呢?

这也是跨越火炭的良苦用心所在。如果我现在叫你放下本书,从炽热的火炭上方跨过,想必你不会立刻就能从命。这是因为你现在还对火炭心存畏惧,而且你也未必认为跨越火炭与你之后的心态和成就有着某种必然的联系。所以,当我向你提出这种要求时,你并不会形成跨越火炭所需的心态。

跨越火炭的目的在于帮助学员摒弃畏惧心态和其他的局限性思维,以积极、坦然的心态采取行动,从而达到期望的结果。有没有跨越火炭,人的生理机能并没有任何的改变。但是经过这一过程,他们知道了如何控制自己的生理反应以及自我暗示。跨越火炭的目的就是击碎因畏惧而为自己设置的种种局限,为你打开一个全新的世界,使你能够以积极、乐观的心态尝试之前从未有勇气设想的东西。

---

① 阿尔弗雷德·科日布斯基(Alfred Korzybski,1879～1950),波兰裔美国哲学家。

跨越火炭的主要作用在于为你提供了一个储忆认知,为你展开了某种你从未意识到的可能性。如果之前所有的局限都是自己画地为牢,自筑篱墙,那么那些所谓的"遥不可及"、"痴人说梦"何尝不是触手可及呢?这就是我所强调的心态的作用。当然,纸上说来终觉浅,亲历亲为才能发现其中的真正奥妙之处。跨越火炭就是这样一种体验,它为你之后的信念和视野提供了一个范本,为你营造了全新的储忆认知并影响着你周围的人,你可以让他们的生活更为快乐充实,可以使他们信心满满地从事之前认为是"天方夜谭"的事情。跨越火炭的体验清晰地展示了人的具体行为与其心态之间的必然联系,即行为是心态的直接结果。只要你以积极乐观的人生体验不停地暗示自己,你可以在一瞬间实现情绪的转换,不仅超乎寻常地自信,行动也因此变得迅速、高效。当然,要达到这种效果,方法可以千差万别,我之所以选择跨越火炭,是因为这一过程十分有趣,还略微带点奇幻色彩,相信经历过的人都有点怀念。

产生期望结果的关键在于你如何认知自己的储忆,如何通过这种储忆认知使自己处于积极、主动的心态之中,使你能够不断地尝试各种方法手段实现自己的目标。反之,倘若你未能拥有这种心态,多半是因为你自己主动放弃,或者三天打鱼、两天晒网,维持着三分钟的热度而已。如果我向你提议跨越火炭,我所表达的内容,无论是言语上还是肢体上的,都会进入到你的大脑中,唤醒你的某种储忆认知。如果在你脑海里不停地想象一个人被牵着鼻子在火堆上炙烤,五官因痛苦极度扭曲,相信这种感觉不会带给你多少愉悦的心情;假使你想象自个儿站在火中,闻着自己皮肤烧焦的味道,恐怕就更是雪上加霜了。

反之,如果你想象一群人围着篝火载歌载舞,并且脑子里不停地闪现欢快的画面,你的心态可能就会截然不同。如果你能暗示自己火炭行走可以使你更加健康、快乐,并且在心里默念"切!小菜一碟,轻而易举",自信满满地移动你的四肢,这些积极、自信、乐观的信号就会传到你的大脑,使你进入到一种即刻便可轻松跨过火堆的心态之中。

生活中的哪一件事不是如此?如果我们不停地暗示自己,这不过是小菜一碟,所谓的难题也就真成了凉拌黄瓜。反之,你若视之如畏途,那就真成了你人生之中难以逾越的天堑了。特德·特纳、李·艾柯卡以及 W·米歇尔为何能够成就非凡,原因也在于此。当然,有时积极、乐观的心态并不那么奏效,尽管你足够积极、自信,仍不免会失败;但是积极的心态至少能让你展示出最好的自己,为你创造最大的可能性。

下一个问题就是,如果储忆认知和生理状态可以偕同创造最佳心态,而这种心态又决定了我们行为的起源,又是什么决定了我们在某种心态下的具体行为呢?如果你深爱着一个人,你可能会将她紧紧地拥在怀里表达你的爱意,你也可能说很多海誓山盟的甜言蜜语。其实我们的一切行为都来自于对周遭事物的模仿。例如,有些人极度愤怒,他们会不由自主地学习某些人的愤怒行为;可能他会像父母处理这样的事情一样,一巴掌扇过去。或者尝试着想想其他事情,这种经历就会在他们的内心存储下来,在他们以后的生活中重现。

每个人都有着独立的世界观,都有着塑造各自环境背景下的精神楷模。从那些熟识的人或书籍、电影、电视中,我们逐渐认识和了解着我们生存的这个世界。还以 W·米歇尔为例,影响他一生的一个人其实是个瘸子,但这个瘸子却有着健全、成功的人生。当生活将米歇尔推向相同甚至更糟的处境时,他仍然从自己身上看到了生活的希望,于是一切的一切都不再是他成功路上的绊脚石,反而成了向上攀登的阶梯。

模仿他人时,我们需要找出他们的信念。这些信念使得他们能够积极、乐观地暗示自己,并采取高效的行动。我们还要找出他们是如何将周围世界的体验转化成积极的认知暗示的。他们脑海中是怎样一幅画面?他们说些什么话?他们又如何感知呢?我要再次重申,只要我们的身体能够受到相同的信息刺激,我们同样可以达到类似的结果——这就是模仿的本质。

生活之中亘古不变的真理就是,一切事物皆有因果联系。如果你不能集中精力于你所期待的结果上,并不停地按正确的方式暗示自己,那么一些外部触发机制——一场谈话,一部电视剧抑或其他任何东西——都可能使你进入到更加消极、逃避的状态。人生不是一潭死水,而是奔腾的江河,流淌不息,如果你不扬帆掌舵,没有坚定的方向,就不免随波逐流,甚至被击碎在浅滩上。同样,如果你没有在心中埋下希望的种子、精心地呵护培养,很快便会荒草丛生,最终一无所获。如果我们不能控制自己的思想和心态,周遭的环境便会迫使我们陷入危险的境地,生活将变得如梦魇般不堪回首。因此,我们要时刻守护我们的思想,我们要学会并坚持用正确的心态暗示自己。在灵魂的花园里,我们是最勤劳的园丁,决不容许蔓草肆意生长。

卡尔·华伦达就是这方面最有利的例证。他进行过数年的高空杂技表演,一直安然无恙,他从未想到自己可能失手。似乎失败、坠落之类的词语压根就没有进入过他的大脑。几年前,他开始向妻子提及自己可能会掉下来。人生之中第一次，他开始有了自己可能会从上面掉下来的意识。在首次谈到这一话题之后的三个月，他掉了下来，一命呜呼。可能有些人会说他未卜先知；而另外一些则归结为他心中的某种暗示，这种暗示向他的神经系统传达了某种悲观的信号，进而演化成了事实。他为自己的大脑设置了一条路径，然后便陷入到这种心态中不能自拔。从卡尔·华伦达的悲剧之中，相信我们能够窥到人生的真谛——时刻了解我们心中所想的东西，保持绝对专注。

如果你始终专注于那些悲观的事情，那些使你痛苦、绝望的事情和问题，你便会使自己陷入到一种支持此类行为和结果的心态之中。例如，你是一个嫉妒到无可救药的人么？你当然不是。或许在以往你有过嫉妒的心态和行为，这些心态和行为并不能代表你。但恰恰因为这一段嫉妒的心态和行为，你为自己以后的生活创造了一种储忆，你会自然而然地陷入到这样的情绪和心态之中。记住一点，你的行为由你的心态直接决定，而你的心态又源自你的储忆认知和生理状态，这两种东西都可以在短期内扭转。如果你曾经有过嫉妒的心态，就意味着你用某种认知暗示使自己进入到这种储忆之中。现在你可以尝试一种全新的方法，相信也必定会产生全新的心态及行为。如果你内心不停地提醒自己，你的另一半在欺骗你，很快你就会怒不可遏。尽管一切全是你胡乱猜想，找不到丝毫的证据，你过去的某些经历和体验仍然如时空交错般不停地闪现。当你的爱人走到你面前时，你心中自然而然地充满了猜疑，也许你依然在莫名地愤怒。试想在这种心态下，你会温存地爱恋对方么？鬼才相信！你可能会激烈地虐待他或她，或者把一切深藏在内心，以便养精蓄锐，遇到哪怕有一丁点类似的苗头，便不由自主地再次陷入到这种情绪之中，不能自拔。

可能你的爱人清清白白，但是在这种心态下，你会变得过分猜疑甚至无理取闹，会逼着对方投向别人的怀抱。如果你嫉妒，那是因为你自己营造了这种心态。你完全可以从另外一个角度理解问题，想想你的爱人为了维持这个家早出晚归，想象归心似箭的他或她因为加班而无法及时赶回。这种心态下，你会觉得对方无比地依恋这个家，依恋与你厮守的甜蜜时光。既然你们彼此深爱对方，又何必费尽心思地猜疑呢？！为了一些子虚乌有的事情费尽心神，反而把双方搞得不愉快，在甜蜜的氛围中泼一盆凉水，又何苦呢？

一切行为皆出自于思想的根源。

——拉尔夫·沃尔多·爱默生

如果我们控制自我沟通的内容,并基于此营造有助于我们完成目标的可视、可听、可感的信号,我们便可以不停地取得积极的成果;即便我们最终因某些难以改变的因素未能成功,至少我们展现出了自己的最佳状态。那些强大、高效的经理人、教练、父母以及运动员都是这方面的精神典范。即便周围荆棘密布、险象环生,他们仍然能够以积极乐观的方式,向自己以及周围的人传递成功的信号,鼓舞着自己和周围人斗志满满地前进,不达成功,誓不罢休。可能你也听说过梅尔·费希尔。为了寻找一份深藏在海洋深处的宝藏,他花了整整 17 年的工夫,最终在一艘西班牙沉船里寻到了价值超过 4 亿美元的金银币。我从一本书中知道了他的故事。一位参与打捞的水手被问及为何他能够追随费希尔那么长时间,水手回答道:因为费希尔先生有着巨大的感召力。每天费希尔都告诉自己和所有的船员,我们今天就能找到这份宝藏! 一天过去了,我们仍然一无所获时,他又会告诉我们,就在明天! 他并不是夸夸其谈,而是打心眼里坚信这一点,他的语气、声音都清晰地透露出了这种自信。每个清晨一睁眼,他就这样告诫自己。最终他发现了那批举世闻名的宝藏。他的故事是成功公式最好的验证:有着明确的目标,知道做事的方式,从自身的经验中总结调整,直至最终获得成功。

我认识的最好的煽动情绪的人物,便是夏威夷大学橄榄球教练迪克·汤米。他知道心理暗示对一个人的表现举足轻重。在一场和怀俄明大学的比赛里,夏威夷大学上半场被压在半场,中场时的比分是悬殊的 22∶0。他的球队看起来和对方根本不在同一个档次。

可以想见,中场休息时,汤米的球员躲在休息室里是何等的沮丧和神情恍惚。汤米一眼扫过这群低着头的大孩子,知道若不能扭转他们的情绪,下半场简直就是噩梦。从他们的表情看得出来,这些孩子已经彻底绝望了。在这样的情绪下,你很难期望他们能够扭转场上的局势。

迪克·汤米取出了一份剪报,上面贴满了他多年搜集的文章。而每一篇文章都在讲述大比分落后时惊天大逆转的过程,有很多球队的境况甚至比他们要糟得多,想要扭转比登天还难。他让自己的队员们阅读这些文章,为他们重塑信心,给他们注入了完成逆转的斗志。这种信心(心理暗示)使他们的精神状态焕然一新。想必你也能猜出之后的结果。他们再次踏上球场时,开始控制了比赛,将怀俄明大学死死地压在半场狂攻,最终 27∶22 完成了惊天大逆转。他们能够获胜,是因为他们能够改变自己的心理暗示,用坚定的信念支撑自己。

不久前，我和《一分钟经理人》的作者肯·布兰佳同机，他刚刚为《高尔夫大师》写了一篇文章，是《一分钟经理人》的姊妹篇《一分钟高尔夫大师》。他曾经向全美最好的高尔夫球手讨教成绩直线上升的秘诀。他说他学会了所有的技巧和细节，但苦于在赛场上不能一一想起。我建议他不要在记住这些击球高招上费神，而是回头想想自个儿是不是曾有过完美地挥杆、击球经历。他说当然有。此时，我告诉他，那时的技巧和具体的方法都无意识地存储在他的大脑中，他惟一要做的就是利用自身拥有的资源，唤醒自己当时的那种状态。我用短短几分钟的时间教会他如何进入这种状态，以及以后如何再次触发这种状态。（这一部分内容我将在本书的第十七章详述。）猜猜发生了什么？他之后的那场球打出了最近 15 年的最佳成绩，进步了 15 杆。不必费神记住那些挥杆技巧，他却能够自如地挥杆，精确地击球，关键是激发出最佳的状态。

记住，行为是心态的直接反映。如果你曾经无坚不摧，马到功成，只要能够唤醒自己当时的心态和生理状况，一切都可重演。在 1984 年洛杉矶奥运会之前，我在帮助一个角逐 1500 米自由泳的运动员。尽管他十分努力地训练，但明眼人一眼就能看出，他根本没有夺冠信心。他为自己筑了一道墙，将自己封闭在里面，畏缩不前。他根本没勇气摘金牌，认为能够拿到银牌、铜牌，能够站在领奖台上已是万幸了。因为他的对手乔治·迪卡罗曾经多次击败过他，在他心中乔治·迪卡罗永远高他一头。

我花了一个半小时帮助他在脑海中重现他的巅峰状态，寻找如何激发出他的最佳状态的方法。让他回想那场击败乔治·迪卡罗的比赛，想象赛前如何热身，脑海中的画面，内心的独白，以及获胜后的心情。我们将这一过程按照精神和心理方面进一步地分解、细化。通过这一过程，使得他在听到发令枪响的瞬间，立刻自动地激发出当时的状态。我发现那场比赛前，他还听了休·刘易斯的歌。因此，比赛当天，我要求他做了所有相同的事情，包括唱休·刘易斯的歌。结果如何？他轻松击败乔治·迪卡罗夺魁，决赛成绩整整领先了对手 6 秒之多。

你看过《战火屠城》这部电影吗？里面的一幕场景让我终身难忘：那个生活在战乱中的十二三岁的小孩，在几近绝望之时，端起一把机关枪，疯狂地向四周扫射，令人毛骨悚然。我们不得不思考，在怎样的状态下，才能逼迫一个十二三岁的孩子做出这么疯狂的事情？我把原因归结为两点：首先，极度的绝望使他陷入到人性之中最残忍的欲望之中；第二则是周围的环境，他生活在一个硝烟弥漫、尸横遍野的世界,而杀戮成为了大众普遍认可的生存方式,持枪射击在他看来是正常的反应。他从周围的人身上学会了杀戮,只有杀戮才能更好地生存。这是一个血腥残暴的场景,我不忍回想,我更希望能进入到一种更积极的状态之中。但这样一幕场景却告诉了我们这样一个事实:人在某一心态(或好或坏)下,可以做出某件事,而在另一心态下则完全不可能。在此,我要再次强调:人的行为由其所处的心态直接决定。人们特定的反应均来自于他们所模仿的世界——即他们内心潜意识深藏的东西。并不是我使得迈克尔·奥布莱恩获取奥运金牌,我能做的只是如何使他激发出自身最佳的状态,用最为有效的方式、方法在关键时刻将他穷其半生记住的这些技巧、肌肉的反应以及诸如此类东西展现出来。

很少有人有意识地引导自己的心态。他们一觉醒来,神清气爽,便会心旷神怡、精力充沛;而一旦醒来时睡眼惺忪,他们便会头昏脑胀,哈欠连天。在任何领域,一个人成就的差别就取决于他们能否高效地利用自身的资源。在体育界,这个现象表现得尤为明显。没有人能够时刻保持巅峰状态,但优秀的运动员能够适时地调整自己的状态。为何雷吉·杰克逊总能在十月的比赛中击出全垒打?拉里·伯德和杰里·维斯特是为何能屡屡投中压哨球?那是因为他们能够激发出自身最大的能量,压力越大,他们反而越兴奋。

心态的改变是大多数人梦寐以求的。他们希望能够幸福、快乐、充满激情、受人关注,他们希望心平气和,或者能从不期望的状态中走出来。当感到沮丧、愤怒、忐忑、焦躁时,大多数人是如何做的呢?他们打开电视机,给予自己一个新的暗示,然后他们就开始对着电视机哈哈大笑。这时他们也就不再绝望、消沉了。或者他们会出去大快朵颐,或者抽根烟,或者吸食毒品。若是更为积极的人,可能选择在运动场上挥汗如雨地发泄一下。这些方法的确可以使你暂时摆脱失落的情绪,但效果并不能持久,因为困扰你的问题仍然摆在那里。电视节目结束后,之前的心理暗示会再次跳出来,你不得不重新陷入到那种糟糕的情绪之中,欲罢不能。这些方法都是暂时的"止痛剂",并不是解决问题的灵丹妙药。而这本书中的方法,则可以教会你如何主动地改变自己的心理暗示和生理状态,不需任何外部辅助设备(这些设备多半会带来其他的负面依赖作用)。

人们为何吸食毒品?并不是因为他们喜欢针头插在胳膊上的痛感,而是因为毒品可以给他们带来一种全新的体验,这种状态他们在生活之中几乎无法获得。我曾遇到一个绝对的瘾君子,这个小孩经过跨越火炭教程后彻底戒掉了毒品。因为他能在生活中找到更杰出的模仿对象,不再需要靠毒品的迷幻来麻醉自己。一个吸食海洛因六年半的孩子在跨越火炭后,告诉其他学员:"毒品不会再在我的生活中出现了!针管、毒品带给我的所有感觉都远远不及跨越火炭带来的感觉。"

这不是说他要像吸食毒品一样动不动就跑到火炭上蹦跶那么几下。他所要做的就是时不时地回想一下当时的状态。尝试着去做些之前认为不可能的事情,他树立了一个可以带给他快乐之后可以随意模仿的对象。

那些取得卓越成就的人都是能够激发出自身最佳状态,最大化地利用自己大脑的大师。这也是他们有别于常人之处。本章要牢记的一点是:心态具有惊人的能量,但心态是完全可以控制的。无论生活中遭遇怎样的挫折,都不是意志消沉的借口。

有一个因素决定了我们对生活中所遭遇的经历如何反应——这种因素可以过滤我们的储忆认知。这种因素决定了我们在特定条件下的心态类型,它被称为人身上最大的潜能。接下来一章我们将介绍——

信念即是人本身。

——安东·契诃夫

第四章

卓越成就之源：信念

Unlimited
power

　　诺曼·卡森斯在他的那本精彩的《笑退病魔》一书中说了一则本世纪最伟大的大提琴家之一帕勃罗·卡萨尔斯的趣事。这是一则关于信念和重生的故事,从中我们可以学到很多值得深思的东西。

　　在书中,卡森斯简短描述了他和这位音乐家的一次会面,这次会面恰值帕勃罗·卡萨尔斯90岁生日之前。卡森斯说自己几乎不忍看这样一个风烛残年的老人开始新的一天。当时的他身体极度虚弱,关节炎消磨着他身上残存的一丁点活力,他不得不靠别人搀扶着穿衣服;从他沉重的呼吸声中可以明显地看出他患有严重的肺气肿;走起路来颤颤巍巍,脑袋不听使唤地抖动;双手有些肿胀,十根手指像鹰爪般地蜷曲着。从外表看来,他已是老态龙钟、风烛残年。

　　就在吃饭前,他走到了钢琴前,这也是他最擅长的乐器之一。他很吃力地坐上钢琴凳,颤抖地把那蜷曲肿胀的手指按上了琴键。

　　就在那一瞬间,奇迹发生了。卡萨尔斯就像活生生地变成了另外一个人。他的心态发生了巨大的变化,伴随着生理状态也因之改变。他的手指开始在琴键上飞翔,就如同一个健康、强壮的、手指柔和的钢琴家在演奏一样。卡森斯在书中是这样描述的:"他的手指缓缓地张开,移向琴键,就像树枝的嫩芽在向阳光中伸展。他的脊背直挺,呼吸也平静下来。"弹钢琴的念头,使得他的生理和心理状态完全改变。他开始弹奏巴赫的《平均律钢琴曲集》,整个过程驾驭自如。随后他弹奏了勃拉姆斯①的协奏曲,他的手指如同在琴键上跳舞。"他的整个身体都陶醉在音乐之中",卡森斯这样写道:"他不再颤颤巍巍、佝偻着身子,而变得容光焕发,春风满面,通过音乐获得了重生。"当他从钢琴旁起身离开时,几乎看不出这就是刚刚坐在这里颤颤巍巍的老人。他走到了餐桌前,大口地吃着早餐,随后走出屋子,在柔软的沙滩上漫步。

　　我们通常把信念等同于很多人笃信的教条和教义。但从基本意义来看,信念是为人生赋予意义或指引方向的原则、格言、信仰或激情,是理解一切事物的

――――――――――――

　　①　约翰内斯·勃拉姆斯(Johannes Brahms,1833～1897),德国作曲家。

指导思想。信念决定了我们对世界的认知,就如同大脑的指挥官。当我们坚信某一事物为真时,就会向大脑不停地传递这种事物必将发生的心理暗示。卡萨尔斯笃信音乐和艺术,这种信念为他的生活带来了美感,使他的人生丰富多彩。正是这种信念使得他的一生不断上演着奇迹。因为他笃信他的音乐有着神奇的能力,他被一种匪夷所思的力量驱使着。正是这种信念,使得这个风烛残年的老人可以一瞬间变成活泼的精灵。夸张点说,这也是他生存的意义。

约翰·斯图亚特·穆勒①曾写道:"一个有信念的人要强于99个只有兴趣的同类。"这也清楚地阐释了信念与卓越成就之间的联系。信念向你的神经系统直接下达命令。当你坚信某些事情是真的,你会逐渐进入到信以为真的心态。倘若应对得当,信念可以成为你创造理想生活的最大推动力;处理不好,信念则可称为限制你行为和思想的绊脚石。纵观整个历史进程,宗教信仰曾鼓励了亿万人,赋予了他们前所未有的勇气和毅力。信念可以激发出我们身体最深处的潜能,帮助我们实现自己期望的目标。

信念如同指引我们人生航向的罗盘和地图,为我们最终到达目的地提供了保证。人生倘若没了信念或信念激发的能力,就算上帝也无能为力。这就如同汽艇缺少了电机或方向盘一样,只会成了无头的苍蝇,在原地打转。倘若有了强大的信念,便有了行动的动力和创造精彩人生的勇气。信念可使你认识到自己所追逐的东西,驱策着你为之努力。

对于人类的行为而言,信念可谓是最强大的助推器! 从本质上讲,人类的历史进程就是一部信念史。那些改变历史进程的人——无论是耶稣、穆罕默德、哥白尼、哥伦布、爱迪生还是爱因斯坦——都曾是改变过我们信念的人。改变行为,必须从改变信念开始。如果我们想要复制那些卓越的成就,我们就需要首先学会模仿那些取得此类成就的人的信念。

对人类行为的了解越深,我们就会越发地意识到信念在生活中具有多么不可思议的魔力。多数情况下,这种魔力甚至超越了我们大多数人的理性思考范围。事实确凿地证明,即便在生理层面也是信念(持续的心理暗示)控制着现实。不久前一项著名的精神分裂方面的研究正在进行中,其中一个案例涉及一个人格分裂的妇女。当她正常时,血糖浓度也完全正常;当她坚信自己患上糖尿病时,她的整个生理状态立马变得和糖尿病人一模一样。真是信之则"真"啊!

---

① 约翰·斯图亚特·穆勒(John Stuart Mill,1806~1873),英国经济学家、思想家、哲学家,古典自由主义思想家。

还有一个类似的实验,在催眠状态下,很多人会将一个冰块误认为是炙热的烙铁,而且有些人接触冰的部位还会出现烫伤的气泡等症状。实际起决定作用的并非真实的状况,而是信念——这种大脑与神经系统的直接交流方式。人的大脑只是一个应声筒,按照你的信号刺激进行作用。

大多数人都知道安慰剂的作用,可能这对诊治疾病并无任何实质性的疗效,但即便给病人一个无任何有效成分的药片,多数情况下仍能取得特定的疗效。诺曼·卡森斯从自身的经历中首次认识到信念的功效,他总结道:"吃药、打针也许并非解除病症的必要手段,多数情况下使人摆脱病症的是自身的信念。"另外一则安慰剂研究病例选择了一群溃疡出血的病人,他们被划分为两组:研究者告诉第一组的病人他们服用的是绝对有效的新药;而第二组,则告诉他们服用的是一种正在试验阶段的新药,这种新药的具体疗效目前尚不清楚。实验结果证明:第一小组之中,70%的病人的溃疡出血症状有了明显的缓解;而第二小组中,这一人数只有25%。实际上,这两个小组的病人所服用的药片完全相同,且没有任何医药成分,正所谓一"念"之差,境况迥异。还有一个更具说服力的案例:在给病人服用具有副作用的药片时,因告知他们这些药片无任何毒副作用,且可以根治他们的病症,这些病人居然没有发生任何副作用反应。

安德鲁·韦尔①的一项研究表明:服药者取得的疗效和他对药效的期望成正比。即使为一个人注射安非他命(一种兴奋剂),仍可以使其平静;即使为一个人注射巴比妥盐(镇静剂),仍可使人亢奋。"药物的神奇之处不在于它的具体成分和生理作用,而在于它带给服用者的心理作用。"他总结道。

上述例子阐述了同一事实,即信念对结果具有超强的能动作用,作用方式则是不断地向大脑和神经系统传递信息。整个过程无任何玄奥神秘之处,信念仅仅是一种心态,一种能够指导行为的心理暗示。信念可以将梦想变为现实,前提是你坚信一定能成功;反之,它同样可使你俯首称臣,因为你在之前便已经画地为牢,为自己的目标画上一圈清晰、不可逾越的障碍。总之,如果你坚信成功,这一信念将为你的成功助力;而你坚信失败,成功也永远不会垂青于你。无论如何,牢记一点,无论你坚信自己终将成功还是失败,结果总是和你的信念不谋而合——成功或失败的信念都有着巨大的功效。此时你肯定会忍不住提问:何为

---

① 安德鲁·托马斯·韦尔(Andrew Thomas Weil),美国著名的作家和医学家,最为人熟知的成就是在综合医学领域的研究。他写作了若干部畅销的医学保健类书籍,同时经营一家医学保健类网站。

最好的信念？如何形成最好的信念呢？

卓越的第一步就是意识到信念是可选择的。可能多数情况下，我们并未有意识地选择信念。你可以选择那些局限你发展的信念，也可以选择那些助你腾飞的信念。卓越成就的要诀便是选择那些能引导你成功的信念，摒弃那些使你止步不前的信念。

人们对于信念最大的误解在于将信念理解为静态、思维的概念，而将其行动和结果剥离开来。这可谓是大错特错！我们之所以将信念称作通往卓越之门，恰恰就在于其不可分割，且不可困于一隅。

信念决定了我们所能激发出的潜能。信念使我们思如泉涌或一头乱麻。例如，当有人对你说"把盐递给我"，你一边自己暗自嘟囔着"我又不知道盐放在哪里了"，一边走到另一个屋子里找盐罐。你漫不经心地找了一会之后，便不耐烦地对外面的人喊道："我找不到！"这时候立马有个人走进来，在你眼皮底下的架子上取下盐罐，然后鄙夷地告诉你："看看，就在你眼皮底下。要是条蛇，你早挂了！"当你对自己说"我找不到"的时候，你向大脑传递了一条"我做不到"的信号，这种信号使你对盐罐视而不见。在生理学上，我们将这种现象称为"盲点"。以记忆为例，你的每一项经历，所获得的知觉信息，都将存储在你的大脑中。当你不停地告知自己"我记不起来"，你的确会记不起来；当你不停地提醒自己我可以做到时，就是在向自己的大脑传递一个开启记忆通道的指令，而你所需的答案也将应声泉涌而至。

信之，方可能之。

——维吉尔[1]

至此，信念的含义就已经十分清楚了。何为信念？信念即是用预先形成、组织的方式过滤一切传递到大脑的信息，使其在意识形态上保持一致。而成功的信念又来自何处呢？为何信念会有成败之分？如果打算模仿那些取得成功的信念，首先应找出这些信念的源头。

第一个源头是环境。多数情况下，孕育成功的良性循环以及失败滋长的恶性循环的分别之处，就在于环境的差异。监禁生活的可怕之处不在于日常的挫

---

[1] 普布留斯·维吉留斯·马罗（拉丁文：Publius Vergilius Maro，常据英文 Virgil 译为维吉尔），被誉为"古罗马最伟大的诗人"。

折和信息的匮乏,这种东西对人来说难以忍受,但完全可以通过自身努力加以克服。监禁生活的真正可怕之处在于对人信念和梦想的摧残。如果你的周围充斥着失败、绝望,你很难培养出成功的储忆认知。还记得上一章我曾提到,人的一生都在有意无意地模仿。如果你生活在富足、成功的环境之中,你自然可以很轻易地模仿那些富足、成功的人;相反,如果你生活的环境之中充斥着贫穷和绝望,你所模仿的对象也多半是那些贫穷和绝望的人。阿尔伯特·爱因斯坦曾说:"很少有人能镇定地表达与他们的社会环境之偏见相左的想法,大多数人甚至根本不会产生这种想法。"

在一次高级模仿课程上,我对一些生活在大城市街头的流浪汉进行了一项测验。将他们带到屋子里,模仿他们的信念体系和思维方式。我们为他们提供食物,用心地关怀他们,以此换取他们坦诚地讲述自己现在的流浪生活和感受,以及之前的遭遇。然后我们再将他们与那些经受同样的身体或情感打击、却仍能掌控人生的卓越人士相比较。

在最近的一次课程上,我们找到一位28岁,看起来身材健壮,而且生理和智力上显然没有任何问题的年轻人。我们想查出,以他这样英俊的外表和身体条件,为何却甘心穷困潦倒,混迹于街头?至少从表面看来,他的外在条件要明显比 W·米歇尔好得多。米歇尔生长的环境周围都是克服逆境、创造美好人生的典范,因此他也早早树立了"我能做到"的信念。而这位年轻人(权且叫他约翰吧),周围值得模仿的对象却寥寥:他的母亲是妓女,父亲因枪击入狱;在他八岁那年,父亲教会了他吸毒。这种环境毁了这个孩子,使得他形成了卑微的信念,而流浪街头、偷窃、贩毒也成了他的生存方式。他认为周围的人都在利用自己,他必须随时保持警惕,人与人之间没有任何关爱的成分……当晚,我们和这个年轻人促膝长谈,他的信念也因此彻底改变(将在本书第六章详述这一内容)。自此之后,他再也没有流浪街头,而且他很快戒掉了毒瘾,找到了一份体面的工作,并且很快在新环境里有了新的朋友圈子。信念使他浴火重生!

芝加哥大学的心理学博士本杰明·布鲁姆曾经对数百位非常成功的运动员、音乐家及学生进行了研究。他惊奇地发现,这些人小时候并无太多出彩之处,即便有寥寥几位被称为神童,一开始也并未流露出太多过人的才华。然而,由于周围的人对他们用心的呵护、引导,为他们提供精神上的支持,他们逐渐培养出"我必能出人头地"的信念。

环境可能是产生信念的最重要因素,但不是惟一的因素。否则,这个世界就是穷者愈穷、富者愈富的无限循环，而那些出身低微、贫穷的人也就永无出头之日了。

实际上，信念还可来自于其他方面。

信念的第二个来源是或大或小的重要事件。每个人的一生都会有若干难忘的重大事件。肯尼迪遇刺当天你身处何地？相信当时你若记事的话，你对那一天的生活肯定记忆犹新。许多人的世界观因为那一天的到来而改变。同样，生活中的某些经历、特定的时刻也会铭刻在心，永难忘怀。这种经历将融入到我们的信念之中，一生自此改变。

我 17 岁那年，我立志要成为一个体育专栏作家或解说员。有一天，我从报纸上看到霍华德·柯赛尔①要在我家附近的百货公司进行新书签售。当时我想，既然我想成为顶尖的体育专栏作家，就必须向那些专家取经，何不索性从最顶尖的人物做起呢？拿定主意后，我特地借了一部录音机，请老妈驱车送我到现场。当时柯赛尔正准备离开，我的心情顿时紧张起来。他被大批的记者围在中间，我费尽九牛二虎之力才从人缝之中挤到他面前。我连珠炮似的说明了我的来历以及此行的目的，希望他能够接受我的一个简短采访。柯赛尔居然把成群的记者晾在一边，单独接受了我的专访。这一段人生经历使我认识到没有任何事是不能做到的，没有任何人是难以企及的，努力终会有回报。在柯赛尔的鼓励下，我之后一直坚持每天向报纸投稿，最终有幸在竞争激烈的传媒行业谋得一职。

培养信念的第三种方法是钻研知识。人生的直接经历是一种知识，而人生的另外一种知识可以来自书本、电影以及口耳相传。知识是打破环境局限的最好手段。无论你周围的世界如何冷酷、凄惨，书本、电影以及形形色色的传说里都能找到他人的美好世界，你可以从中学会如何成功。黑人政治科学家罗伯特·柯文②曾在《纽约时报》撰文详述其幼年如何因杰基·罗宾森③而生活发生质变的过程。"对杰基·罗宾森的向往使我的生活不再茫然，正是这种最初的崇拜使得我的人生有了清晰的目标。"

建立信念的第四种方法是向你过去的成功经历学习。创造坚定信念的最好

---

① 霍华德·威廉·柯赛尔（Howard William Cosell，1918～1955），20 世纪美国著名体育记者。

② 罗伯特·柯文（Robert Curvin），市政研究、经济发展和社会政治领域享誉全球的专家。

③ 杰基·罗宾森（Jackie Robinson，1919～1972），美国职棒大联盟现代史上第一位非裔球员。

方式是你从中挖掘出自己曾经实现的事物,哪怕只有那么一次也行。如果某一点你曾经做到,那你自然更有理由相信之后的内容你同样可以做到。为了赶稿,我曾经不得不在短短一月内完成本书的草稿。当时我的确没有把握,但我知道我之前能够一天写完一章,如果按照这样的速度,我自然可以在月底完稿。正是这种信念,使得本书能够按时完稿。

记者的经历多少和这类似,同样要承受截稿的压力。人的一生总有点令人胆战心惊的经历,诸如必须在截稿时间前敲完一个完整的故事。可能一开始大多数菜鸟记者仅仅是为了保住饭碗,迫于无奈才赶稿。但当他们成功一两次之后,就知道其实这一切并不难。他们与之前的区别并不在于是否变得更聪明、动作更熟练,而是他们已经拥有了在限定时间内完成稿件的自信,他们总是坚信自己可以按时完稿。这一方法同样适用于喜剧演员、商人,各行各业的人士。相信可以做到,就如同未卜先知的预言一般神奇。

建立信念的第五种方法就是在心中设想成功之后的经历。过去的经历能够改变你的自我暗示,使你坚信必能成功;同样,时常在心中勾画将来的成功前景,你同样可以得到积极的心理暗示。我将这种方法称为"预先体验结果"。当你周围的结果并不能以你期望的方式提供支持,而造成你无法进入到高效、积极的状态时,你可以在心中勾画自己想要实现的结果,然后使自己融入到那种情境之中,此时你的心态、信念以及具体的行为也将为之改变。例如,如果你是一个推销员,赚 1 万美元和 10 万美元哪个更容易? 实际上后者才是正确答案。为什么? 如果你的目标是赚 1 万美元,你要做的是一点一点地弥补剩下的差额,或者说只是为了凑够这个数字。如果这就是你的目标的话,你就会质疑自己为何还要如此辛苦地工作,在这种心态下,你能做到积极、理性、高效地投入工作么? 当你满脑子想的都是"伙计,加油! 我必须努力工作,不然就付不起奶粉钱"时,你还会兴奋、积极地思考吗? 可能对这些问题的答案因人而异,但就我个人而言,很难因此提起兴致。

推销仍是推销,性质并不因你的规模而变。无论你期待的目标如何,你同样需要拨打电话,会见人,推销产品。10 万美元的目标无疑要比区区 1 万美元更令你兴奋,更能提起你的兴致。兴奋、激励的状态无疑更能促使你奋发工作。相对于那种简单的为谋生而工作,后者的动力无疑更强,也更能激发出你的潜能。

当然,金钱并不是激发无限潜能的惟一动力,但无论何种目标,只要你能在心中清晰地描绘出这种结果,并不停地暗示自己我已经实现了这一目标,你就会使自己进入到积极追求目标的心态之中。

以上都是建立信念的方法。然而大多数人的信念相对比较随意和盲目。他们对周围的事物不分好坏，满盘接受。在此，我要慎重地告诉你，你不是风中的落叶，孤零无助，你的人生完全可以掌控在自己手中，你可以控制自己的信念、控制模仿他人的方式，一切的一切都掌握在自己手中。如果用两个字来涵盖本书目的，那就是"改变"。让我问你几个最基本的问题：你认为自己是怎样的人？你认为自己能取得什么样的成就？请花几分钟，简短地写下五个在过去束缚你发展的主要原因：

1.

2.

3.

4.

5.

现在再列出五条支持你实现最高目标的积极信念：

1.

2.

3.

4.

5.

在此有一个前提，即上述所列的所有项目，都有着一定的时效性，不是永恒不变，而是一个不停变化的流动概念。如果你的信念是消极的，就应该从此刻开始了解这种消极信念的具体危害有哪些。你需要知道，信念就如同人的头发一样，总在不经意之间发生着改变，某一类型的音乐、某一个与你关系亲密的人等等都可以影响你的信念体系。如果你正开着一辆本田，可能你会觉得一辆克莱斯勒、凯迪拉克或者一辆梅赛德斯能让你的生活更有乐趣，这就是你做出改变的动力。

储忆认知的作用方式与此大同小异，如果你不愿意接受某种储忆认知，便可以选择自己中意的认知储忆。我们每个人都有着层次、逻辑分明的信念体系，在这之中包括矢志不移的核心信念,诸如对国家的忠诚、对家人的关爱等,这些信念坚如磐石,难以改变。但我们的大多数信念则是善变的,这些信念多在无意识状态下获得,而这些信念又恰恰关乎我们对可行性、成功以及幸福等内容的心理认知。成功人生的要诀便是坚守积极的信念,确定其能为我所用,能够鞭策我们不断前进。

前文中我们已经反复强调了模仿的重要性。对卓越人物的模仿始自信念的模仿。可能模仿某些信念颇费周折,但只要你可以能动地利用自己的感知器官,积极、主动地思考,即便模仿这个星球最成功的人士也并非难事。当 J. 保罗·盖蒂[①]的人生开始起步时,他立志要做一个最成功的人士,于是他便开始效仿那些成功人士的行为。名人的自传和个人传记中有着众多信念模仿示例,图书馆就如同一个巨大的宝库,等待着你从中采撷用于自身的营养。

你的个人信念来自何处?来自于街头巷尾的泛泛之辈?来自于广播电视?来自于那些高谈阔论之士?若想成功,必须谨慎地选择你的信念,决不可如捕蝇纸那样照搬全收。须谨记,我们所能激发出的潜能,我们所能取得的结果,均来自我们的信念,这是一个动态演变的循环过程。我更倾向于用下图阐明这一过程。

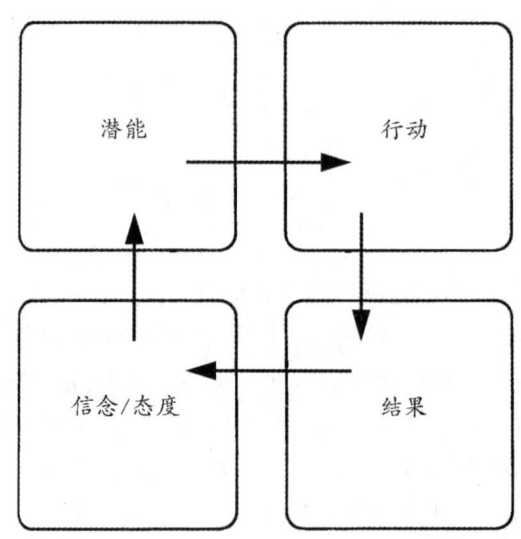

---

① 基恩·保罗·盖蒂(Jean Paul Getty,1892~1976),石油怪杰,20 世纪 60 年代世界首富。

　　假设一个人想要自己高效地完成某件事。如果他满脑子想的都是失败,能激发出多少潜能呢? 很少。他已经给自己贴上了失败的标签,而这些标签深深钉在内心深处,他会做出何种行动呢? 他可能信心满满、精力充沛、持之以恒地追求自己的理想么? 他能激发出自身真实的潜能么? 机会微乎其微。同样,如果你满脑子都是失败的念头,你又何来努力的动力? 因此,你必须一开始就树立一种可鞭策你前进的信念,按照特定的方式不停向大脑传达积极的信号,只有这样,方能激发出你无限的潜能。如果你心不在焉,踌躇不前,又会取得何种结果呢? 恐怕结果往往十分凄凉惨淡。这些惨淡的结果又将对你之后的信念有何影响呢? 很可能这种挫败感愈演愈烈,最终陷入万劫不复的境地。这便是与良性循环相对应的恶性循环。

　　此处便有一个经典的恶性循环示例:那些失意落魄、生活破碎的人生活之中也失去了目标和方向,他们不再相信自己可以实现任何目标。他们也基本放弃了激发潜能的努力,从此自暴自弃,了此残生。在这种沮丧的心态下,又能取得何种成就呢? 生活已经击碎他们仅存的一丁点信念和希望。

　　反观另外一种示例:假设你一开始便有着远大的期望——不仅仅是期望,你还编织了自己终将成功的信念体系。从一开始就用清楚、直接的沟通方式刺激自己,你又会激发出多少潜能呢? 正应了本书的主旨,潜能无限! 在这种信念支撑下,你会采取哪种做法呢? 你会心不在焉、无精打采地做事么? 当然不会! 你会积极、主动、一腔热诚地投入。如果你能这样投入,结果又将如何呢? 此处便是鲜花滋长的沃土,成功衍生出更多成功。这就是无限的良性循环。

　　那些积极进取的人会不会出现事情搞砸的状况? 当然不可避免。积极的信念是否总能所向披靡、无坚不摧? 当然不会。如果有人告诉你,他有一份万能的秘方,可保证你事事顺利,此时你最好捂紧自己的钱包,快点走开。林肯也曾在某些重要竞选中落败,但他并未因此丧失信心。他坚信自己有着赢得竞选的能力,最终他成了美国历史上最伟大的总统之一。林肯成功的秘诀就在于他始终能以成功的信念鼓舞自己,而远离那些失败信念的影响,因而他的成功是必然的。而美国的历史进程,也因为他的成功而改变。

　　有时候成功并不需要特别多的信念和态度作支撑,有些人之所以成功,是因为他们不受事情的可行性局限。有时候,漠视那些局限就是最大的信念。例如,某则故事里的一个年轻人上数学课时伏案酣睡,等下课铃响后,教室里已是"人去室空",黑板上写着两道题目,他便误以为是当晚的家庭作业,匆匆地抄下来便回家了。回到家里,费尽九牛二虎之力,却一道题都解不开,但他坚信这两道题必然有解题办法,因此便锲而不舍地继续钻研,最终解开了其中一道。当他把解题过程交给老师的时候,老师瞠目结舌。原来这两道题在老师看来都是无解的。要是一开始这个学生就知道这一点,恐怕他也不会彻夜不眠地演算了。正是因为他不知道这道题无解,他才会如此用心地钻研,找到了一条"本应不存在"的解题方法。

改变信念的另一种方法是通过某种特殊的经历将之前的信念推翻。这也是我对学员进行跨越火炭训练的目的所在。其实我并不关心学生是否能够跨越火炭,我只是希望借此打破所谓的可行性局限。如果你能完成之前认为完全不可能的事情,你的信念也可以重新建构。

生活远比我们的想象微妙复杂。因此,当你做成某件事情以后,重新回顾之前的信念,可能当时坚不可摧的信念早已在一瞬间崩溃,你所要做的便是借此重构自己的信念。

下一个问题是,你认为下图是凸形还是凹形?

这是一个模棱两可的问题,正确答案是,取决于你看待事物的视角。

所谓的真实都是你自己创建的真实。如果你有着积极的心理暗示和信念,那是你自己创建的结果,反之亦然。培养卓越的信念有很多种,但我从中选取了七种对我自身触动特别大的要诀,我称之为——

境由心生，心之所向，可让人身
处地狱，亦能窥见天堂之光；亦可使
人身居天堂，如处冥界。

——约翰·弥尔顿

第五章

Unlimited
power

成功的七个谎言

我们生活的世界皆是有意无意选择的结果。如果我们选择天赐的福祉,我们如沐春风;如果我们选择苦难的沼泽,我们如坠冰窟。正如上一章所述,信念是卓越成就的基石;信念是实现愿景具体、连续的组织方式;信念是人生的基本选择,决定了我们的人生方向和精神支撑,亦是我们开启、关闭大脑思考的钥匙。因此,人生的第一要务便是寻找可以引导我们走向成功的信念。

正如我们前文提到的成功公式所述,成功无外乎以下几个步骤:清楚你的目标,采取有效的行动,清楚你的行为可能造成的结果,适时地调整自己的行为直至最终成功。信念亦与此大同小异,你必须首先找到支撑目标的信念——即引导你朝正确的方向前进的信念。如果你持有的信念不具备这项功能,你就必须摒弃这一信念,寻找新的信念。

当我提到成功的"谎言"时,可能读者会忍不住心中一惊。谁希望自己生活在欺骗的世界里? 但我此处所指的谎言是指我们无法了解真实的世界,就如同我们无法界定一个图形是凸形还是凹形一样。我们并不知道你的信念正确还是一无是处。我们只需知道这些信念是否能在我们的生活之中发挥作用——能否为我们提供支持,能否让我们的生活更富足,能否使我们具有振臂一呼、应者云集的领导力,能否为我们自身以及周围的人提供帮助。

本章所用的"谎言"一词代表了一种持续的提醒,提醒我们一切事情均无确切的定论。一旦我们将某一个线条看做凸形,我们将很难再将其看做凹形。"谎言"并不是要你变得"虚伪或奸猾"。它是一种善意的提醒,提醒我们无论如何坚信某一概念,也不要轻易抹杀另外一种可能性。我建议读者用心体会这七条内容,看看对你的生活是否有用。我不时地在那些我所敬仰的人身上发现这些信念的闪光之处。想要模仿卓越的成就,首先就应当模仿卓越成就的信念体系。这七条信念可以使人做得更多、更好,取得更理想的结果。我并不是说仅有这七条信念有用,你就权且把它当做引玉之砖吧。这些信念曾经改变了很多人的生活,希望你也能从中受益。

信念一:万事万物皆有因有果,皆可为我所用。还记得前文提到的 W·米歇尔么？使他摆脱厄运的核心信念是什么？他把发生在自己身上的所有事情都当做通向成功的考验，尽其所能为我所用。同样，所有成功的人都有着惊人的能力，无论身处何种境况，均能另辟蹊径，发现事物中对其有利的一面。无论周围的境况如何糟糕，他们均能坦然面对，保持乐观、自信的姿态。他们相信一切事物均有其合理性，皆可为其所用。他们坚信生活中的所有厄运都是"福之所倚"，都在孕育着幸运的种子。

我可以向你保证，那些取得杰出成就的人都在用这种方式思考。再回到你自身，面对任意一种情况的应对手段都无穷无尽。假如你错失了一笔一直信心满满的订单，以至于你近乎绝望。此时有些人可能灰心、沮丧；有些人索性把自己锁在家中，或者出去买醉；有些人可能因此发疯；有些人会诅咒那些抢走自己生意的公司；有些人会将过错归咎于公司的同事和下属。

上述行为的确可以让我们的心情稍微好过一点，但却于事无补。这些行为并不能挽救你的订单，不会使我们在成功的道路上向前一步。当生活遭遇此类问题时，需要你采取诸多措施，从伤痛中学习，检讨此中得失，以乐观的心态寻找、发现新的可能性。这才是绝处逢生的惟一出路。

在此，我再给你讲一个可能性的事例。玛丽琳·汉密尔顿之前是一名教师，当选过选美皇后，是加州夫勒斯诺市的一名成功的商人。在她29岁那年，一次滑翔机失事，坠落悬崖，虽侥幸不死，但自腰部以下瘫痪，终身离不开轮椅。

玛丽琳·汉密尔顿有足够的理由自哀自怜、心灰意冷，然后绝望地看着一扇扇希望的门在眼前陆续关闭。我们之中的大多数人恐怕也的的确确会这么做。而她非但没有因此消沉，反而从生活中挖掘新的可能性。生活中的悲剧就如同上帝关闭的一扇窗，另一扇窗也在不经意地为她开启。在她坐在轮椅上的那段日子，总觉得当时的轮椅空间狭窄，处处受拘束。可能我们这些正常人永远无法意识到轮椅的实用性，但玛丽琳可以。她认为基于自己的切身感受，完全可以设计出更为舒服的轮椅。于是她招集了两位制造滑翔机的朋友，开始制作更好的轮椅模型。

这三个人随后成立了一家称为"运动设计"的公司，现在这家公司已经创收数百万美元，变革了轮椅的生产过程，并在1984年荣获"加州最佳中小企业奖"。1981年公司成立之初，他们仅有一名员工，现在他们的员工有80人，分销加盟店有800多家。

我并不知道玛丽琳·汉密尔顿是否有意识地静下心来，审慎地经营自己的信念,但她的一切行为都遵循着可行性的模式,都明显受着信念的引导。显然所有的成功都有着相同的信念模式架构。

再次审视你的信念。你对事情的预期是好是坏?你是希望倾尽所有精力换取你的成功,还是希望一切得过且过?你会从逆境中发现新光亮,还是在顺境中只看到绊脚石?大多数人往往受负面心态的影响,止步不前。想要改变你的人生,首先就应该重新认识定位。心之所限,亦是人之所限。那些社会的领袖、精英们总能剑走偏锋,在逆境中挖掘出新的可行性——身处戈壁,亦能如在花园一般坦然。如果你能坚信某件事情必能实现,你离成功也不远了。

信念二:世间并没有失败的概念,所谓的失败只是随着事情的发展,产生了一种你未曾期望的结果。这一信念的重要性丝毫不亚于第一种信念。在我们的文化熏陶下,我们往往对所谓的"失败"心存恐惧。何为"失败"?天不遂人愿,失恋,所有的计划付诸东流……而我更倾向于使用"结果"这一表述来代替"失败"这个词,本书也一直沿用"结果"这一名词。所有的成功人士也是从这种心态理解事物的,他们没有"失败"的概念,更不相信所谓的宿命,只相信自己的信念。

人们总能获得一些成功的结果。事实上,即便我们历史文化之中最成功的人也不是从未失败过,但他们将其理解为"我尝试了某种事情,知道了这种方法的可行性",从中总结经验教训,再将这些经验教训应用到其他的尝试之中,采取新的行动,实现新的结果。

仔细想想,今天相对于昨天,你又获得了什么,发生了哪些变化?答案便是过去一天的经历。害怕失败的人会预先向自己传递无能为力的心理暗示,从而主动放弃了所有有助于实现目标的尝试和努力。你是否畏惧失败?你又如何看待学习和经验积累呢?如果你能从他人的经验中学习,必将无往不利。

马克·吐温曾说:"世界上再没有比看到年轻人绝望更让人伤心的场景了。"这句话可谓一针见血。那些迷信失败的宿命论者,几乎抹杀了成功的存在。失败并不是那些希望成功的人想要的结果。他们无暇顾及失败的感觉,更无暇顾及那些矫情的失落情绪,因为他们深知沉沦于失败,丝毫无法改变现状。

我们一同看看一个人的经历。这个人:

22岁,角逐州议员落选。

24 岁,做生意再度失败。

26 岁,爱侣去世。

27 岁,一度精神崩溃。

34 岁,角逐联邦众议员落选。

36 岁,角逐联邦众议员再度落选。

45 岁,角逐联邦参议员落选。

47 岁,提名副总统落选。

49 岁,角逐联邦参议员再度落选。

52 岁,当选为美国第 16 任总统。

这个人的名字叫做亚伯拉罕·林肯。试想一下,倘若他因为上述的任意一次所谓的"失败"而一蹶不振,他还会成为美国历史上最伟大的总统之一吗? 还有爱迪生,他在发明电灯的过程中,曾历经 9999 次失败。有人问他:"你是否还打算尝试第一万次失败?"爱迪生答道:"我从未失败,我只是找到了另外一些无法制造出灯泡的方法。"正是这种心态,使得爱迪生最终发明了灯泡。

怀疑是对信念的背叛,我们会因此放弃了尝试,从而失去本应得到的东西。

——威廉·莎士比亚

赢家、领导者、大师——所有激发出个人潜能的人——都知道即便你在尝试某件事时并未取得期望的结果,至少会从中学到某些东西。你从这些回馈的信息之中能清晰地判断你需要怎么做才能实现期望的结果;如何另辟蹊径,方能达成所愿。巴克明斯特·富勒①说:"人类的一切学习都是来自错误的经历,只有经历错误,人才能学会学习。"有些错误来自我们自身,有些错误来自他人,这些都可以成为我们学习的样本。在此,请你回想你一生之中五次最惨痛的"失败"经历,这些经历教会了你什么? 相信那些经历将让你一生铭记,并成为你一生受益无穷的财富。

富勒曾用船舵做过比喻。他说只要船舵有微小角度的偏转,船就不会照着舵手的方向前进,而只会绕圈。他若想抵达目的地,舵手必须回转船舵,不断地

---

① R·巴克明斯特·富勒(R. Buckminster Fuller,1895～1983),美国工程师、建筑师、设计师和发明家。

调整和修正航向。试想这样一幅画面：经过舵手上千次的修正，一艘船在宁静的海面上沿着正确的方向前行。这是一幅动人的画面，倘若你向往成功的生活，这样一幅场景值得你反复模仿。遗憾的是，大多数人却未能意识到这一点。每一次的错误，都会在他们心中形成沉重的心理负担。这就是"失败"，一个不断摧毁我们信念的名词。

例如，许多人因为肥胖而烦恼，但是对肥胖的厌恶并不能对当前的状况带来一丝改观。相反，倘若他们能够将肥胖理解为自己某一种尝试的结果，而现在他们将要尝试"苗条"的结果时，他们就可以通过特定的行为产生期望的结果。

如果你不确定哪些行为会造成这种结果，请留意本书第十章，或者观察模仿那些苗条的人的行为，寻找那些人采取了何种生理和精神行为，才会保持苗条。如果你能够照做，你同样可以拥有苗条的身段。倘若你把肥胖理解为人生的失败，你会因此畏缩不前。然而，一旦你能将其理解为你所创造的某种结果，你就会相信自己同样可以创造另外一种结果，此时你也不会因此而畏惧不前了。

失败的信念如同思想的藩篱。当我们存有消极的情绪时，这些消极的情绪会逐渐扩散到我们的生理和思维过程中，进而影响我们的心态。对于绝大多数人而言，最大的局限来自对失败的恐惧。传授可行性想象力思维的罗伯特·舒勒①博士曾问过这样一个问题："如果你预知自己必然失败，你还会努力尝试么？"对于这一问题，你如何回答呢？如果你坚信自己必定成功，你可能会采取一系列新的行动，最终产生你期望的结果。所以，为何不始终坚信自己能成功呢？这何尝不是最有效的办法呢？在此，我建议你从这一刻起摒弃"失败"的概念，只把其理解为某种结果。你时时刻刻在创造着结果，如果这一结果并不如你所愿，只要改变你的行为，自然会产生你所期望的结果。本书中去除了"失败"这个词，而代之以"结果"概念。希望通过本书的学习，你能从自身的经验中发现其中的妙用。

信念三：无论生活之中遭遇什么，都要勇于承担责任。 成功者的另一共同特征是都有着他们主导世界的信念，你时常会听到他们说："这是我的责任，交给我吧！"

他们一遍又一遍地这么说，绝非偶然。成功者认为无论外界发生了什么事

---

① 罗伯特·H·舒勒（Robert Harold Schuller），美国电视布道者、牧师，通过每周广播的电视布道节目而全球闻名。

情,无论好坏,都完全是其自身的责任:即便不是因他们的生理行为造成的,也有可能是由于他们的思考和精神行为造成的。迄今为止,我们仍无法判断这一说法是否正确,而且现在也没有任何科学证据能证明人的想法与客观真实之间存在必然的联系。但这种想法的确是一个很有效的谎言,在某种程度上可以演变成一个推动你向前的信念。这也是我选择相信它的原因所在。我相信所有人的人生经历都是自己创造的——行为方式抑或是内心思考——我们均可从各自的人生经历中学习。

　　如果你不相信是自己创造了自己的世界,则无论你成功还是失败,你的生活都很悲哀。生活中事情一个个扑面而来,你就如同一只沙袋,任其捶打。假如我有这样的想法,还不如索性从此处遁去,找个不为人知的部落,或者另一个世界、另一个星球了此残生。如果你的一生都在等待着上帝的骰子停摆,又何须在这个世间逗留。

　　在我看来,勇于承担责任是激发无限潜能和完善自身的最好方法。丹·拉瑟①曾说肯尼迪变为一个真正的领袖始自猪湾事件②。当他站在美国全体国民面前坚毅地说,猪湾事件是一个本不应发生的历史悲剧时,他选择了承担全部的责任。也就是在那一刻,他实现了从一个年轻有为的政治家到一个民族领袖的蜕变。肯尼迪做了一个伟大领袖应该做的事情。拒绝承担责任就等同于主动放弃了人生。

　　承担责任的原理同样适用于人际关系的经营。可能我们都能有过鼓励、安慰他人的经历。我们试图告诉他人我们是如何爱护、关心他,或者对他们的遭遇深表同情。但有时我们并未传达出积极的信息,在他人看来反变成了讥笑和嘲讽。他们因自身的境遇而变得敏感,觉得你一切安慰的话都十分刺耳,进而抱怨甚至敌视你。如果你同样由着性子,立刻以牙还牙,指责对方故意挑起事端,这的确是回避问题的好办法,至少可让你获得某种程度的心理缓解。但这种做法却不是最明智的。你的沟通方法和沟通内容可能是整个事件的导火索。不过如果你还能清醒地记起最初的本意的话,你还有挽救这一状况的余地。只要你主观上愿意,行为、语调、面部表情以及其他种种沟通技巧的改变都不是难事。沟

---

① 丹·拉瑟(Daniel Irvin " Dan" Rather, Jr. ,1931~),美国记者、新闻主播,曾任美国哥伦比亚广播公司 CBS 晚间新闻的当家主播,也是新闻杂志节目六十分钟的主持人。

② 猪湾事件是 1961 年 4 月 17 日,在中央情报局的协助下,逃亡美国的古巴人,在古巴西南海岸猪湾(猪猡湾、科奇诺斯湾,Bahia de los Cochinos)向菲德尔·卡斯特罗领导的古巴革命政府发动的一次失败的入侵。猪湾事件标志着美国反古巴行动的第一个高峰。

通具有很强的目的性,而为了达到沟通的目的,你就需要变更自己的行为,改变自己的沟通方式。主动将责任揽在自己这一边,可更大限度地激发出自身的潜能,取得理想的结果。

信念四:无需事无巨细样样精通。大多数成功的人还有另外一个信念,即倘若想利用某种事物,并不需要事事精通。他们知道如何专注于其中的核心内容,不在繁文缛节上费心。仔细观察那些成功人士,你会发现尽管他们也涉猎了多种学科知识,但他们往往只精通其中的极少内容。

在第一章中我们已经知道,模仿可以节省我们最稀缺的资源——时间。观察那些成功人士的所作所为,思考他们如何达到期望的结果,你就可以在更短时间内复制他们的成就。时间如白驹过隙,覆水难收,是最容不得荒废的资源。那些成功的人深知时间来之不易,他们是时间的守财奴。他们总是将主要精力用在那些自己关注的事情上,将其他的事情置于一旁。但倘若他们对某一件事物十分好奇时,例如他们很想知道电机如何工作或者某种产品如何生产时,他们会挤出时间去探索,但他们仍能清醒地知道他们所需要掌握的知识量,判断出何为核心要素,何为可有可无的鸡肋。

如果我向你问起电气原理,你多半会一无所知或知道些零星的残枝末节。但你仍然会心安理得地打开台灯,在灯光下工作、学习。有时你不得不就着烛光或煤油灯读这本书,多半是因为停电的缘故,你不可能不会开电灯开关吧?呵呵!成功的人尤其擅长区分何为他们所需的、何为旁枝末节。为了高效地应用本书所含的信息,为了将这些内容更高效地用在你之后的生活之中,你需要在求知和实用之间平衡。你可以刨根问底,亦可选择撷取精华。成功人士并不一定需要掌握最多的信息,也不一定是知识最渊博的学者。斯坦福大学和加州理工学院里比史蒂夫·乔布斯和史蒂夫·沃兹尼亚克[①]更精通电脑技术的人俯拾皆是,但后者却是最能高效地利用自身资源的人。他们知道如何高效地运用自己手中的资源,最终得以功成名就。

信念五:人是最大的资源。取得卓越成就的所有个体都有着一个共同品质——高度重视他人的价值,具有感恩意识。他们重视团队,重视共同的目标,重视内部团结。如果要归纳新一代商业管理类书籍(诸如《创新与企业家精

---

① 史蒂夫·沃兹尼亚克(Steve Wozniak,1950~),美国电脑工程师,曾与史蒂夫·乔布斯合伙创立苹果电脑(今之苹果公司)。

神》、《追求卓越》、《一分钟经理人》等）的共通之处，那就是倘若内部关系无法做到团结、融洽，所有所谓的"成功"都只不过是昙花一现。成功的首要前提便是创建一个紧密、无间协作的团队。我们都在报纸上看到过日本企业的管理方法。在日本企业里，经理和员工在同一餐厅进餐，而这一制度也纳入了经理个人绩效的评估内容之中。日本企业的成功之路表明：成功并非来自于强权的掌控，而是来自于彼此心与心之间的尊重。

当汤姆·J·彼得斯和罗伯特·H·沃特曼博士（《追求卓越》一书的作者）总结伟大企业的成功要素时指出，其中最为关键的一个要素便是对员工的倾心尊重。他们写道："几乎所有成功企业都遵循着尊重个体的管理氛围。"那些成功的企业往往是那些能够尊重员工的价值和尊严，视其为同进退的伙伴而非营利的工具。他们在一次调查中发现：80%的惠普高级经理人在接受采访时都提及，惠普的成功依赖于其以人为本的管理方向。惠普并不像公关和服务公司那样主要依靠友善的服务质量获取业务，其业务范围主要是前沿、高端的现代技术。即便如此，如何处理好公司内部的人际关系，仍是公司管理的重中之重。

就如同此处所列的诸多信念一样，这一条信念也是说起来容易做起来难。将夸夸其谈变为亲历亲为地尊重他人，无论是家人还是工作伙伴，总是知易行难！

在阅读本书时，希望你能一直在脑中想象舵手掌舵远航的景象，在海上的漫漫长夜里，他要不断地调整，才不会迷失航向——人生同样如此。我们需要随时保持警觉，不断地调整、校正自己的行为，保证我们在朝着当初努力的目标前进。嘴皮上说尊重某人而实际却漠不关心，注定会一事无成。听听那些成功的人又是怎么说的："这件事我们应该怎么处理？""我们怎么才能做到更好？"他们深知，无论自己多么才华横溢，仅凭一己之力想要成功仍是困难重重；只有依靠团队协作的力量，前途才会一马平川。

信念六：享受工作的乐趣。倘若一个人对他的工作厌恶至极，你相信他能成功吗？就我看来，几乎不可能。同样，婚姻圆满的前提也是需与你深爱的人结合。巴勃罗·毕加索曾说："当我工作时，身心极度放松；而当我无事可做或者陪那些无聊的访客唠叨时，就浑身不自在。"

可能我们无缘像毕加索那样绘出惊世骇俗的名画，但我们可以从自己的工作之中挖掘使我们感到新奇和兴奋的元素，并通过这些元素影响我们工作的方方面面，从而享受工作带来的乐趣。马克·吐温曾说："成功的秘诀是把工作视为休假。"这也的确是所有成功人士快乐生活的真谛。

在当今社会有很多工作狂,有些人对工作的狂热程度已经超过了他们的身体承受能力。他们似乎不能在工作之外找到任何乐趣,而将所有的精力和时间都投入到忘我的工作之中。

研究人员的调查表明,有些工作狂忘我工作是因为对工作近乎疯狂的热爱。工作能带给他们成就感,使他们兴奋异常,也使他们的生活更加充实。这些人看待工作就如同我们看待娱乐一样。他们把工作看成了强化自身、学习新事物、开辟新价值的途径。

是否有些工作比其他工作更有益? 当然! 若想让你的工作也发生这样的转变,首先应该以积极向上的态度看待你现在的工作。如果你总能在工作之中发掘出新奇、有趣的元素,就会使你的工作变得更有乐趣。如果你在工作岗位上度日如年、备受煎熬,仅仅把它当做养家糊口的手段,那么你的工作注定是一场折磨人的游戏。

之前我们已经讨论过,协调统一的信念系统可以形成一个良性循环,即积极的信念衍生出其他的积极信念,彼此之间相互支持。其实还存在反向的恶性循环。我不认为世间有"四面楚歌"、"身陷绝境"的工作,只存在主观上放弃了希望的人,正是因为丧失了希望,他们选择了逃避责任——放弃希望,就会把自己置于绝望的境地。我并不是希望每个读者都成为工作狂,也不是希望你一天到晚沉溺在工作里不食人间烟火,我只是希望你们能将嬉戏、娱乐时的好奇心和活力带入到工作和生活之中,使得你的工作、生活能够一直保持鲜活的元素。

信念七:没有决心绝不会成功。所有成功的个体都有着坚定的决心。就如同成功离不开信念一样,成功也离不开伟大的决心。仔细看看各行各业的成功人士,你会发现这些人往往并不是最聪明,抑或最强壮的,但一定是决心最坚定的。伟大的俄罗斯芭蕾舞演员安娜·巴甫洛娃曾说过:"不停地向一个目标前进,这就是成功的秘诀。"这是成功公式的另一种诠释——明确你的目标,模仿他人的工作,采取行动,激发你的感官,确定你所获得内容,不停地调整、校正,直至最终实现你的目标。

在各行各业——包括那些由身体天分决定的领域——这样的事例屡见不鲜。以体育运动为例,拉里·乔·伯德[①]何以能成为篮球史上最伟大的运动员

---

① 拉里·乔·伯德(Larry Joe Bird,1956～),著名的前美国 NBA 职业篮球运动员。

之一? 可能很多人至今仍迷惑不解。他跑得不快,弹跳也不好。NBA 里到处是能跑能跳、脚底下装弹簧,奔跑如飞的怪胎,他那慢吞吞的动作何以能在竞争如此激烈的比赛中生存? 但如果你能够深入研究的话,你会发现,拉里·乔·伯德有着必胜的决心。他总是训练场上最刻苦的那位,他也总是比别人更有决心,他拼命地争抢,总是希望自己能够比别人得到更多。他对自己的技术要求也要远比别人苛刻。同样,彼得·罗斯①也是以这种方式书写着自己的传奇。正是依靠成为最卓越的运动员的决心,他不停地鞭策和激励自己,最终誉满天下。再瞧瞧伟大的高尔夫球手汤姆·沃森②,当他还在斯坦福读书时,只不过是球队里一个普通的小孩,并无任何特殊之处。但他的教练不停地激励他:"我从未见到比你更勤奋的球员了。"其实专业的运动员已经没有多少技术上的差异了,决定成败的关键因素在于是否有坚定的决心。

在任何行业,决心都是成功不可或缺的组成部分。丹·拉瑟崭露头角之前,就已经是休斯敦最勤奋的电视新闻人了。至今他在一次飓风骤袭得克萨斯州时,站在一个树上做现场报道的场景仍历历在目。我有段时间听人谈到迈克·杰克逊,说他是一夜成名。一夜成名? 迈克·杰克逊有天分么? 他当然有。他在年仅五岁时便已开始唱歌跳舞了。之后他一直不停地练习唱歌,不停地完善自己的舞技,亲自写歌,没有天分能做到这些? 他周围的成长环境也有利于他的成长,在这种环境的滋养下,他逐渐形成了自己的信念体系;他周围有很多可以模仿的对象,他的家人也对他的天分进行了引导。然而最根本的因素还是他有足够的决心为之付出。我倾向于用 W. I. T(Whatever It Take,不惜一切代价)这一表达。成功的人愿意为他们所追求的事物付出一切代价,即为了实现目标,他们可以将其他一切东西弃之不顾。

是否还有其他塑造卓越的信念? 当然不止于此。只有你想不到的,没有你做不到的。阅读完本书,你应意识到自己可以树立其他的目标和方向。谨记一点,成功无定式③。学习那些成功人士,寻找出引导他们不断地高效行动、创造佳绩的核心信念。这七条信念已在他人身上应验,我希望对你同样适用。

我想你此时肯定在嘀咕这些是否真的管用。可能这是一个大家都不想遇到

---

① 彼特·艾德华·彼得·罗斯(Peter Edward "Pete" Rose,1941~),绰号拼命查理,是前美国职棒大联盟球员及总教练。罗斯从 1963 年至 1986 年一直效力辛辛那提红人队。

② 汤姆·沃森(Tom Watson),美国职业高尔夫球手,曾参加 PGA 巡回赛和冠军巡回赛。

③ 尽管如此,所有的成功均应有严格的道德底线,应以不伤害他人为前提。

的假设:假如你坚守的是一个不能鼓舞你的信念,假如你的信念是负面、消极的,我们又该如何改变自己的信念呢? 你已经迈出了第一步——觉醒,即你已清楚自己的目标;第二步即采取行动,学习如何控制自己的储忆认知和信念,学习如何运转自己的大脑。

至此,我们将通往卓越的零零碎碎的东西都已介绍完毕。我们首先介绍了信息是国王的权杖,掌握信息的人知道自己的目标,能够采取高效的行动,并不停地调整自己的行为,直至实现最终的目标。在第二章,我们知道通往卓越的捷径便是模仿。如果你能找到在某一行业成功的模仿对象,通过固定的程序模仿他们的行为——信念、精神活动以及生理行为——你可以在相对较短的时间内取得相同的成就。在第三章,我们谈到了心态的功用。我们知道了人的心态是何等强大、有力和高效。在第四章,我们详述了信念的本质,及如何通过信念开启卓越之门。本章则阐述了实现卓越的七条信念。

接下来,我将向你讲述如何充分利用上述内容的技巧。下面我们将学习——

切勿执迷于寻找问题，而应致力于解决问题。

——亨利·福特

第六章

掌控思考：如何运转你的大脑

Unlimited
power

本章所述的内容为如何解决问题。在之前的章节，我们已经探讨了如果希望改变自己的生活现状，你应该从哪些事情入手，何种心态能最有效地驱动你前进，何种心态会使你止步不前？本章将详述如何使你能随时随地、随心所欲地改变你的心态，取得你所期望的结果。大多数人并不缺少资源，他们缺少的只是对资源的掌控能力。本章将教会你如何掌控自身拥有的资源，如何使你的生活更快乐，如何改变你的心态、行为，从而改变你的生理状态，而这一切都可在片刻之间完成。

我和 NLP 讲师们讲述的内容，与大多数心理学课堂上讲述的内容截然不同。这些心理学讲师讲述的大多数内容千篇一律，一度成为心理学领域的主流思路。很大一部分心理师认为：如果想要改变一个人的心态，你必须重新回到负面经历的最深处，重新体验一次这种经历。他们认为一个人一生中的消极体验如同蓄积在人内心的一股湍流，无从发泄，直至最终激涌而出或是被其击溃。在他们看来，解决这一问题的惟一方式便是重温那些时间和伤痛，然后再为之找到发泄的出口，方可彻底改变这种心态。

我一生的经历告诉我，没有比这更糟糕的解决问题的方式了。首先，要求一个人重温过去恐怖的经历，无疑是让他再一次体验一生之中最痛苦、无助的状态，他们从生活中获取前行的动力、创造积极结果的概率无疑也会大大降低。事实上，这种做法的结果往往是变本加厉，使得那些原本就很无助的人更加绝望。他们不得不继续沉溺在限制和痛苦之中，而这段经历也将铭刻在他们以后的生活之中，稍有不顺，立即条件反射地陷入到绝望的状态之中——或许这也正是某些心理师心里期望的。

我有几个好朋友便是心理师。他们的的确确很关心他们的病人，也坚信自己的所作所为正在使病人的生活发生着改变。的确，传统的心理疗法有着某方面的疗效。但非要让病人经历如此多的苦痛，耗费如此多的时间才能获得新生吗？难道就不存在没有苦痛、快捷有效的方法？当然存在——这就是约翰·葛瑞德、理查德·班德勒这样的心理学大师们的心理治疗方法。事实上，只需了解大脑的运转原理,你就完全可以变成自己的心理师,自己的私人心理顾问。你可在一瞬间改变自己的感觉、情绪和行为,而这是世上绝大多数心理师都无法做到的。

在我看来,若想产生高效的结果,首先应该创建新的模仿过程。如果你坚信你所遭遇的问题都沉积在内心深处,无从发泄,这便的的确确会演变成你的生活现状。相对于那些把所有痛苦理解为内心积累的致命毒药的人,我觉得我们的精神活动更像是一个点唱机。生活中所有经历都被忠实地记录下来,存储在我们的点唱机——大脑——之中。就如同用点唱机点歌一样,只要有适当的刺激条件,我们过去的经历终会泉涌而出。这些刺激条件就如同点唱机的按钮一样,隐藏在周遭的环境之中。

因此,我们可以选择那些欢快、明朗的歌曲,亦可沉溺在哀伤、绝望的旋律之中。如果你的心理师不停地让"点唱机"播放痛苦的歌曲,你的消极、悲观情绪可能会雪上加霜。

因此,我建议你去尝试其他东西。也许你仅仅需要换一张欢快一点的"唱片",随便按下哪个按钮,都能听到欢快的歌声,再也不会死气沉沉、了无生气。你也可以索性重新录一张"唱片"——换一种视角看你过去的经历,重新认知它。

那些你放弃的唱片将被丢弃在一旁,再也不会在你内心积累,再不会让你产生无奈、绝望的感觉。生活的转折有时就如同换一张唱片一样简单。想要改变我们的心态,并非一定要重新体验那些难忘的痛苦经历。我们所要做的就是将消极、负面的储忆认知自动变为积极、乐观的储忆认知,使我们创造出更高效的结果。让我们内心深处的快乐如不老泉一般流淌不息,将痛苦放逐到天之际、海之涯吧!

NLP 关注的不是个人经历的具体内容,而是其组合方式。我们并不在乎这一事件的内容,但我们关注这一件事对个人内心观点的影响,以及大脑如何组合这些信息。创造积极和消极的心态的差异何在?主要差异就在于你的储忆认知中的架构组成。

"若我视之如无物,万事万物均对我无任何意义。"

——笔者

我们的储忆认知由视觉、听觉、触觉、味觉、嗅觉五种认知方式组成。换言之,我们对世界的认知,就是这五种感官信号的组合。因此,我们大脑中存储的所有经历,亦由这五种感知信息组成,而其中又主要由三个主要感官视觉、听觉和触觉构成。

这些特征构成了我们储忆认知的基础。你或许会将你的五种感知内容以及其间的比例构成作为你的储忆认知内容。记住一点,如果任何其他人能取得某些特定的成就,这些成就都是具体的行为(精神或心理行为)造成的结果。如果你能够精确地复制这些行为,你便可以取得相同的成就。为产生期望的结果,你必须知道哪一种感知成分是必需的。人类经验的"成分"来自于我们的感知器官。仅仅知道这一点并不足以了解事物的本质。为产生你所期望的结果,你必须精确地知道各种成分在这些经历中所占的组成比例。如果你填补或缺失了某些成分,往往会弄巧成拙。

当人们希望做出改变时,他们的方式不外乎两种:他们的感知方式——即他们的心态和他们的行为。例如,吸烟者经常需要依靠不停地抽烟改变他们的生理和精神状态。在"心态的作用"一章,我们已经清楚地阐释了两种改变人的心态和行为的方法——改变他们的生理状态,进而改变他随后的行为和结果,以及改变他的心理暗示。本章将具体讲述如何改变心理暗示,以便使我们获得有助于取得期望结果的心态和信念。

改变心理暗示的方式有两种。改变心理暗示的内容——例,倘若你心中所想的是最坏的画面,不妨换成最好的画面;改变心理暗示的方式——大多数人的大脑对特定事件有着特定的反应方式。例如,有些人觉得事件的画面感越强,对他们的影响越大;另外一些人则觉得事件中蕴含的声音对他们的作用更强。几乎所有人内心都具有一种决定性的感官认知方式,一旦我们能够清楚地知道我们心理暗示方式以及对自身的影响,就可以改变我们的思考,同时用一种积极、乐观的方式暗示自己。

如果某人取得了我们想要效仿的成就,我们不仅仅要知道他们脑海中所想的画面、如何自我交流。我们还需要采取必要的工具了解他们的组织方式,此时就需要用到"次感元"这个概念。"次感元"就如同对结果精确地分割,将其分割成最微小、最精确的构成模块,何种比例、何种构成也因而清晰明了。如果我们想了解和控制视觉经历,就得知道它是明亮的或是暗淡的,是彩色的或是黑白的,是动态的或是静态的。同理,在听觉上,我们得知道那声音是近是远,是高声或低语,是空荡的或清脆的。在触觉上,要知道是硬是软,是尖锐或平滑,是有弹性的或僵硬的。

以下列出可能的次感元

视觉:

1. 动画还是平面图

2. 全景还是局部画面(若为局部画面,画面的形状)

3. 彩色还是黑白

4. 亮度

5. 画面大小（实物大小,或是放大缩小）

6. 主体大小

7. 是否身在其中

8. 与画面之距离

9. 与主体之距离

10. 立体画面

11. 色彩浓度或黑白灰度

12. 对比度

13. 是否移动(若移动,移动速度是快还是慢)

14. 焦点(清晰或模糊)

15. 是主角或配角

16. 观看角度

17. 画面数目

18. 观察位置

19. 其他构成元素

听觉:

1. 音量

2. 声调(间断还是连续)

3. 节奏(有规律还是无序)

4. 是否变调,为何变调

5. 速度

6. 停顿

7. 口气

8. 音质

9. 声音是否独特

10. 是否有回音

11. 发声位置

12. 其他

触觉：

1. 温度

2. 材质

3. 是否振动

4. 压力

5. 是否移动

6. 存在时间长短

7. 是否静止或间歇跳动

8. 强度

9. 重量

10. 密度

11. 所在位置

12. 其他

疼痛程度：

1. 是否刺痛

2. 冻痛或灼痛

3. 肌肉张力

4. 急痛或缓痛

5. 压力

6. 持续时间

7. 是否有间歇性

8. 疼痛位置

9. 其他

另外一种区分方式则是看画面是否和自身相关。所谓和自身相关的画面即你感觉自身身处其中，通过你的口、耳、眼、鼻设身处地地感受。所谓与自身无关的画面，则如同你跳出自身之外看着自己，就如同在看自己主演的一部电影一样。

稍稍花点时间想想最近的愉快经历，试着真正步入其中。你看到了什么？视觉画面，颜色，明暗程度……听到了什么？声音，音量……感觉到了什么？喜悦、温度……这就是你所经历的内容。现在试着离开自己的身体，以一种旁观者的视角看待你之前的经历，就如同在观看你所主演的电影。现在的感受如何？哪种经历使你的感受更强烈，前者还是后者？这其间就是是否与你相关的差别。

借用与自身无关的次感元(让自己置身事外),你可以彻底地改变你过去的经历。前文已经提到,人类所有的行为均是心态的直接结果,而心态又取决于我们的储忆认知——即我们脑海中生成的画面,与自身交流的内容等。就如同导演可以改变电影在观众眼中的效果一样,你同样可以改变经历对自身的影响。导演采用的手法无非是变换摄影角度、音乐音量及类型、运动速度和幅度、图像色彩和画质,通过这些手法对观众营造独特的观影心理感受。你可以利用相同的手法创造支持你实现最高目标的心态和行为。

这种练习在阅读本书时十分必要。你不可能一气呵成地把这本书读完,所以中途停下来验证一下效果也未尝不是一件愉快的经历。如果能和他人一道做这种练习的话,无疑会更有趣。彼此轮换地观察对方的反应,有助于提高你的学习效果。

我希望你能回想起一次十分愉快的经历,距离现在的时间远近无所谓。闭上你的眼睛,身体放松,慢慢地回想那段经历。此时,回忆中的画面越来越亮。下一步,则是将脑海中的画面逐渐拉近你的身体,随后将其固定,将画面慢慢地放大。当你操纵这幅画面时,你自身发生了什么变化? 是否那种经历也在强烈地冲击着你? 对大多数人而言,将愉快的经历清晰、明亮地向自己拉近,创造一种更强大的心理体验,无疑会使自己心情更加愉快。这是因为这一过程增加了心理暗示的力量和快乐成分,使人进入一种更为积极、乐观的心态之中。

所有人都可以接触到三种次感元和储忆系统——视觉、听觉和触觉。但是不同的人对于不同储忆的反应程度却存在着差异。大多数人主要依靠视觉内容刺激大脑,他们往往最容易受所看的东西影响;另外一些人则主要受声音的影响,还有部分人则主要受触觉的影响,后两种人更容易受他们听到、感觉到的信息影响。我们刚刚的练习是针对那些主要受视觉影响的人群,对其他暗示系统的处理方法与此大同小异。

再次回想起之前的愉快经历。升高声音的音量,使其节奏感更强、声音更低沉,同时变化音调,使其更强烈、更动听。依据相同的方式进行触觉的练习。让记忆更为温暖、柔和、舒缓,之前的经历又带给你怎样的感受?

效果因人而异,即便相同的感觉,在不同的人身上的感受亦会有很大的差异。大多数人会发现将画面拉近、放大对他们的作用更大。这带给他们的作用更强烈,使储忆的画面更具吸引力和诱惑力;最为重要的是,它可以使人进入到一种更为积极、乐观、自信的心态之中。当我在课堂上指导学生进行此项练习时，一看那些学员的生理状态就可以看到他内心的巨大变化。他的呼吸更深沉，肩膀挺直，面部表情放松自然，整个身体都透露出一股精干的气势。

接下来，我们尝试下用消极的画面做这项练习。我希望你想象过去曾使你不安和痛苦的事情，让这幅画面越来越明亮、清晰。将画面向自己拉近，逐渐放大，你现在的感受如何？大多数人会发现自己的消极情绪更加强烈，他们会体验到前所未有的沮丧。现在试着将画面推回原处，画面越来越远、越来越小、越来越黯淡，一切又发生了哪些改变？尝试一下并且注意其中的差异，你会发现负面情绪的威力越来越小。

用相同的方式处理另外两种次感元。试着倾听过去经历的声音，将其想象为聒噪、杂乱的音调。可能这种经历有点艰难，难以磨灭，但相信会产生相同的负面效果。我不希望你把这当做某种不相关的学术风潮，而是真心希望你能够专心、主动地练习，仔细地观察哪种次感元对你的影响最大。可能你需要在脑海中重温这一过程后，方能知道操纵图像如何使你的感觉发生改变。

再次回想之前的消极画面，使其越来越小。体会一下在画面逐渐缩小的过程中自身发生了什么变化。试着忘却它，使其越来越远、越来越模糊，以至于几乎发觉不到它的存在，试着将其抛离你的生活，将其置于不知名的角落。最后，将这幅画面放回你虚拟的环境之中。试着体会当你的生活彻底远离这一画面时的所见、所听、所感。

依照相同的方法处理你的声音次感元，将那些消极的声音音量逐渐降低，逐渐减弱，直到几乎听不到任何韵律和节拍。感觉的处理也和此类似，让感觉到的内容慢慢地消散、融解。体会这一过程给你带来的心理和生理变化。像大多数人一样，这些画面在你面前将失去威力，至少不会像之前那样使你绝望、痛苦，甚至一切消极感受将荡然无存。过去曾使你极度痛苦、绝望的经历，可以通过这种方式完全瓦解、消失。

通过这个简短的练习，我想你已经知道这一方法有多大作用了。短短数分钟之间，你便可以变得积极、乐观、自信、主动。同时，你也感受了负面的画面，并分解了它的作用。过去你可能沉溺在苦痛的状态中难以自拔，那些经历如同阴影一般挥之不去。现在，你总该知道消极逃避并不是惟一的应对方式了吧？事实证明，一切都可以改变！

　　基本上,人的生活方式有两种。你可以一成不变、循规蹈矩;你可以在脑中闪现你过去见到的任何画面、声音或感觉,按照固定的套路应对,就如同巴甫洛夫的狗①听到铃声便分泌唾液一样。你也可以有意识地运转你的大脑。你可以在心中树立目标。你可以重温过去的苦痛经历和图像,消减其威力。你可以以另外一种方式暗示这种经历,这样就再也不会因此而消沉。你可以将其分割成零零碎碎的小部件,从而掌控在自己手中。

　　我们多数人都曾面临过如此庞大的工作或任务,以至于我们从未奢望能够完成,那么,这一切又该从何下手呢? 如果你能够把这项任务想象成一个小小的图片,你可以握在手中,轻轻地抚摸,很可能你便不会望而却步了。可能你会认为这种想法多少有点孩子气,但倘若你能够亲自尝试一下,就会发现改变心理暗示同样可以改变你对某项工作的看法,并进而影响你随后的行为。

　　当然,你也可以回顾你过去的快乐经历,使其进一步强化。过去生活中的小快乐、小幸福可以慢慢放大,使你神清气爽,感觉到前所未有的阳光、快乐。此处所讲的就是一种为生活增添快乐、幸福和热情的方法。

　　事物本身并无好坏之分,一切皆因人心所向。

——威廉·莎士比亚

　　还记得我们在第一章如何阐述"国王的权杖"的吗? 国王有着掌控自己王国的权力,你的大脑便是你自己的王国。就如同国王只需挥舞自己的权杖即可指点江山一样,你也可以改变自己过去经历所形成的储忆认知——这也是你"王座"下的国土。我们所处理的所有次感元都是为了刺激大脑,感知外部世界。谨记一点,我们并不知道生活真实的样子,我们仅仅知道呈递在我们内心中的生活。因此,倘若我们心中总是存储着悲观的影像,这种影像也会越来越大、越来越强势,直至把我们吞没。倘若我们能够将那些负面经历一把攥在手中,将其搓成一团,然后把它想象成一个越来越暗的静止框架,它的威力也将荡然无存,我们的大脑也就不再受其影响。这样,我们非但不会陷入负面的心态,反而可以将其轻松抖落,轻装上路。

　　我们的言谈中随处可见储忆认知的巨大作用。当我们说一个人前途无量时,我们是在认可他身上哪些因素呢? 当我们说一个人一事无成时,你会把这人

---

　　①　巴甫洛夫的狗:一个研究条件反射的著名实验。实验内容为:他在每次喂食狗之前摇铃,随后,狗便形成了条件反射,每次摇铃,狗便会分泌唾液。巴甫洛夫是俄国著名心理学家。

想象成什么样子? 当你说某个人神采奕奕、光彩照人时,指的是他身上的哪些成分? 当我们说一个人夸夸其谈、不着边际时,又指代哪些成分呢? 当一个人说自己心事重重或心口压着一块大石头时,他面临的问题又是什么? 当我们说某件事情听起来无误,或是圆圆满满,其中又隐含着何种含义?

上述问题在你看来可能仅仅是个比喻,其实不然。它们恰恰最精确地描述出了你对某些事态发展的预期认知。回顾一下几分钟之前的那个练习——心中想着不愉快的画面,然后使其在你面前越来越大地展开。还记得它是如何一步步地占据你的内心,最终使你陷入到消极心态中的么? 你是否能找到一种更好的方式认知这种经历而又不会深陷其中不能自拔? 此刻,我们也就明白了精神的力量是何等强大了。记住,是我们掌控着大脑,而不是大脑驾驭着我们。

接下来的一项练习曾经帮助过很多人。你是否曾经饱受持续的内心争吵的困扰? 你是否曾有过大脑短路,不听使唤的那一刻? 实际上,我们的大脑也在时时刻刻进行着博弈,在时刻尝试着新旧观点你方唱罢我登场的高地争夺战。如果你不幸遭遇这样的经历,只需把这讨厌的音量调低,使其声音更加轻缓,愈来愈远,愈来愈微弱。这一策略解决了很多人的此类问题。你是否也曾有过这样困扰内心的争吵? 现在你可以说同样的内容,但需要换上一种更具磁性的声音,以一种近乎轻浮挑逗的口气对自己说:"你做不到哟!"现在那些困扰你的东西还有威力么? 你可能感到自己有着前所未有的热情,恨不得立马去做那些曾认为做不到的事情。现在就尝试一下这种练习,体会这一过程带给你的改变吧!

接下来我们将要进行下一个练习。这次我让你想象一次曾使你热情洋溢的经历,尽量放松,使得这些画面尽可能地清晰。现在我要向你提几个问题,一次回答一个。这些问题没有对错之分,只是为了测试你的心态反应。

当你盯着画面时,你看到的是连续的画面还是跳跃的画面? 画面是彩色还是黑白的? 它是在你视野的左中右,还是上中下? 你是身处其中——即你通过自己的双眼观察,还是置身其外——即从一个旁观者的角度观察? 画面周围是否有一个清晰的框架? 你是否能看到全景? 图像是明亮还是昏暗,清晰还是模糊? 在做这项练习时,请务必确认哪一种次感元对你的影响最大,哪一种次感元最容易吸引住你的注意。

接下来进行听觉和触觉的练习。你是何时听到这种声音的? 是否有来自于你自己的声音? 是否有他人的声音夹杂其中? 你听到的是对话还是独白? 声音是大是小,是连续的还是断断续续的? 节奏是快是慢? 距离是近是远? 你听到的主要声音是什么? 声源位于何处? 在进行触觉练习时,你需要体会物体的软硬、冷暖、粗糙和光滑程度,柔韧还是刚硬,固体还是液体,尖锐还是平滑,你身体的哪一个部位触摸物体。

可能一开始很难对这些问题一一作答。倘若你主要依靠触觉方式形成心理暗示,你可能会不由自主地告诉自己,我想象不出来画面。记住一点,这是一个信念,一旦你能把握住,就可以变成现实。你对自己的次感元了解得越多,你就越容易通过重复的练习改变你的储忆认知。也就是说,如果你主要依靠听觉次感元,则你的经历大多数由听觉元素组成,你总是首先记起当时所听到的。一旦你能获得那时的状态,便可以形成积极、强大的心理暗示,通过视觉次感元或者触觉次感元的刺激,你便可以轻松地进入到视觉或触觉的经历之中。

刚才你已经体验到你曾经很想做的事情。现在我希望你去想一件目前想做却懒得做,提不起精神也提不起兴趣的事情。再次在脑海中想象一个画面,依照前面所述的方法练习,请仔细地记下并比对之前的练习结果,看有何差异。例如,当你盯着画面时,你看到的是连续的画面还是跳跃的画面? 画面是彩色的还是黑白的? 它是在你视野的左中右,还是上中下……随后再尝试其他两种次感元。在这一过程中,体会哪种次感元对你的作用更强,哪种次感元对你的心态起着决定性影响。

现在把那些过去曾激励你的经历称为经历#1,将能激励你做某件事情的经历称为经历#2。同时观察这两种经历——做到这一点并不难。想象一下分屏电视机,在脑海中同时想象两组画面。他们的子次感元之间是否存在着差异? 我可以打包票,肯定存在差异。那是因为"不同的经历会在神经系统中造成不同类型的影响"。现在,开始运用我们之前了解到的起主要激励作用的次感元,一步步地调节那些尚不能激励你去做某件事的次感元(经历#2 的次感元),直至和那些曾经激励你的次感元(经历#1 的次感元)完全吻合。这同样因人而异,但对大多数人而言,经历#1 的画面往往比经历#2 的画面清晰、贴近得多。我希望你能仔细地观察二者之间的差异,然后操纵经历#2,使其一点点向经历#1 靠近。听觉和触觉的练习方法亦与此雷同,现在也开始练习吧!

现在你对经历#2 有何感觉? 是不是感觉其激励效果更佳? 如果能将经历#2 的次感元调节到与经历#1 完全吻合(例如,假如经历#1 为动态画面,而经历#2 完全静止,则需要将经历#2 也调节为动态画面),并持续调动视觉、听觉、触觉次感元,就必定会实现上述结果。当你寻找到使你进入你所期望状态的触发机制（次感元）时,便能在片刻之间脱离那些约束你的状态。

别忘了,相似的储忆会创造出相似的心态和感觉,而相似的感觉和心态又会激发出相似的行为。此外,如果你能找出某些事情激励你的具体次感元,便可以从任何经历中寻找出相同的激励因素,激励你前进。在这种受激励的心态下,你的行动也会更为高效。

要特别注意,某些次感元往往在其中扮演着关键角色。例如,我曾经辅导过一位非常讨厌上学的小男孩。他似乎对大多数次感元都免疫,但倘若他能够以特定的语气告诉自己某些内容,便立刻可以兴奋地冲往学校。当他处于受激励状态时,会觉得自己的二头肌绷紧;而当他未受激励或者满怀怒火时,他上下颚的肌肉会绷紧,而且说话的语气也会不自然起来。只单单改变这些次感元,我便可以使他从懒散或忐忑的心态中立刻变得兴奋起来。这种方法同样可用在饮食方面。我曾遇到过一位嗜食巧克力的妇女,她之所以嗜食巧克力是因为她觉得巧克力柔滑、润口,有着特定的质感。而她却因为讨厌咬破皮的恶心感而极度讨厌葡萄。我所要做的就是让她想象自己嘴里含着一颗葡萄,牙齿轻轻地咬下,细细地品味葡萄汁在口腔内充溢开来的质感。同时,我让她用吃巧克力时的感觉描绘现在的感受。结果她自此开始迷恋上了葡萄。

善于模仿的人,总是对他人如何取得某种成就、如何保持某种心态以及如何具有某些行为充满了好奇。例如,那些跑来向我咨询的人说的最多的话就是"我好失落"。我不会问"你为什么失落",然后要求将这种经历重新呈递给我们。这种做法于事无补,往往会使他在失落的状态下越陷越深。我不想知道他们因何失落,我只想知道他们"怎样"失落的。我会问:"你是怎样做到情绪失落的?"通常,那些人会质疑地看着我,因为他们并未意识到人需要一定的生理和心理行为才会进入到失落的情绪中。此时我便会问:"假如我是你,或者说我居住在你身体里,你身上的哪些东西会一步步起作用,最终使我变得沮丧、失落呢?我需要在心中展现出怎样的画面? 应该向自己传达什么内容? 内心交流时的语气、语调又该如何呢?"正是这一过程催生出特定的生理和心理行为,从而产生出特定的情绪状态。如果你能够改变这一过程的架构,便会产生出截然不同的情绪心态。

一旦你掌握了这一方法的诀窍,便可以高效地运转大脑,创造出积极的心态,激励你朝着理想的生活目标奋斗。例如,你是如何变得沮丧、失落的:你是否做了某些事情并且在心中始终闪现着某个画面？你是否一直在用悲伤的语调同自身交流？现在，再来想想你是如何快乐起来的：是不是心中总有着清晰、明亮的画面？画面移动的速度是快是慢？你用怎样一种语调与自身交流？假设有些人热爱工作，而你希望自己能够同样热爱工作却无法做到。查出他是如何创造出热爱工作的感觉的，你会惊奇地发现自己几乎可以在片刻之间做出同样的改变。我曾经见到过多年饱受某种问题、心态和行为困扰的人，在短短数分钟内，一切问题便迎刃而解。归根结底，沮丧、失落和快乐都不是客观事物，而是通过特定的心理画面、声音和生理行为创造出来的行为，是可以有意无意控制的。

现在你已经知道如何高效运用上述工具去彻底改变你的人生了吧？如果你享受工作带给你的挑战，而对家庭俗务头疼至极，你有两种选择：雇一个保姆；或者记下你对待工作和家务的差别，用对待工作的次感元作用在你对家务的态度上。通过后一种方法，你会很快寻找出做家务的乐趣。你也可以将这种方法传授给你的孩子，这样家中便多了个勤快的小帮手。

假如你不得不从事你厌恶至极的事情，而又必须将这些事物和快乐的次感元联系在一起时，你该如何入手呢？记住一点，世间的事物并非具有固定的本质情感意义。你已知道何为欢乐，何为痛苦。只需在脑海中为这些经历重新贴上某种感觉的标签，对其的认知就会截然不同。假如你在遇到问题时畏畏缩缩，将一切问题归结于自身的无能，你最终也将一事无成，一生被这些问题奴役。

和任何技术一样，次感元的转换同样需要反复实践和练习。须知熟能生巧，运用越频繁，转换速度也就越快。也许你会发现改变画面的清晰程度对你的作用要远大于改变画面尺寸或距离。一旦认识到这一点，你便知道了应首先从改变画面的清晰度做起，随后则视作用效果而用其他视觉元素进行补充。

有些人此时可能会说：不错，改变心态的的确确很有效果，但谁又能保证一切不会又变回去呢？我知道我能够在片刻之间改变我的情绪，这无异于手托黄金；但如果我能够拥有一种自发、无意识的改变方式，则更好，这就相当于点石成金。

这一过程可通过"飚换模式"来实现。它可以用来处理人们的大多数固有问题和坏习惯。所谓"飚换模式"，即是一旦你产生负面的心理暗示时，便会立即触发你积极、乐观的储忆，从而消除负面心理暗示的影响。例如，当你发现某种心理暗示可使你食欲倍增时，你可以通过"飚换模式"创造另外一种可使你食欲全无的更强大的心理暗示。如果你能将这两种心理暗示联系在一起,一旦你有了大快朵颐的想法,第一种心理暗示便能立刻触发出第二种厌食的心态。"飚换模式"的最高境界是形成应激机制,无需重复暗示,一旦出现问题,便可以在无意识状态下立刻做出改变。以下为"飚换模式"的工作原理。

第一步:确定你想要改变的行为。即创造出一种可见的行为画面(声音、感觉)。假如你想要戒掉咬手指甲的习惯,则在心中想象自己举起手,放在嘴边,啃食自己的指甲。

第二步:在脑海中形成了希望改变的行为的清晰画面后,需要创建一个全新的心理暗示——即想象你做出改变后的状态,以及这种改变所赋予你的意义。你可以想象自己拒绝了咬指甲的诱惑,指甲整齐,衣着得体、光彩照人、自信而成熟地出现在众人面前。这种想象出来的画面即是你所期望的状态。创建理想的心理暗示的根本原因,就是在不断超越自身的不完美性。

第三步:"飚换"这两组画面,让前者自然而然地触发后者。一旦形成了这种触发机制,过去使你忍不住咬指甲的暗示会自然而然地触发你想象自己衣着得体、举止优雅的画面——即你的大脑会用一种全新的方式处理过去曾使你担心的信息。

飚换的方式如下:首先在脑海中展现你想改变行为的清晰画面,然后在这个画面的右下角创建一个你期望状态的暗淡小图片。接着在一秒钟之内,将这个小图片逐渐放大,使其越来越清晰,直至完全覆盖了之前行为的画面。在此过程中,用尽全心的激情高呼"喔——"。我知道这种做法有点怪诞,但高呼"喔——"能用一种兴奋的方式向大脑传递一种强大、积极的信号。一旦你能在脑中想象出清晰的画面,完成整个过程,高呼一声"喔——"又何妨?现在在你面前展开的是你所期望的巨大、清晰、主次分明的多彩画面,而旧的画面已经随着你的一声高呼化为了乌有。

这一方式的关键是转换速度和重复训练。你必须清楚地看到小图片逐渐放大、越来越清晰,将之前的大画面完全覆盖,成为你所期望的更大、更清晰的画面。此时,仔细地体会自己所期望的生活近在眼前的美妙感觉。然后再在几秒钟之后张开双眼,回到现实。再闭上眼,重复之前的"飚换"方法:首先形成你期望改变的画面,然后你理想的画面越来越大,越来越清晰,完全覆盖了旧画面,"喔——"暂时认真的体会一下,睁开双眼、回到现实,再次闭上双眼,旧画面→

小画面→放大、清晰→完全覆盖旧画面,"喔——"如此反复五至六次,速度尽可能快。谨记速度很重要,并且要学会享受其中的乐趣。看到画面1,2,3,"喔——",1,2,3,"喔——"……反复练习,直至该过程完全自动进行。

再回头看看第一组画面,现在的感受如何? 还以咬指甲为例,如果你能够通过"飚换模式"改掉咬指甲的习惯,当你重新想到自己咬指甲的习惯时,会觉得很不舒服。这几乎成了你一种本能的习惯。如若不然,则需要继续练习。现在你要练习得更彻底而且速度要更快,在睁开眼之前,务必要用极端的实践感受一下积极的状态,然后再闭上眼重复之前的步骤。如果你期望的目标并不足以使你兴奋和向往,那么这种画面没有丝毫作用。这一过程的另一重点就是目标必须具有足够的吸引力,必须是一种能够激励你的状态——你必须发自内心地期望这种状态,或者你认为这种状态要远比旧的行为对你有用。有时,适当地增加一些新的次感元(如听觉或触觉)会更有效。飚换模式之所以能产生如此惊人的效果,根本原因在于我们的大脑有着特定的发展趋势,它总是试图摆脱那些不愉快的东西,寻找快乐的元素。如果你能将不必咬指甲处理成比咬指甲更具吸引力画面,就相当于向你的大脑传达了一种强大的信号。我便是依靠这种方法戒掉了咬指甲的陋习。咬指甲是一种完全无意识的习惯。我运用飚换模式的第二天,突然发现自己又开始咬手指了,这在大多数人看来可能是一种失败,但我不这么理解,我将其理解为一个无意识习惯改变的过程。随后我又重复进行了飚换模式练习,自此以后,我再也没有咬过指甲。对恐惧和沮丧情绪的处理方法亦与此相同,首先描绘出你所期望的状态——务必使这种状态具有足够的吸引力。将这种新状态和之前恐惧、沮丧的状态联系在一起,进行若干次的飚换模式练习。此时再去想想那些令你恐惧的事物,是否还那么恐惧呢? 若能熟练地运用这种方法的话,一旦你对某件事物感到恐惧,便会自然而然地转换到你所期望的心理状态。

飚换模式的一个变种是弹弓模式。想象你面前有个弹弓,弹弓的两个分差之间是你希望改变的行为,将你期望的行为画面置于弹弓的弹夹上,然后想象那个小画面尽力向后拉伸,直至皮筋完全绷紧。然后松手、发射,"弹珠(期望的画面)"势如脱兔,呼啸而出,击碎之前的画面,占据你整个大脑。在此过程中,脑中想象"弹夹"用力向后拉伸、发射的过程。在此过程中,你同样可以高呼"喔——",以便释放和发泄被旧画面所束缚的情绪。如果一切操作正确,一旦你放开弹夹,你所期望的状态便会以迅雷不及掩耳之势呼啸而来,你将避之不及。暂时放下手里的书,在心中想象你所期望改变的行为,然后用你的"弹弓"将它击个粉碎吧!

记住,人的思想可以否定一条宇宙核心法则:它具有回溯性。时间、事件在这条法则上均无能为力,但人的思想可以回溯。假定你进入办公室时发现一份本该写好的重要报告至今尚未完成。这份未完成的报告不仅仅让你沮丧,它简直会让你发狂。你在这一瞬间恨不得立刻冲出去对着秘书咆哮。但大声咆哮于事无补,有时反而会使情况更加不可收拾。此时你首先要做的是调整当时的心态,进入到一种能够冷静地潜心做事的状态。调整心态时需要重新组织你的储忆认知。

如何成为王者,是贯穿本书的主题。所谓王者,就是将一切掌控在自己手中,控制着自己大脑的运转。现在你已经了解具体的操作方法,通过之前的几个练习,你也已经知道自己完全有能力控制自身的心态。假定你所经历的所有快乐、积极的经历都可以在你面前清晰、贴近、多彩地呈现出来,伴随着愉快、优美的节奏和声音以及轻柔、温暖、质感的触觉,你的生活又该是多么精彩啊!而记忆中那些令你苦痛、烦恼的经历渐行渐远,悄然无声,直到你甚至无法感觉到它的存在时,你的生活中还会有那么多烦恼么?成功人士的成功之处在于他们可以在无意识下做到这些事。他们知道如何提高"积极"信息的音量,如何将"负面"信息设为静音模式。本章的内容便是教你学会如何模仿他们。

我并非是让你忽略所遭遇的所有问题。有些事情并不会因为你的忽略就不存在,你必须采取正确的应对措施。我们生活之中都见到过这样的人,即便一天有99件事情都做得完美无缺,下班回家的时候他仍然会万分沮丧。原因何在?因为他还有一件事搞砸了。他把这件搞砸的事情无限放大,贴在自己鼻尖上,却忽略了之前完成的99件完美的事情。

多数人终其一生都在重蹈这位仁兄的覆辙。我曾经的一位辅导对象就曾告诉我"我总是这么悲观"。他说这句话的时候甚至有些骄傲的语气,因为这些东西已经融入到了他的世界观之中。大多数心理师首先会不厌其烦地找寻到这种悲观情绪的深层原因,他们会让病人花费数小数的时间滔滔不绝地讲述自己是如何如何悲观,然后他们从病人的精神"垃圾桶"里翻找阴暗的源头经历以及过去的精神虐待史。这种方法耗时耗力,而且会带给病人更深的心理伤害。

没有人天生悲观,更没有人会永远悲观。悲观并不是像丢失一条腿一样难以改变。事实上,大多数所谓的悲观人士,一生中的快乐经历并不比任何人要少,有的甚至有过之而无不及。他们欠缺的只是将那些快乐的经历放大、拉近、清晰地展示在自己面前的能力。相反,他们往往会任其渐行渐远。花片刻时间想想过去一周所发生的事情,然后再将它抛开,你还会感觉到它是最近刚刚发生的事情么? 如果你将这件事情拉近呢,是不是又感觉到像是刚刚发生的? 某些人习惯了将过去的快乐经历远远地抛在身后,而将问题摆在身前,迫在眉睫。生活中是不是时常听人抱怨"我多想避开这种问题啊"? 避开问题并不一定要跑到与世隔绝的地方,不食人间烟火,只需把它们放诸脑后,即可发现前后之间巨大的差异。那些自称悲观的人往往内心充斥着苦痛时刻庞大、嘈杂、贴近、沉重的连续场景,却吝啬地不肯将方寸之地留给快乐时光。改变的方式不是沉溺于过去苦痛的回忆,而是改变回忆中的次感元,改变回忆自身的架构。随后,将过去使你感到苦痛的事物替换为能让你用勇气、乐观、耐心和坚强的信念勇敢面对挑战的全新储忆。

有些人可能会说:"悠着点,你不可能变那么快的。"为什么不能? 相对于漫长的纠结、踌躇、犹豫不决,人在瞬间的决断往往更容易抓到事情的本质——这也是大脑认知学习的方式。想想我们看电影的情形,你所看到的成千上万幅画面动态地组合在一起,形成了整个剧情过程。如果你看到一幅画面,在一小时后看到又一幅画面,随后一两天再看到第三幅画面,你能看出电影在演什么吗? 你肯定看得一头雾水,脑袋都大了。人的改变也与此类似。如果你做了某件事情,如果你立刻使你的思想发生转变,如果你改变了自己的心态和行为,你便可以在身上看到动态、连续的可能性。这要比花费数月纠结、踌躇有效得多。量子力学的原理告诉我们:事物并不会随时间缓慢地变化——而是质变。我们的经历也是从一种层级跃升到另一层级。如果你讨厌你现在的感觉,那就立刻改变你的心理暗示吧! 一切就是这么简单明了!

再以爱情为例。对我们绝大多数人而言,爱情是人间最精彩、最神圣、几近神奇的人生体验。从模仿的角度来看,将热恋理解为一种状态十分重要,和其他状态一样,都是基于之前经历的一系列行为心理暗示的结果。人是如何坠入爱河的? 人坠入爱河的最重要前提便是将万事万物都和你爱的人联系在一起;除了你爱的人,对周围的任何事物毫不关心。爱情便是鲁莽、迷失的心态,从不追求对等平衡,更不可能理智地分析一个人的优缺点,做到像计算机一样精确地比较。正所谓"情人眼里出西施",你所关注的只是恋人身上你所迷恋的特质。在热恋的时刻,你甚至不会意识到你所爱的人身上可能存在诸多你难以容忍的缺点。

又是什么断送了爱情呢？当然原因是多方面的，其中一个重要的原因便是你无法将一切美好的事物与你爱人身上的特质联系在一起。相反，你却把诸多不愉快的经历归咎于那些曾经让你迷恋的特质。这一切是如何发生的？有些人可能将自己另一半的某些习惯放大，而将其他诸多优点弃之不顾。这些所谓难以容忍的习惯可能是忘了盖牙膏盖，或是东西放错地方这些鸡毛蒜皮的事情；可能是因为对方再也没给她写情书；又或者记起他在某次过激的争吵中脱口而出的气话，随后她仍在心中念念不忘。她也许不可能记起就在他们激烈争吵的当天，他曾经温柔地抚摸她；或者一周前，他曾经对她说过多么特别的话，以及他曾在他们的爱情纪念日如何费尽心机讨她欢心。此等事例，不胜枚举。须知，此时不应计较孰对孰错，因为对错是非并不足以挽救爱情。如果你能在争吵之中记起你们初吻或者牵手的时刻——那是一种你们彼此珍重，满眼都是对方的特殊时刻；如果你能将这一画面逐渐放大、拉近，清晰地呈现在你面前，你会不会忍不住嘴角浮笑？此时，你还会绷着脸和你爱的人争吵么？

想要快乐成功，就必须时常审视自己的沟通方式，质问自己："如果我继续用这种方式暗示自己，我的一生又将以何种方式收尾呢？我当前的行为又将使我走向何方，这是否又是我所追求的目标呢？现在是时候仔细地审视自己的精神和身体行为了。"你肯定不希望自己的一生断送在一些原本可以轻易改变的小事情上面。

此外，对周围细节保持特别的关注亦会带来很大帮助。很多人终其一生都对周遭发生的事情漠不关心。他们很少会为任何事情所动，无欲无求，不食人间烟火。无欲无求有无欲无求的好处：如果你对某些事物无欲无求，便不会背太多心理包袱，可以轻装上阵。但是如果你一直坚持用这种无欲无求的方式对待你周遭发生的事情，你的生活之中必然会缺失真正的快乐。无欲无求的人根本不可能理解一个人的狂喜心情。我曾经遇到一些很少表达内心情感的人，并为他们建立了新的思维模式。我让他们多审视自己的经历，多关注一下周围的人，他们很快就恢复了活力，生活也有了全新的乐趣。

相反，如果你将过多的精力放在关注过去的经历上面，你会发现自己情感错位，人生索然无味。因为一切并不像你所期待的那样时刻快乐、多彩、激情四射。那些过多关注自己过去经历的人，往往会用极端的方式看待生活，看待事物也往往太主观、武断。

生活就是诸多事情一碗水端平的过程,切勿厚此薄彼,即便是你的欲求筛选过程也是如此。任何事物是否与我们相关,均取决于我们自身。这一过程的重点在于有意识地建立联系或者断绝联系。我们有能力控制脑海中一切心理暗示。还记得我们在"信念"一章所述的内容么?我们的信念并非天赋,而是可以改变的。我们幼年所挚信的东西,现在看起来是不是有点可笑?在那一章的结尾,我提出了一个问题:我们如何才能做到采纳正面的信念,而摒弃负面的信念呢?第一步便是意识到信念在我们的生活中起着重要作用。本章向你展示了第二步内容:改变这些信念传达给自身的方式。因为一旦你改变了心理暗示的架构,你对某些事物的认知也会改变,从而间接影响着你的经历中的真假认知。何不就从当下开始用一种可以鞭策你的方式暗示自己呢?

记住,信念是人的内心对特定的人、事物、思想和人生经历所持的强烈的心理状态。你为何会如此坚定?这一切全依赖于特定次感元的作用。假设你非要把一件事物想象为黯淡、模糊、微小、遥不可及的,而事实却恰恰相反,你能否做到?

人的大脑同时是一个归档系统。有些人将那些自己坚信正确的事物储存在左边,而将不确定的事物储存在右边。这听起来的确有点好笑,但倘若能将这类人放在右边的事物移到左边,他们的大脑同样会对这些事物坚信不疑。这种机制的奇特之处在于,它只感应事物所处的位置,对于真假情况则不会确认。一旦出现在左侧,即便片刻之前还在怀疑的事物,他也会立马变得坚信不疑。

这种信念的改变仅仅来自于你确信和未确信事物之间的比较。首先自你确信不疑的事物开始——例如你的名字叫约翰·史密斯,今年 35 岁,生于佐治亚州亚特兰大市,又或者你全身心地热爱自己的孩子,又或者迈尔斯·戴维斯①是史上最好的小号手,必须是你确信无疑的事情。接着想象一件你希望是真的,但又不能确定的事物。此时你有可能需要用到我们在第五章讲述的七个"谎言"。(千万不要选择那些你一点都不相信的事物,因为那无异于撒弥天大谎,根本没有圆谎的可能性。)

接下来,按照前文所述的激励方式运转你的次感元。动用你所确信不疑的所有视觉、听觉和触觉元素,然后运用相同的方式处理你未确定的事物。注意前

---

① 迈尔斯·德威·戴维斯三世(Miles Dewey Davis III,1926～1991),小号手,爵士乐演奏家,作曲家,指挥家,20世纪最有影响力的音乐人之一。

后两者的差异。是不是你所坚信的事物位于一侧,而未确定的事物位于另一侧?抑或是你所确信的事物的画面更大,更清晰,离你更近? 又或者是其中一个为静态画面,而另一个则是运动的? 如果两个都在移动,是不是一快一慢?

现在按照之前的激励方法进行处理。将那些未确定事物的次感元进行重新编程,直至这些事物可以和你坚信的事物相一致。方法无外乎改变颜色和位置;改变声音的大小、语调、节奏以及质感;改变质地、重量、温度等。在这一过程中,你体会到什么变化? 如果你能够正确地将某些事物的不确定心理暗示转换成坚定不移的心理暗示,你便会对片刻之前仍不能确定的事物有了十足的把握。

对大多数人而言,这一过程的惟一困难在于不相信可以如此快速地转换信念。这恰恰也是他们需要转换的信念之一。

对于你心中感到困惑的事物和认为自己搞得懂的事物,这一过程同样适用。如果你对某些事物感到困惑,可能是因为你的心理暗示太过微小,不够集中、突出,又或者距你太远,难以捉摸。而你能搞懂的事物则离你很近,清晰、集中。试试当你用搞得懂的视角看待那些困惑的事物,效果如何。

当然,调节事物的远近、清晰度等并不一定对每个人都能奏效。有时候,反过来也未尝不是一种好办法,有些人就是觉得那些昏暗、分散的事物对他们更有效。这一过程的关键是找出哪一种次感元在其中扮演着举足轻重的角色,采用哪些手段可以最大限度地激发出你的个人潜能。

我们在此详述次感元的目的,主要用意就是为了重新定义外界事物在人的大脑中的暗示系统。你的大脑会对一切信号刺激(次感元)做出反应,可能某些刺激信号会让你感到痛苦,而通过另外一种次感元,则会在片刻之间感觉良好。例如,我在亚利桑那州凤凰城进行 NLP 专业培训时,我从一开始便发现很多学员的面部表情明显很不自然。在我看来,那种表情似乎在表达"我很痛苦"的信号。我又重新回顾了一下我之前讲述的内容,并没有任何足以使那么多人感到痛苦的内容。最后,我终于按捺不住询问了某些学员:"你哪里不舒服吗?"他说:"我头疼得厉害。"听到他这么说,立马有另外一个学员也附和着说自个儿也头疼。结果,接二连三,整个教室里大约 60% 的人都声称自己头疼。他们说录像机的光线太刺眼,让他们感到很不舒服,甚至很痛苦。此外,我们所处的教室连个窗户都没有,而通风设备又在三小时前出了故障,屋子里的空气污浊、憋闷。所有这些事情都使他们的生理行为作出了反应。我该怎么办呢? 给每人发一片止痛片,然后卷着教案和大家出去散心?

当然不会。当大脑接收到表示是疼痛的信号时,它才会指示身体某部位是疼痛的。所以我让学员们先描述当时疼痛的次感元。有些人觉得头脑昏沉,间歇性头痛;有些人觉得脑门鼓胀得刺痛;还有些人觉得仿佛是脑壳里装个大石头撞击的痛,各人不一。在他们描述完了之后,我就教他们如何改变这些疼痛的次感元。首先我让他们想想自己远离头痛时的状态,即让疼痛脱离自己的身体,将它置于十尺开外,并重新审视它的形状和大小。接着我要他们对疼痛的心理暗示慢慢变大,突破天花板,朝向天际飞去,越来越小,最后没入阳光里融化,如同阳光一道洒遍大地,滋润万物。这一切过程结束后,当我再次问之前头痛的学员的感觉时, 95% 的人都声称头痛消失了,而另外5%的人在随后的五分钟之内也康复了,甚至有一位本来就是偏头痛的患者也觉得舒畅多了。

当我把这段故事讲述给其他人时,他们多半将信将疑,因为很难想象一个人在如此短暂的时间内便可以消除疼痛。其实你何尝没有体验过类似的在无意识状态下消除疼痛的经历?你生活中肯定经历过明明感觉到疼痛,却苦于必须忙完手中的工作,不得不硬挺着,在投入工作后却渐渐忘却了疼痛的时刻。这样,疼痛像弹簧一样收缩回去,你再也感觉不到,而一旦你得到某方面的心理暗示,则又会卷土重来,重新收复失地。只需有意识地对心理暗示进行小小的引导,你便可以轻松地去除头痛。

事实上,一旦你学会在脑子里储忆产生特定结果的刺激信号,你便可以随心所欲地处理任何事情。

最后我要再强调一下:我们的人生经验所带来的教训会影响我们心理暗示的内容和形式,甚至在其中扮演着举足轻重的角色。这些人生积累决定了我们所关注的价值,以及对当前行为所能带来益处的认识。我们将分单独章节讲述价值的核心和重点,并在第十六章讨论重建过程中无意识的意外收获。如果疼痛来自于你的身体本身(而非心理),则表示你的身体有异常,除非你能根除这些病症,否则此类疼痛就会一直存在。我们不推荐用这种方法处理此类疼痛——这不是心理学概念,而是巫术了!

截至目前你所学的,你完全有能力促使自身和周围的人的生活发生巨大改变。接下来,我们将讨论构成人生体验的另一方法,一种可以激励、鞭策我们大多数人的新的模仿对象。那就是——

凡事都要规规矩矩地按着次序行。

——哥林多前书

第七章

成功的"句法"

Unlimited

power

本书之前的内容已经谈到如何观察一个人的行为方式。概括下来即是：一个人通过持续的特定生理和心理行为（内部的自我交流以及对外部世界的行为）创造出特定的结果。如果我们能够重复他们的这些行为，便可以取得相同或相似的成就。但这并不是决定结果的惟一因素，切勿忽视了另外一种因素——行为的"句法"（Syntax）。所谓"句法"即我们组织行为的方式，它对最终的结果有着决定性的影响。

新闻史上曾有一个典型的案例，即"狗咬人"不是新闻，"人咬狗"才是大新闻。"狗咬人"与"人咬狗"的区别何在？"人吃龙虾"和"龙虾吃人"的区别又是什么呢？区别大了，特别是在你恰恰是那个"人"的时候。词还是那几个词，惟一改变的只是句法结构，结果意义大相径庭。人对自己经历的认识同样由传递到大脑中的各种信号的顺序决定。即使相同的刺激、相同的言语，带来的结果也可能千差万别。所以在我们模仿那些成功人士时，首先要确认行为的"句法（次序）"是否正确——即是否严格按照他的相应序列刺激自己的大脑。这就像是往电脑中输入程序命令一样。如果你用正确的顺序输入命令，电脑便会以最佳性能运转，为你生成正确的结果；相反，如果输入的程序命令顺序出错，一切便徒劳无功。

我在此处用"策略"这个词指代以下三层内容：储忆的形式，必要的次感元以及所需的次序。这三层内容协同合作，方可产生特定的结果。

生活中的一切事物均可以通过特定的策略实现：热恋的感觉、个人魅力、激情、决心，等等。假如我们能够知道以何种策略激发出爱的感觉，便可随心所欲地进入热恋的状态；如果我们能知道在决断时以何种顺序、采取何种行为，则在需要决断时，便可以在片刻之间果断地下定决心。下文我们将详述如何以正确顺序按下我们"生理大脑"键盘上的几个"按键"，以产生我们期望的结果。

这只是一个形象的比喻，借以表示我们行事策略的组成以及相应的行为顺序。如果有人能够做出史上最美味的巧克力蛋糕，你是否相信自己同样可以做出来呢？当然可以。你只是缺少一个做蛋糕的食谱而已。"食谱"就是一种策略,一种为实现某种特定目标而采取的资源利用方式。如果你承认我们所有人都有着相同的神经结构,我们就有着相同的先天资源。而之所以我们所获得的结果会大相径庭,往往是因为策略——我们利用自身资源的方式的差异。这一原理放在商业领域依然正确。一个拥有着丰富资源的公司,倘若不能采用正确的策略最佳地利用这些资源,最终必然会一败涂地。

言归正传,倘若你想做出和那位大师一样美味的蛋糕,又该从何做起呢?无外乎找到一个精确的食谱,然后严格地遵照食谱进行制作。如果你一切都严格遵循食谱,即便之前从未做过蛋糕,也能做出美味无穷的巧克力蛋糕来。这份最终的食谱可能耗费了蛋糕师傅数十年光阴的探索和不计其数的失败教训,你完全没有必要经历那么多曲折,只需学习模仿师傅的经验总结,就能得到一个理想的结果。

经济上的成功、健康的身体、乐观的心态以及终身不渝的爱情皆有特定的策略。如果你能找到在这些方面成功的模仿对象,便可从中挖掘出他做事的策略,然后为己所用,一切便会水到渠成。模仿的过程大大节约了你的宝贵时间——时间是人一生中最稀缺,也是惟一稀缺的资源。这就是模仿最大的作用所在。

"食谱"中告诉了我们哪些可以促使我们采取有效行动的信息呢?首先,它告诉了我们产生某种结果需要的"配料"。在人类的思维系统中,这些"配料"便是人的五种感知。人类的一切结果均是由这五种感知信号组成的。"食谱"中透露出的另外一种信息便是各种"配料"的比例用量。若想复制一个人的经历,我们不仅要知道他的经历构成,而且应该知道各种"配料"所占的比例。在具体的"策略"中,便是各种次感元所占的具体比例,例如视觉所占的比例为多少,清晰度、亮暗程度以及距离远近如何,温度和质地又如何呢?

是不是知道这些内容便足够了?你已经知道了所需的配料,也已经知道了配料所占的比例,是不是便一定可以做出同样美味的蛋糕?未必,除非你知道详细的流程——即具体的工艺次序。如果你把烘烤面包的顺序完全颠倒,你还能烘烤出香醇的面包吗?你又能否做出同样美味的蛋糕呢?我对此深表怀疑。反之,倘若你采用了正确的配料,所放的比例也完全正确,你又按照正确的操作流程进行制作,你自然会做出同样美味的蛋糕。

无论是激励、采购,还是吸引异性,引起他人的关注都需要策略。只要能够按照特定顺序做某些特定的事情,便必然会实现特定的结果。策略就如同开启大脑这扇密码门的数字密码。即使你知道所有的数字构成,倘若不能按照正确的顺序输入这些数字,那扇门将依然紧闭。反之,倘若你能按照正确的顺序输入正确的数字密码,那扇门自然会应声开启。因此,问题的重点便是找到开启自己或他人"密码锁"的数字组合。

"句法"由哪些成分构成?我们的认知。人的认知由对内和对外两部分构成。对内即是我们同自身交流,对外则是我们如何认知外部世界。

例如,人的视觉经验便由两种成分组成:第一种是你所看到的外部世界,就像这本书摆在你面前,你所看到的白纸黑字一样,这些事物我们称为"外部视觉经验";第二种便是脑海中想象的画面。前一章我们做过的视觉练习是不是仍然历历在目?当时我们并未看到海滩、白云,也未真的置身于快乐或痛苦的时光,仅仅是通过我们内心的视觉画面去体验而已。

人的其他知觉亦与此类似,均有着内外之分。当你听到火车在窗外鸣响时,的确在不远处就有火车经过,这是外部听觉;而当你脑子里不停地出现某种声音时,就属于内部听觉。某些声音偏重于数字,而另外一些声音偏重于语义。你还可以躺在椅子上,用手指和后背感觉躺椅的质地和纹理,这是外部触觉;你还可以在内心对某些事物有着独特的体验,这则是内部触觉。

想要创造出一份"食谱",就必须有一个描述何时该做何事的策略系统。因此我们便在此处选用一种字母组合表示各种认知。V 代表视觉,A 代表听觉,K 代表触觉,i 代表内部,e 代表外部,t 代表语调,d 代表数字。当你看见外界的某样事物,就可用 Ve 表示。当你触摸某样东西,便可用 Ke 表示。假使某人对某样东西心动是先看见(Ve),然后告诉自己(Aid),从而催生出内心的感觉(Ki),这一心理行为的顺序克表示为"Ve→Aid→Ki"。你可以选择整天苦口婆心地告诫某人做某些事情,但一切未必就能奏效。倘若你能抓住他的心理策略,让他"看"到拥有后的感觉,同时让他用这种感觉暗示自己,他便很可能立刻采取行动。在下一章里,我会告诉你如何发掘他人的杰出策略,但在本章,我将重点讲述的是策略的重要性。

做任何事情都要采取特定的策略,不同的储忆认知方式所产生的结果也会大相径庭。很少有人会有意识地运用这些策略,因而多数情况下,我们的心态改变都是随机的刺激行为,事情能够朝着有利于我们的方向发展,仅仅依靠所谓的"撞大运"。我们首先应做的是寻找出实现目标所需的策略和路径。如果你想取得与别人相同的成就,就必须学会别人做事的策略,观察他们在各种状况下的反应。

例如,在买东西时,你是不是在不停地运用自己的内部和外部经验进行决断? 肯定如此,只是你可能没有注意到而已。有时候,你既想买房又想买车,二者之间很难取舍。但总有某些特定的刺激,按照特定的次序对你产生作用,最终使你下定决心购买某件东西。我们每个人都有着自己的做事方式,为达到特定的状态和行为,我们往往需要按照固定的序列做事。所以一旦能够掌握他人的行事策略,你便掌握了一种极佳的沟通工具。事实上,这种沟通工具可谓无往不利,因为一切回应均是自动触发,几乎不存在任何障碍。

还有没有其他方面的策略呢? 有没有说服的策略? 你难道没有一种组织材料的方式可使你所向披靡? 绝对有! 激励、哄骗、学习、运动、销售,是不是都有对应的策略? 绝对有! 是不是也有着沮丧与高兴的策略? 是不是有一种特定的方法,可使我们按照特定的序列组织自己的心理暗示,便会产生各种情绪呢? 绝对有! 此外还有高效管理的策略、激发创造力的策略,等等,难以尽述。当特定的事物刺激了你,你便会进入到特定的心态之中。你所要做的便是寻找出一种可诱发你进入到特定心态的策略。你还要知道别人所用的策略,以便抓住其意图,投其所好。

综上所述,我们需要找到可以产生特定结果、特定心态的特定序列和方法。如果你能做到这一点,便可以得到你想要的东西,创造出你所期望的世界。不仅仅我们生活中必需的食物和水这些基本要素,我们所追求的一切东西都是一种心态。你所要知道的就是实现这些目标所需遵循的"句法"——正确的策略。

我一生中最成功的模仿经历发生在我与美国军方合作的那段时间。当时我被介绍给了一个将军,我向他介绍了"最优绩效技巧"这种类似于 NLP 的项目。我告诉他我可以接手他的所有训练项目,用一半的时间取得相同甚至更高的成绩。听起来口气不小吧? 将军半信半疑。当然,他仍然决定聘用我讲授 NLP 技术。在项目培训结束后,军方和我签订了一份模仿培训程序的合同,聘请我以后继续指导他们的人员如何高效地模仿。我一向信守承诺,倘未能达到我所允诺的结果,我分文报酬也不会收取。

我所接手的第一个项目是在四天内教会名单上的人准确地用四五口径的手枪进行射击。以往接受培训的士兵中,平均大约有 70% 的人达标,而将军也一度认为这可能是最好的训练成绩了。仔细地分析了各种状况后,我开始思考应从何处开始着手。我以前从未有过射击经历,老实说,我甚至从未想过有一天会拿起枪。值得庆幸的是,我的搭档约翰·葛瑞德倒是有过这方面经验的老手,我们俩可以分工合作。但因为时间档期等因素,约翰·葛瑞德不得不中途退出这一项目。你可以想象出我当时的处境。更糟糕的是,我开始陆续听到一系列传言,说一小撮训练组成员因为嫉妒我的报酬,决定给我点颜色看看。一无射击经验,又失去葛瑞德这张王牌,旁边又有人虎视眈眈,我该怎么办呢?

我首先把心头巨大的失败阴影缩小,然后建立一种我可以做到的心理暗示,同时把原先的借口"陆军中最好的教官都对此无能为力,我算哪根葱",转变为"虽然教官对射击技巧心知肚明,但他们对心理暗示的作用知之甚少,也丝毫不懂模仿那些神枪手的策略"。在我建立了信心满满的心态后,我要求将军拨给我两名神枪手,好让我能从他们的心理或生理方面找出异于常人之处,然后总结出正确的射击要领,使得那些学员们能在更短的时间内提升射击成绩。

在模仿过程中,我发现了某些神枪手所共有的信念,便把这些信念传达给那些未能高效射击的士兵们。随后我又发现了那些神枪手的射击策略,把这些策略传授给那些射击菜鸟们。这种策略是神枪手们通过成百上千次射击总结出的技巧。而我抓住了那些核心的要素,并加以模仿。

找到最佳的射击要领后,我为那些设计菜鸟们设计出了一个耗时一天半的模仿课程。培训结果如何? 就在项目结束前的两天进行的射击测验上,所有人都及格,而列为最优等级(神枪手级)的人数竟是以往的三倍多。教会菜鸟们按照那些神枪手的策略刺激自己的大脑,我们便在不到一半的时间内把他们也训练成了神枪手。随后我为这些全国顶尖的神枪手进行了一场模仿教程,指导他们采用何种策略才能取得更好的射击成绩,一个小时后的结果是:其中一位神枪手取得近半年来的个人最佳成绩;而另外一位命中靶心的次数,比他经历的所有比赛中数量都要多。教练在给这二人一番奖励后,报告了将军。据他们说,这是自一战以来手枪射击成绩最大的一次突破。

这一事例告诉我们,即便你没有丝毫背景知识,周围的形势亦不乐观,只要你能找到成功的模仿对象,模仿其策略和要领,便可以在更短的时间内(超出你的预期)取得相同的成就。

另外一种较为简单的策略则在运动领域应用比较普遍。假如你想模仿一位滑冰高手,你首先应该仔细观察他所采用的技术要领(Ve),在观察的同时,你会情不自禁地做出相同的动作(Ke),直至它最终变成了你的一部分(Ki)(如果你曾观摩过滑冰,便会不由自主地随之而动,当那位滑冰者该转身时你意识中会觉得像是自己要转身一样)。即你经历了从外部视觉到外部触觉,再到内部触觉的过程。随后,你需要在心中创建一个滑冰高手在冰上飞驰的(Vi),而你便是那个滑冰高手。就如同看电影一样,你在模仿着滑冰高手在冰上飞驰(Vi)。随后,你便开始进入到这种画面中,切身感受自己在像滑冰高手一样在冰上飞驰的感觉(Ki)。这一过程可能需要反复练习,方可达到浑然不觉的境界。至此你才算是建立起一套特别的神经策略。在这种策略作用下,你可以保持在最佳水平的心态,然后再在真实世界展露出来(Ke)。

这种策略的结构模式可表示为:Ve→Ke→Ki→Vi→Vi→Ki→Ke。这就是上百种模仿他人的方式之一。谨记一点,条条道路通罗马,要实现某种结果,并非只有一种方式。模仿的方式并无对错之分,只有有效与无效之别。

显然,你对获得成就的方式了解得越多、越具体,获得相同成就的几率就越大。理想的状态是在模仿他人的同时,亦能模仿他人的心理体验、信念体系以及基本的思维方式。然而,仅仅依靠对某人的观察,你便可以模仿他的诸多物理行为。物理行为是构成我们所处状态的另一关键因素(将在第九章详述),亦影响着我们所取得结果。

在理解策略和方式上即使存在细微差别,也可能造成结果大相径庭,这种状况也经常在教学领域出现。为何有些小孩"不能"学习?就我总结,主要有两个原因:首先,我们通常并不知道如何传授给学生处理特定学习任务的方式;其次,老师们并不太清楚孩子们学习方式的差异之处。记住,我们每个人都有着各自的做事和思维方式。如果你不能清楚地知道一个人的学习方式,便不能因材施教,最终你的教学也会收效甚微。

例如,有些人不擅长拼字,是不是因为他的智商相对于那些拼字高手就很低呢?绝非如此。一个人能否成为拼字高手的决定因素在于他的思维方式——即他如何处理记忆及提取指定的信息。你是否能够始终取得成功仅仅取决于你是否在大脑中呈现出支持你完成某项任务的正确策略。你眼中所见、耳中所听、身体所感均记忆在你的大脑中。无数项研究调查证明:人在催眠状态下可记起他们在清醒状态下无法记起的事情。

如果你的拼字成绩很糟糕,很有可能是单词在你心中呈递的方式存在问题。最好的单词拼写技巧依靠的是什么? 当然不可能是触觉,因为你很难靠触觉感知出单个词的构成;也不是听觉,因为很多单词你并不会读,也很少有机会听到别人读出来。现在你应该猜到了吧? 不错,就是依靠视觉,即以画面的形式将单词的字母构成储存在脑中。最好的记单词方式便是在大脑中记忆单词的图像,使你一想起单词时,脑中便会闪现图像画面。

以"Albuquerque"①这个单词为例。记住这个单词的最好方式不是一遍遍地反复背诵,而是在心中记忆这个单词的组成画面。在下一章,我们将介绍人类运用大脑不同部分的几种方式。例如 NLP 的主要奠基人约翰·葛瑞德和理查德·班德勒就曾发现我们眼球所处的位置将决定我们最有可能运用的神经系统。这些内容我们将在下一章集中详述。以我们现在面临的问题为例,记住,大多数人最佳的记忆视觉画面方式是将眼球处于左上方。因而,拼写"Albuquerque"的最好方式也就是把它放在你的左上方,然后在心中记住这个单词的图像。

此时,我还需介绍另外一个概念:组块。通常人们会有意识地将一条信息分成五至九个组块。有些人学得比较快,是因为他们能将复杂的任务信息分成若干个组块信息,然后再将其整理成一个原始的整体。记住"Albuquerque"这个单词的方式便是将其拆解,分成三个部分,如 Albu/quer/que。我希望你能把这三个部分各自抄在一张纸片上,然后将其放在你视野的左上方。先看一下 Albu,然后闭上眼,在心中闪现一下这个画面;再睁开眼,看一下 Albu,不需要念出来,闭上眼,心中再次闪现这个画面。如此反复五到六次,直至你一闭上眼便可在脑中清晰地浮现出 Albu 的画面。按照这种方式再去记忆其他两个组块,直至最终你脑中清晰地记住各自的画面。如果你脑中有清晰的画面,自然很有信心拼出这个单词来,非但不会拼错,即便"euqreuqubla"这样倒着拼也是手到擒来。试试,Albuquerque,euqreuqubla,一旦你能手到擒来,我保证你一辈子都不会再拼错这个单词。按照这种方式拼写所有的单词,即便你之前是个连自己名字都会拼错的人物,也一样能成为顶尖的拼字高手。

教学的另一关键便是找出学生最擅长的学习方式。正如上文所述,每个人都有着自己独特的神经构成,有着他们运用最为频繁也最为有效的思维运行方式。但我们很少根据个人的长处因材施教,我们将大多数人的学习方式简单地

---

① 地名,美国新墨西哥州城市。

等同了。

我再讲述一个例子。不久前,一个年轻人被送到了我这里,他递给了我一份长达六页半的病例报告,无非是要证明这孩子反应迟钝,不会拼写,在学校学习会有心理障碍,等等。我几乎一眼就看出这孩子擅长以触觉方式存储记忆。一旦掌握了他处理信息的方式,我便开始着手帮助他。这个年轻人能够敏锐地捕捉到他所感觉到的信息,但是我们的标准教学方式往往偏重于视觉和听觉。他的问题的根源不是他有学习障碍,而是他的老师未能针对他的长处因材施教,因而他便很难有效地认知、储存和提取所学习的信息。

我首先做的事情是把那份材料推到一边,并顺口说了一句"这纯属扯淡"。这一行为立刻吸引起了他的注意。此时他像往常一样静等着我连珠炮似的发问,事实上他之前的心理师的确如此。我并未急着谈论如何使他最有效地运转自己的神经系统,而是诚恳地说了句:"我猜你一定是个运动达人!"他立刻回答:"不错,运动是我的长项。"原来他还是一个冲浪高手。话题一涉及冲浪,这孩子立刻两眼放光,精神起来。可能他的老师们从未发现这个孩子居然还会有这种兴奋、机灵的状态。我告诉他,你主要依靠触觉进行认知,这种独特的认知方式使你相对于绝大多数人有着很多优势,但这种方式用在拼字上却不那么有效。接下来,我便向他讲述了如何运用自己的视觉,如何将冲浪时的感受嫁接到他的拼字学习之中。短短 15 分钟,这孩子便可以像神童一样拼字了。

这种方法是否适合那些有学习障碍的孩子呢? 多数情况下,这些孩子的缺陷在于学习策略而非学习能力,他们需要学习的是一种高效利用自身资源的学习方式。我曾把这一套教学方式传授给一位在特殊学校任教的女教师,她的教学对象是一群 11~14 岁的智障儿童,在他们的拼字测验中,很少有学生的成绩超过 70 分,大部分人的分数介于 25~50 分之间。通过我的指导,她很快意识到她 90% 的学生主要依靠听觉和触觉进行认知学习。在她改变教学方式后的短短一周之内,学生的拼字测验成绩满分的为 19 人,两人为 90 分,两人为 80 分,最后 3 位是 70 分(总人数 26 人)。这一突破性的进展是她始料未及的——"就如同施了魔法一般,曾经的难题瞬间烟消云散"。现在,在校董事会的推荐下,她已经在各个学校巡回传授这一心得了。

我确信一点,当前教育最大的问题在于教师对学生的学习方式缺乏足够的认识。他们并不知道学生"密码门"的数字组合。他们的组合方式可能是 2~24,而老师们却偏偏选择了 24~2 的组合。迄今为止,我们的教育仍然执迷于学生应该学什么，而非学生如何更好的学习（授之以鱼，而非授之以渔）。"最优绩效技巧"教导我们不同人采用的具体策略，涵盖了具体学科（如拼写）的最佳学习方式。

知道阿尔伯特·爱因斯坦如何发现相对论的吗？他曾说对他帮助最大的是他的视觉想象力。他能够在脑中想象自己"骑着光束飞行"的场景。倘若在你脑中无法想象出这样的场景，你也就无缘真正理解相对论。所有的学习，都应从高效地运转自己的大脑做起，这一点也是"最优绩效技巧"的全部内容。最优绩效技巧教会我们如何采用高效的策略，轻松、快捷地取得我们所期望的结果。

实际上，这些问题不仅仅出现在教育领域，几乎所有领域的问题都存在。错误的手段和方式必然会导致错误的结果；正确的策略则可以使你事半功倍，所向披靡。记住，策略具有普遍的适用性。如果你是一名推销员，了解客户的购买策略是不是对你很有帮助？当然如此。如果你对客户的心理了然于胸，自然一切都得心应手。如果你的客户是触觉型的人，你向他展示某辆车色彩如何绚丽，线条如何精致，丝毫不会奏效，你更为理智的做法是让他坐在驾驶室里，感受座椅的质地和舒适度，让他产生出一种在开阔路面上飞驰的感觉。而如果你的客户是视觉型的，你最好从色彩、线条等具有强烈的视觉印象的元素入手。

如果你是某一球队的教练，知道哪些东西对你的队员具有激励作用，哪些东西可以激发出队员的最佳状态，是不是对你很有帮助？你会不会将这些信息运用到你的执教艺术之中呢？如果你掌握了这方面的策略，还会有让你一筹莫展的问题吗（想想在前文中提及的我在美国军队的经历）？所有事物都有着特定的架构方式，一座复杂的大桥是如此，精细的 DNA 螺旋也是如此。生活中所有的问题也都有着最佳的应对策略，倘若我们的策略正确，便会无往不利，最终自然也会达成所愿。

肯定会有人说："不错，倘若我能读懂他人的内心，我便会无往不利。但问题是：我怎么可能仅仅靠观察或者短短数分钟的交流便知道一个人的内心想法？"你之所以认为"不可能"是因为你没有摸着门路，你不知道自己应该从哪些方面入手。如果你能用正确的方法和技巧进行观察和交流，同时保有足够的专注和决心，你便可能捕捉到你想要的一切内容。发明出某些事物可能必须投入很多的精力和专注，你需要真正用心地钻研，方可捕捉到。但理解策略则相对简单得多，你可以在短短数分钟内发掘出他人的做事策略。下一章我们将讲述——

"该开始时便开始，"国王威严地说，"一直朝前走，直至到达最终的尽头。"

——路易斯·卡罗

Unlimited
power

第八章

如何诱发他人的策略

是否见过大师级的锁匠是如何开锁的？看起来太不可思议了。他就像在用锁玩游戏一样,总能听到我们听不到的声音,看到我们遗漏的细节,捕捉到我们所未能捕捉到的感觉,通过一种正确的组合方式开启每一把锁。

作为一名顶级的交流者同样如此:你需要像那些顶级的锁匠一样缜密地思考、观察,捕捉那些之前未听到、未感觉到的讯息,开启他人的"密码锁",并向他人询问一切未解的问题。如果你足够用心,足够专注,而且方式正确,便可以随时随地套出对方的策略。

想要套出他人的策略,关键是要读懂他们策略的全部内容:包括他们所说的话,身体的活动,乃至眼神的活动。你必须能像读懂地图一样,读懂一个人的所有细节。记住,所谓的策略即是通过特定的储忆认知,采取特定的行为,取得某种结果的方式。你所要做的便是让这些人重温某种经历,然后从他的所见、所听、所感中摸索出具体策略。

在套出他的策略之前,你必须首先知道你应该套出的具体内容,即特定的人在特定条件下所采取的特定行为序列。当然,你也有必要知道人们对人际关系以及其他问题所采取的共通的策略。例如,大多数人主要依赖视觉、听觉和触觉感知事物。这就和右撇子或者左撇子一样,有着固定模式。

所以我们要找出他们的储忆认知系统。对视觉型的人而言,他们对世界的感知主要来自于视觉刺激,因而最有效的刺激方式便是让他们在脑中呈现出具有强烈视觉冲击力的图片。由于他们总是试图和脑中的画面维持同步,所以他们的语速通常都比较快。他们并不大在意他们所捕捉到的信息,而是简单机械地将其处理成画面。这些人通常喜欢采用画面感的表达,比如事物是何种表象,如何生成这种表象,以及明暗程度等。

而听觉型的人则在言语、措辞上相对挑剔得多。他们的声音洪亮、语速平缓,节奏感更强也更为理性。这是因为言语在他们看来十分重要,他们更在意自己说的内容。他们经常说的一些话就是:"这听起来不错",或"我听得懂你所讲的内容",或者"就是这样"。

触觉型的人语速则更慢,他们主要依靠自己的感觉。他们的声音低沉,语速凝滞,几乎像是在一个字一个字地往外挤。对他们而言,世界就是物理世界的隐喻表达。他们在谈话中总喜欢抓住那些可触可感的元素,例如物体是"沉重"或"强烈"的。他们常说的话是:"我正在一步步接近最终的答案,但是我的指尖尚未触到它。"

以上三种模式,在所有人身上都存在,但大多数人主要偏重其中的一种。当你在了解某些人决断的策略时,知道他们的储忆认知系统,能便于你运用相同的认知方式处理你的信息。如果你所要交流的对象是视觉型的人,最好不要拖泥带水地说话,动不动来个深呼吸,还不时地再来些不必要的停顿。这样会使你的交谈对象抓狂。你必须加快语速,以便和他的思考方式对接。

仅仅通过观察并倾听他们所说的话,你便能立即判断出他所采用的心理暗示系统。NLP 则采用了一种更为具体的思维指示方法。俗话说:"眼睛是心灵的窗口。"但仅仅在最近,我们才用科学证明出这一俗语是何等正确。这句话丝毫不费解:仅需做一个观察者,观察一个人的眼睛,你便可以立即找到他的储忆认知系统(视觉型、听觉型或触觉型)。

回答一个问题:你 12 岁生日时,蛋糕上的蜡烛是什么颜色的? 花点时间仔细想想……回答这一问题时,90% 的人的眼珠会不由自主地望向左上方。这是右撇子和部分左撇子在回忆脑海中存储画面时的表现。接着回答另一个问题:米老鼠长胡子时是什么样子? 花点时间在脑中想象这一画面,此时你的眼睛会望向右上方。这是人们在建构画面。因此,仅仅靠观察一个人的眼珠所处位置,便可以知道他所处的感知系统。通过观察一个人的眼睛,你可以知道他所用的策略。记住,所谓的策略,即是某人通过特定的储忆认知、采取特定的行为序列达到的某种结果。这些序列是某人所采取的具体行为。记住下面图表里的内容,以便你能更好地理解和认识"眼球指示线索"。

与某人进行一次交谈,观察他的眼球运动。问及一些能够触发他的视觉、听觉或触觉记忆的问题。观察他在思考这些问题的答案时眼珠所处的位置。问完问题,核对一下是否和这个表中所述的内容一致。

以下为几种可激发特定响应的问题类型。

当人们在内部呈递信息时，会伴随着眼球的运动（即便有些人的眼球运动较为轻微，不似其他人那么明显）。以下图表系统地阐述了各种表现。该表适合于大多数右撇子型人群（注意：有少部分人的眼球运动方式是左右颠倒的）。

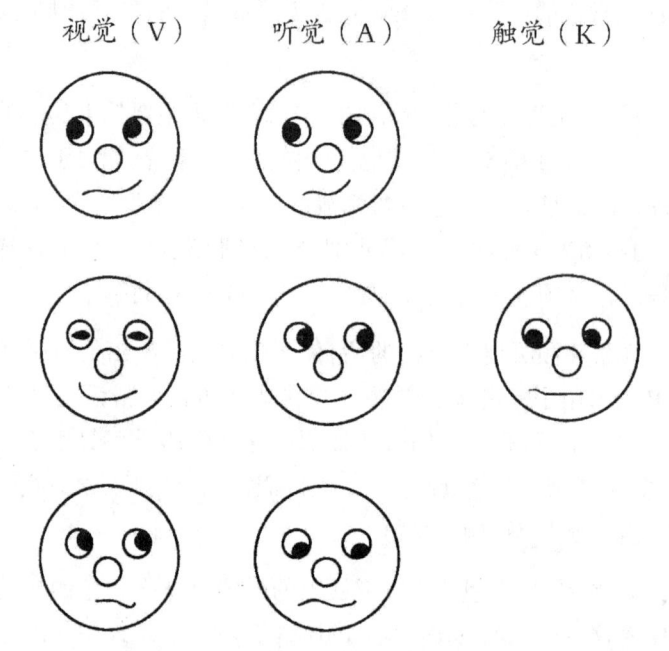

视觉（V）　　　听觉（A）　　　触觉（K）

观察一个人的眼球运动可以观察出一个人的外部认知方式。一个人对外部世界的认知即是他眼中的真实"映射"，每个人的映射各有不同。

刺激内容	需要的问题
视觉记忆画面	"你家的房子有多少窗户？""你一早起来看到的第一件东西是什么？""你17岁时的男朋友（或女朋友）长得是什么样子？""你家里光线最昏暗的屋子是哪间？""你的朋友之中谁的头发最短？""你买的第一辆自行车是哪种颜色的？""你上一次去动物园看到的最小的动物是什么？""你的启蒙老师头发是什么颜色的？""回想一下，你的卧室里有多少种不同颜色？"
视觉建构	"三只眼的你会是哪种样子？""试想一下，一个狮头、兔尾、长

着天使翅膀的警察是什么样子?""试想一下你所在城市的地平线升至云霄的场景。""你的头发染成金色的时候是什么样子?"

听觉记忆　　　"你今天说的第一句话是什么?""别人对你说的第一句话是什么?""说出你年幼时最喜欢的一首歌的歌名。""你最喜欢哪种音质?""《美国效忠誓词》①的第七个字是什么?""自己在心里唱一下《玫瑰》②。""试着想象安静的夏日,一股水流从天而降的声音。""在脑海中重温一下你最喜欢的歌曲。""你家里的哪扇门关门的声音最响?""哪种关门的声音在你听来最柔和?""你的熟人之中谁的声音最动听?"

声音建构　　　"如果你有幸向托马斯·杰斐逊③、亚伯拉罕·林肯以及约翰·F·肯尼迪提问的话,你会问哪些问题?""如果有人告诉你他能够消除核战争,你会作何回答?""是否能想象出将汽车的喇叭声换成长笛的声音是什么样子?"

听觉内部对话　自己在内心重复提问"我一生之中最重要的是什么"。

触觉语言　　　"试想一下冰块在手中融化的感觉。""早晨离开被窝的那一刻,你感觉如何?""想象一下手指从木头滑上丝绸的感觉。""你上一次接触海水时,海水的温度如何?""想象一下泡热水澡的感觉。""试想一下你的手指从粗糙的树皮滑向冰凉的地面的感觉。"

---

① 《美国效忠誓词》即宣布效忠美国的誓词。

② 玫瑰(《The Rose》),西方一首脍炙人口的英文歌曲,广为流传,被诸多著名歌星翻唱。

③ 托马斯·杰斐逊(Thomas Jefferson,1743~1826),美国第三任总统(1801~1809),《独立宣言》主要起草人,美国开国元勋中最具影响力者之一。

眼球指示线索*

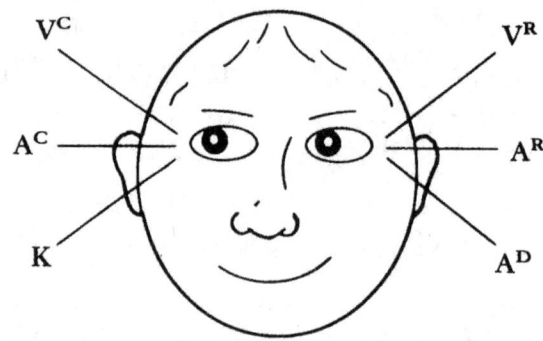

V^R 视觉回忆：以旧有的观察方式看到之前看到过的图像。诱发此类过程的常用问题为"令堂的眼睛是哪种颜色的"或"你的外套是怎样的款式"。

V^C 视觉建构：看到之前从未看到过的事物，或是以全新的视角看到旧有物体。诱发此类过程的常用问题为"橙色的河马配上紫色的斑点，将是什么样子"，或"从另一房间看此室的你又是什么样子"。

A^R 听觉会议：会议之前曾听到过的声音。诱发此类过程的常用问题为"我刚刚最后一句话说的是什么"或者"你的闹钟是何种声音"。

A^C 听觉建构：听到之前从未听到的话语，或者以全新的方式听到之前的话语。词组和声音进行了重新的组合，诱发此类过程的常见问题为："如果要你写一首新歌，想想听起来如何"或者"想象一下电吉他发出的汽笛声"。

A^D 听觉数字化：自言自语。诱发此类过程的表述包括："说些你经常对自己说得话"或背诵一下《美国效忠誓词》。

K 感觉：感受情感、触觉(触感)或本体感觉(肌肉运动)。诱发此类过程的常见问题为："快乐是怎样的感觉"或"抚摸松果的感觉如何"，"奔跑的感觉如何。"

*摘自《出神入化：催眠的最高境界作者》，作者：约翰·葛瑞德、理查·班德勒ⓒ 1981 Real People 出版社出版，本书摘录已获许可。

例如,如果一个人的眼珠朝向左上方,他仅仅是在脑中回忆以往的画面;如果他的眼珠朝向左耳,则表示他在倾听;如果眼珠望向右上方,则表示此人正在访问记忆系统的触觉部分。

同样,如果你不能记起某些事情,往往是因为你没有将眼球转向某一方向,从而唤醒某些记忆。如果你希望记起几天前看到的某个画面,将眼珠望向右下方是丝毫不会奏效的;然而,倘若望向左上方,你便会发现自己可以很快在脑中闪现那一画面。一旦你知道如何在你的大脑中寻找信息(即上述视觉记忆、视觉建构等),之后的过程相对就简便、快捷多了(大约5%～10%的人寻找信息的方式与此完全相反。看看你周围是不是有采用相反方式的左撇子或是异常人)。

人的其他生理表现也能透露出他们所处的状态。当人们高频呼吸时,他们在用视觉思考;当他们的呼吸均匀(从肺部到整个胸腔都没有剧烈起伏)时,他们处在听觉模式;深呼吸则表示他们处于触觉状态。观察这三类人的呼吸,记下他们的呼吸频率和换气程度。

一个人的声音同样可以透露其状态信息。视觉型的人喜欢破口而出,语速通常较快,带着鼻音,音质稍显紧张;声音低沉且语速极慢的人通常是触觉型;而听觉型的人语速介于二者之间,且发音清楚,声音洪亮。你甚至可以从一个人的脸色读懂他的内心:当你用视觉思考时,你的脸色会稍稍变得暗淡;而脸泛红晕则表示你正在访问你的触觉记忆。当某个人抬头时,他处在视觉状态。如果他的头部保持正平或是稍稍侧倾(倾听时的姿势),则表示他处在听觉状态。如果他的头向下垂且颈部肌肉放松,则表示他处在触觉状态。

因此,即便微小的沟通交流,你仍可以准确无误地判断出一个人的思考方式和他所采用的信息,从而采取相应的措施。发掘出他人策略的最简单方式便是提问。记住,买卖货物、激励、关爱、营造个人魅力或是发明创造,皆有相应的策略。接下来我将为你展示其中的几项。最好的学习方式不是观察,而是身体力行。因此,试着和他人一块进行以下练习,看看是否奏效。

想诱发出一个人的最佳策略,关键是要使他身临其境地进入到其"相关"状态之中,随后他便会情不自禁地告诉你他的全部策略——即便语言不能恰当地表达,非语言的表达(诸如眼神交流、肢体语言,等等)亦会流露出他的想法。具体的状态则是开启策略的密码,在人的无意识状态下开启人的大脑电路。倘若一个人没有完全身临其境地进入到自己的"相关"状态之中,所激发出的策略无异于在不插电的面包机上烤面包,看起来有模有样,到头来还是止步不前。这就如同启动一辆未装电池的玩具车一样可笑。

再次想一下我们之前是如何模仿面包师的食谱的。如果有位面包师能做出世界上最美味的蛋糕,却不知道如何表述自己的制作过程,是因为一切的一切均是在无意识状态下发生的。你可能会因此略感失望。在你问及配料用量时,往往会得到"我也不清楚,大约是那么多"之类的回答。因而,较为明智的做法不是向他提问题,而是让他亲自为你演示;让他待在厨房里,一步步地为你演示整个制作过程,仔细地记录各个制作环节,在他加入配料之前抢过他的汤匙(或其他用具)称量配料用量。通过整个面包制作流程了解所用的各种配料、具体用量,以及制作方法,这便是制作美味面包的通用食谱。

诱发出他人的策略亦与此类似。你必须首先让一个人回到他的"厨房",意即,使其身临其境地进入到特定的状态之中。寻找出激发这种状态的第一种事件/事物,是看到或听到某些内容,还是接触到某物/某人? 在得到相应的答案之后,在仔细观察他状态的同时询问,紧随其后的又是哪些事情? 直至他完全进入到那种状态。

所有策略的诱发方式均与此类似。必须首先让对方回忆起激发出这种策略的特定时刻(这些特定时刻可以是他深受激励的时刻、深处热恋之中的时刻、创意无限的时刻,抑或是你所希望诱发出的任何策略)。随后通过清晰、有序的提问(看到、听到、感觉到的内容),使他重历这一过程;在得到具体的策略后,寻找激发出这种策略的次感元。看看具体是哪些事物激发出这种状态:一幅画面? 一种声音? 抑或是一种感觉? 倘是画面,画面的尺寸如何? 倘是声音,声音的语调如何……

现学现用,用这种方法诱发出他人的策略。当然,前提是这个人主观上愿意配合你的过程。首先提问:"你是否有过全情投入做某件事情的经历?"此时你需要获得一个明确(而非模棱两可)的答案,这个人的声音、肢体语言可以印证这一答案是否真正清晰、明确。记住,他也许并不知道具体的事件顺序,整个事件在他眼中是一个整体,一切均是轻车熟路,因而他做起来飞快。但是切勿受他主导,为了清晰地了解各个环节,你必须使他减速,注意他所说的内容,以及他的眼神、肢体所表达的内容。

倘若他只不过耸耸肩,无精打采地回了句"有",则表示他并未进入到那种状态。人时常会进入到一种心不在焉的状态之中，嘴里说着"是"，脑袋却像个拨浪鼓似的乱晃。此时他便是处在这种心不在焉的状态之中——未能身临其境，未进入到那种状态之中。因此，你必须首先确认他是否进入到特定状态、特定经历之中。此时你的问题可以是："你是否有过全情投入地做某件事情的经历？你是否可以一步步地回顾一下整个过程？"这一方法屡试不爽。

当他身临其境后，继续提问："在你回忆这一时刻的时候，具体是哪一件事物首先使你全情投入的？是不是你看到、听到的某些事物，或是接触到某物/某人？"如果他的回答是某一次经典的演讲使其深受激励，则表示刺激、鼓舞他的次感元来自于外部听觉（Ae）。此时如果希望用画面或者感觉内容激励他，无疑是不明智的。毕竟，他最为敏感的刺激来自于语言和声音。

此时你已经使其身临其境，但这并不是策略的全部内容。人们对于事物的反应来自于外部感知以及内部认知，因而，你还应找到他的策略的内部认知。接下来的问题便是："在听到演讲之后，又是哪一件事情/事物首先使你全情投入地做某件事情呢？是否在你脑中展现出一幅画面？你是否在内心暗暗告诉自己某些内容？又或者，你具有某些特殊的感觉或情绪？"

如果他的答案是他的脑海中展现出一幅画面，则表示策略的第二部分内容来自于内部视觉（Vi）。一旦他听到某些内容，他便会立即在脑海中形成一个激励自己的画面。很可能恰恰是这些画面使他全情投入到做某些事情的状态中。

此时你仍未知道整个策略，因此你需要继续提问："你听到演讲之后，在脑海之中展现出某一幅画面后，又是哪些事物/事情使你全情投入的呢？你是否在内心暗暗告诉自己某些内容？你是否感觉到某些内容，或者是发生了其他事情？"直至找到使他全情投入的最终时间点，即是整个策略。为进入全情投入的状态，他需要创造一系列的心理暗示（本例中为 Ae→Vi→Ki）。他需要听到某些内容，在脑海中展现出一幅画面，随后才会有全情投入的感觉。对大多数人而言，这一过程往往需要一种外部刺激和两到三种内部刺激——有极少数人的激励策略会需要 10 或 15 种心理暗示。

此时你已经知道了他的策略，接下来便是寻找具体的次感元。此时的问题是："使你深受激励的演讲内容是什么？是演讲者的声音，演讲内容本身，还是演讲者的语速和节奏？你脑中展现的是怎样的一幅画面？画面的大小，明暗程度如何……"问完上述所有问题，你便可以按照相应的回答对应画面，以及创造相应的感觉。如果一切顺利,他便可以在你眼皮底下进入到激励状态。如果你对顺序的重要性心存疑虑,尝试一下调换各自的次序。先告诉他如何创造某种感觉,然后再告诉他内心交流的内容,否则他在你面前呈现的将是无精打采的状态。尽管你拥有正确的"配料",但是错误的次序将使其一文不值。

诱发策略

你是否曾有过完全 X 的经历?

你是否能记起这一特定时刻?

重温并体验这段经历……(即使他们进入到当时的状态之中)

在你回忆这一时刻的时候……(使其保持在这种状态)

A. 使你 X 的第一件事情/事物是什么?

    你看到某些内容?

    听到某些内容?

    抑或是接触到某人/某物?

    使你完全 X 的第一件事情/事物是什么?

在此(看到、听到或接触到某些内容)之后,紧随其后的又是什么事情/事物使你完全 X 的?

B. 你是否……

    在脑海中展现出一幅画面?

    告诉自己一些内容?

    获得了某种情感或情绪?

    紧随其后的又是什么事情使你 X 的?

在经历 A 和 B(看到某些事物,内心交流等等)之后,紧随其后的又是什么事情/事物使你完全 X 的?

C. 你是否……

    在脑海中展现出一幅画面?

    告诉自己一些内容?

    获得了某种情感或情绪?

    又或者发生了其他事情?

    紧随其后的又是什么事情使你 X 的?

在此时询问该对象是否感觉完全 X 的(魅力感、激励感,等等)。

若答案是肯定的,则整个诱发过程完成。

否则,则需继续进行上述流程,直至最终达到期望的 X 状态。

接下来的环节则仅需诱发出各个策略之中的特定次感元,

因此,倘若上述策略中的第一刺激物来自于视觉,则应问及——

你看到的是什么内容(外部视觉)?

随后则问及——

你所看到的特定事物对你的激励之处在于哪里?

是它的尺寸大小?

它的明暗程度?

它的移动方式?

持续进行这一过程,直至发现所有的次感元。随后使用相同的次感元,按照相同的次序,作用在某人身上,验证是否能达到你所期望的状态。

诱发一个人的策略究竟要消耗多长时间,这取决于具体行为的复杂程度。有时激励一个人从事你所期望的事,仅需花费短短一分钟的时间。

假设你是一名田径教练,你希望激励上例中的人成为一名伟大的长跑运动员。尽管他拥有一些这方面的天赋和兴趣,但他并没有足够的决心从事这项运动。你该从何入手呢? 你会不会把他拉到田径场上,让他观看最好的运动员如何奔跑? 你会不会不厌其烦地向他讲述何为田径、何为田径精神? 你会向他讲述何为真正的快速奔跑,点燃他内心的激情,向他表明你对他的满怀期待么? 不会,当然不会! 对上例中的人而言,所有来自于视觉策略的刺激行为,都不是对症之药。

相反,你应该提供使他深受鼓励的听觉刺激。首先,你的语速须适中,绝不可以用视觉型的快语速,也不可以用触觉型的超慢语速。讲话时必须抑扬顿挫,语速平稳,声音清晰、洪亮。总之你应该采用上述激励听觉型人的特定语速和节奏。常用的表达如下:"我想你之前已经听说了我们在田径项目上的赫赫战功。事实上,我们田径队现在已是关注的焦点,今年我们的观众也异乎寻常的热情。他们热情的欢呼震耳欲聋,田径队的精英们总是说那些欢呼声是他们最大的动力,正是这些欢呼和呐喊鞭策着他们不懈追求。如果在终点撞线那一刻受到全场观众雷鸣般的欢呼,这将是人一生之中最奇妙的体验。在我的执教生涯里,从来没有任何声音能比这更美妙。"此时你在用他常用的语言、他常用的心理暗示系统与他交流,你也可以花上几个小时的时间滔滔不绝地向他讲述体育馆何其巨大。当然,这样做只会使他昏昏欲睡。让他真真实实地听到撞线那一刻的欢呼,他才会"上钩"。

这仅仅是整个激励流程的第一步,如果任其自由发展的话,还不能使他全情投入。

你同时还要组织好整个的心理暗示顺序。根据你的具体描述,你可以向他提供诸如此类的听觉刺激线索:"当你听到观众的欢呼声时,你可以在脑中展现出自己跑出最好成绩的画面。在这种百分百的激励感下跑出你最好的成绩吧!"如果你是一家企业的老总,如何激励员工将是最为重要的事情。如果你的员工缺乏上进心,你的业务也将奄奄一息;但你对激励策略了解得越多,你越会发现,良好的激励效果比登天还难。毕竟,员工各异,所需的激励方法也千差万别,你很难找到一种适合于所有人的激励机制。如果你仅按照自身的激励策略,则只会激励和你类似的有限人群。你可以提供最具说服力和成熟的激励课程,但倘若不能根据各人的差异对症下药,也是竹篮打水一场空。

你该怎么做呢?通过对策略的学习,我们可以清楚地知道两点。首先,针对群体的每一种激励技巧都有着某些适合于所有人的共通之处——即某些可视、可听、可感的东西。你所要做的便是让他们看到这些东西,听到这些声音,体会到这些感觉。为了适应上述三种类型的人,你需要变换声音和语调。

其次,尽管上述方法对群体可以起到一定作用,但永远不可能达到个体激励的效果。由于条件所限,你可以采用普遍适用的激励机制。当然最好的激励策略仍是有着个体差异的。

以上所述的是诱发某人策略的基本方法。为了高效地运用这些方法,你需要了解该策略的各个具体环节,还需要在基本方法中添加一些必要的刺激次感元。

例如,假设一个人的购买策略源自视觉刺激,那么具体又是哪些视觉元素对他有作用呢?是色彩的明暗还是尺寸的大小?他是特别中意特定风格,还是野性、光怪陆离的设计?如果他属于听觉型,最有效的是性感的声音还是有震慑力的声音?他喜欢大声喧哗还是喜欢浅声低吟?了解某人所属的类型是一个良好的开端。当然为了更精确地启动正确的"按钮",仅仅知道这些内容是不够的。

理解客户的购买策略是营销成功的关键。仅有极少数的推销员能基于本能做到这一点。当他们遇到潜在客户时,他们可以立即和他建立融洽的私人关系,并诱发出客户的购买决策。通常他们首先会说:"我注意到你正在使用我们竞争对手的产品,对此我十分好奇。我想知道,具体是哪一件事情/事物首先使你产生购买欲望的?你是亲眼看到的,还是在读物上阅读到的,或是通过他人介绍的?又或者,你是基于对推销员或产品本身的好感?"这些问题听起来有些突兀,但是成功的推销员总会有成功的掩饰方法,他们会说:"我之所以好奇,是因为我真的希望能满足您的需求。"客户对此类问题的回答可为推销员提供诸多价值连城的信息,帮助他寻找出推介自身产品的最有效方法。

客户的购买策略各异,以我为例,我的购买策略就不同于任何人。向我推销的错误方法可以有成千上万种——推销我不需要的产品,采用令我不适的推销方法,等等。相对来说,正确的推销方法少之又少。因此,一个成功的推销员必须首先使客户进入到一种购买自己中意产品的状态之中。他必须能够找出使客户做出购买决策的具体事件、主要的作用条件和刺激次感元有哪些。知道如何诱发出客户的购买策略的推销员也知道客户的具体需求。随后他便可以投其所好,根据客户的需要推介产品,从而形成长期的客户关系。

当你诱发出某人的行事策略事时,仅需片刻便可以了解具体的行为,从而省去数天乃至数周的时间。

以戒除暴饮暴食为例。我曾经是一个体重达 122 千克的胖子。我是怎样变成这样一个大肥球的呢?很简单,我是一个饮食狂。这种习惯时刻驱使着我,一旦我有饥饿的念头,立马会激起食欲,感觉肚子在咕咕作响。

在回顾那些经历时,我不停地问自己,是什么使我产生饱食的欲望?是不是我看到、听到或是接触到什么东西或人?我很快意识到是我所看到的东西在作怪。当我驾车行驶时,一旦看到某一快餐连锁店的标志,立马会在脑海中展现出美味的食物,我会忍不住对自个嘀咕:"嗨,伙计,肚子又在叫了!"通过这种行为产生了饥饿的感觉,自然而然地停车溜进快餐店大快朵颐。在未看到那些标志之前,也许我一点也没有觉察到饥饿的感觉,但一看到这些标志,我立马条件反射似的食欲大增。不幸的是,这些标志随处可见!此外,倘若有人问我:"随便吃点东西吧?"即便前一刻我一点也不饥饿,我也会在脑海中展现出自己大口吞咽美味佳肴的场景。随后自然会对自己说:"嗨,伙计,肚子又在叫了!"饥饿感立马跳了出来,还能干吗?吃饭呗!当然,电视节目上琳琅满目的广告也在时刻提醒着人们:"嗨,伙计,肚子饿了吧……难道不饿吗?"我的大脑会条件反射地闪现这些画面,然后心安理得地对自己说:"嗨,伙计,肚子又在叫了!"在这种饥饿感的驱使下,我会迫不及待地冲向离我最近的餐厅。

通过改变我的策略,我最终改变了自己的行为。我的做法便是一看到食物的标志,脑海中立马出现自己站在镜前的场景,镜子里的我身材臃肿不堪。我不停地告诫自己:"我现在样子令人生厌!我能够抵挡住食物的诱惑。"然后想象自己减肥成功后身材健壮魁梧,自信地对自己说:"干得不错,你现在身材超级棒!"就是通过这种方式,我创造出了一种明确的目标。我将这些内容和看到图像时的心理暗示联系在一起,一看到图标立即想象出自己臃肿不堪的形象,内心回想着告诫的内容,如此反复,直至达到一听到"想不想吃午餐"便会自动触发相应循环机制的状态。正是通过这一策略,造就了我现在的身材和饮食习惯,并以强健的体魄取得了今日的成就。同样,如果你自身也存在着一些无意识的恶习正在使你懊恼不已的话,你需要立刻做出策略性的改变!

一旦你知道了某人的策略,便可以按照相同的刺激方式使他进入到诸如热恋等情感之中。你还可以看出你的另一半的爱情策略。爱情策略有一点有别于其他任何策略。其他的策略往往需要三至四步的过程,而爱情仅仅需要一步。一次接触,一句情话,抑或是一次凝望,均可以营造出爱恋的感觉。

这是否就意味所有人的热恋感觉都来自于单一的刺激?非也!就我的个人经历来看,上述三种都有。我想你也有过同样的经历。我希望有人能够用正确的方式触摸我,告诉我她"爱"我,并向我表露她是如何的爱我。就如同某一种感官在你的认知系统中作为主导一样,某一种表达爱意的方式正好抓住了你的"命脉",为你营造出热恋的感觉。

如何诱发某人的爱情策略呢?相信此时你已经知道。在诱发任何策略时,首先要做的事情是什么?通过诱发策略,你可以使某人进入到你所期望的状态。记住,心理状态是电路循环的动力,是成功之源。因此,询问另一个人:"你是否曾有过全身心热恋的感觉?"为了确认其是否进入到热恋的状态,紧跟着提问:"你是否记得你全身心热恋的特殊时刻?试着回想下那一时刻,是否还记得当时的感觉?现在重新体会一下那种感觉。"

此时,你已经使他进入到正确的状态,接下来就是策略诱发,你开始问:"在你回忆那些时刻并感受被爱呵护的感觉时,是不是一定要你的爱人为你买某件东西,带你去某个地方,或是以特定方式注视着你?是不是一定要以这种方式表达,你才能感受到浓浓爱意?"记下答案并观察是否一致。接下来,使他进入到被爱呵护的状态,并告诉他:"回忆一下你被爱呵护的时刻。为了营造爱意,是不是一定要你的爱人以特定方式表达爱意?"判断语言表达和非语言的回答是否一致。最后提问:"回忆一下被爱呵护时的感觉。为了营造爱意,是不是一定要你的爱人以特定的方式抚摸你?"

找到营造爱意的主要"配料"之后,你还需要找到特定的刺激次感元。例如,提问:"爱人应该以怎样的方式抚摸你才会营造出浓浓的爱意?"让她/他演示一下。然后现场测试一下,以这种方式抚摸她/他,看看是不是具有明显的效果。

诱发爱的策略

你是否有过被爱呵护的经历?

你是否能记起这一特殊时刻?

在你重温并体验这段经历时——(让他/她进入到被爱的状态)

V(视觉):为了营造出浓浓的爱意,是不是一定要你的爱人——

带你去某个地方

为你买某件东西

以特定的方式注视着你……

是不是一定要这种方式才会使你产生被爱呵护的感觉?(通过被问者的生理表现进行判断)

A(听觉):为了营造出深爱的感觉,是不是一定要你的爱人以特定的方式表达爱意?(通过询问对象的生理表现进行判断)

K(触觉):为了营造出深爱的感觉,是不是一定要你的爱人以特定的方式抚摸你?(通过询问对象的生理表现进行判断)

现在诱发次感元。具体是哪种方式,向我演示一下。

测试内部和外部策略。通过被问者的生理表现是否一致进行判断。

在我的辅导课程里,这一方法可谓屡试不爽。我们都可以以特定的方式凝望着自己的爱人,都可以以特定的方式抚摸爱人的长发,都可以以特定的方式告诉爱人"我爱你"。这一切对我们而言是如此的简单,但大多数人却从未意识到这一点。总之,我们能用一种东西营造出被浓浓的爱呵护的感觉。

来参加教程的学员是否认识我并不重要,事实上,整个教室里的人彼此都十分陌生。但是如果我能够寻找出他们的关爱策略,如果我能够用正确的方式抚摸他们,用正确的方式凝望他们,他们会立刻被我俘获。在我的"攻势"面前,他们可谓毫无抵抗能力,因为我抓住了他们的命脉(营造关爱感的大脑作用方式)。

只有极少数人会想到两种,而非一种示爱策略。他们也能想到抚摸,也能想到向所爱的人表达爱意。因此,你必须使他们保持在正确的心态下,从中作出区分。例如询问一下,如果抚摸时不说出"我爱你",还会感受到爱意吗?反之,示爱时没有身体接触,是否能感受到爱意?如果他处在正确的心态下,他们便可以

123

准确无误地进行区分。记住,上述三种示爱方式我们都需要,但其中的一种起着主导作用。这一种方式就如同开启密码锁的钥匙一般,具有神奇的魔力。

理解你的爱人或孩子的关爱策略具有强大的作用,有助于你培养和睦的家庭关系。如果你能掌握使他人获得关爱感的方法,这将是一个十分有用的工具。倘若你对关爱的策略一无所知,人生无疑会十分惨淡。我想我们的生活中都曾有过类似的惨淡经历:我们满怀深情地向对方表达爱意,却碰了一鼻子灰;有些人向我们表达爱意,我们却不为所动。交流的失败源自策略上的不匹配。

恋爱关系的培养是一个有趣的动态演变过程。在恋爱的开始阶段(我称之为求爱阶段),我们十分积极主动。当时我们是如何向恋人示爱的呢?是不是单单说句表白的话?或是单单地有些肢体接触?当然绝不仅此!在"求爱"阶段,我们十八般武艺都用上了。除了行为上表示,我们也在互相表白,同时也有着亲密的身体接触。随着时间的流逝,我们还会运用全部这些手段么?也许有些人依然能够保持这样的习惯,但他们只是极少数的例子。是不是现在我们不再深爱对方?当然不是!我们只是没有热恋时那么积极主动了。此时我们彼此间十分融洽,我们也知道彼此深爱着对方,那么我们该如何进行爱意的交流呢?当然最好的方式还是彼此最乐意接受的方式。如果采用了正确的方式,双方的恋情关系又会有何改变呢?我们不妨看看。

假设丈夫是听觉型的人,他向妻子示爱的方式最可能是哪一种?当然是口头表白。但倘若妻子是视觉型,大脑感受爱意的刺激均来自视觉信号呢?时间流逝,他们的关系又将向何发展?是的,双方都不能完全感受到对方的爱意。当初追爱时,他们示爱、表白,彼此抚摸对方,感受到了浓浓的爱意。现在丈夫回到家里,深情地对妻子说:"宝贝,我爱你。"而妻子的回应却是:"不,你并不爱我!"他会忍不住地问道:"你说什么?你怎么可以这么'说'?"她的回答很可能是:"嘴皮子又不花钱。你还记得上次为我买花是什么时候吗?你上次带我出去散心是什么时候?你上次深情地'看'着我是什么时候?""你说这话是什么意思?"丈夫会立刻争辩:"我之前已经告诉过你'我爱你'!"她之所以未能感受到丈夫的爱意是因为她感受爱意的方式来自于视觉次感元的刺激,而丈夫的示爱方式则是听觉型的。

也可能状况恰恰相反:丈夫是视觉型的,而妻子是听觉型的。他的示爱方式便是给她买礼物,带她出去散心,或是送花。有一天妻子会告诉他:"你并不爱我。"他会很不安地问:"你怎么可以这么说呢?我为你安置了这个家,我们一同到过那么多地方。"

她则会说:"不错,但这些并不表示你爱我。""我爱你!"他歇斯底里地吼出来。但是这并不是妻子喜欢的声音和语调。因此,她感受不到爱意。又或者是一个触觉型和视觉型的人之间的表达错位。他回到家中,想要拥抱妻子,妻子却冷冰冰地告诉他:"别碰我——你就会想着占有,就会想着一身臭汗地裹住我。为什么从不带我出去散心? 为什么在拥抱我之前看也不看我一下?"这些场景是不是似曾相识? 你是否有过同样的经历? 一开始无所不用,而随着时间的推移,则仅仅采用最适合自己的方式,最终使得家庭关系走到破裂的边缘。

意识是一种强大的工具,大多数人都认为世界就是自己眼中的世界,认为有效的表白方式也是放诸四海皆准的求爱手段。我们往往忘了地图上的界线并不是真实的边界,而仅仅是我们一厢情愿的边界线。

现在你已经知道如何诱发出他人的策略,接下来便是坐在你爱人的身旁,寻找出她/他感受爱的方式。同时寻找出你自己的策略,告诉你的爱人如何表达他的爱意。这本书中所讲述的方法可帮助你改善人际关系,使你终身受益。

万事万物皆有策略。如果某人能够早起且精力充沛,这其中必定有特定的策略作用,即使他从未意识到这一点。如果你能有序地进行询问,便会发现恰恰是他所说、所感或所看到的内容使他能够做到这一点。记住,诱发策略的最好方式便是使他身临其境(如让厨师待在厨房中),使他处在你所期望的状态之中,以便于你寻找出他创造并保持这种状态的方法。此时,你须要求这个人回忆一下某个轻松早起的特殊时刻,要求他回想一下那个早晨他最早意识到的事情。他可能会说,我听到自己在说:"该起床了,别睡了!"然后要求他回想起紧随其后的事情,是在脑海中展现出一幅画面,还是感觉到什么? 他的回答可能是:"我看到了自己跳下床泡在温暖的浴池的场景,于是我便挠挠头,从床上爬了起来。"这一策略看起来很简单。接下来你需要找出各种"佐料"的特定用量,此时的问题是:"当时告诉你起床的是怎样的一种声音? 声音的音质如何?"他的回答可能是:"声音很大,语速很快。"接着问:"你脑海中描绘的又是怎样的一幅场景?"他的回答可能是:"画面明亮,且在不停变幻。"接下来你就可以亲自尝试一下这种策略是否有效。通过加快语速、提高画面转换的速度、增大内心对话的音量,你会验证出这一方法的有效性(我的个人经历也验证了这一点)。

反之,如果你有失眠的毛病,如果你能减慢内心对话的语速,放低音量,创造出恹恹欲睡的语调，你会发现自己立即全身疲倦，几乎可以"沾床就着"。不妨现在就试一下。就如同一个极度疲倦的人一样，你可以用昏昏欲睡的声音刺激你的大脑，不停地提醒自己，"我累了，多想躺下来睡一觉"再把语速提上去，体会一下其中的差异。事实上，所有的策略都可以模仿，前提是你能使你的模仿对象处在特定的状态，并从中寻找他的具体行为、具体的事件顺序。重点并不是仅仅学到几种策略并加以应用，真正重要的是使他们一直保持在某种状态下，再去寻找他们的具体方法和策略。这才是模仿的精髓所在。

NLP 如同思想的一次物理核变。物理学处理的是真实的结构，以及世界的本质；NLP 的处理对象则是人的思想，允许你将复杂的事情肢解开来，分别作用。有些人终其一生都未能找到爱的真谛，有些人花费了一生的光阴试图发现精神分析师所谓的"认识你自己"。还有些人把大量的时间花费在阅读成功学书籍上。而 NLP 恰恰提供了一种从容、有效的实现这些目标的技巧，并且可以立竿见影！

之前我们已经讲到，达到某种状态的有效方式除了通过正确的策略和心理暗示外，还离不开人的生理情况。人的精神和机体之间有着神经循环联系。本章讲述的内容主要来自于精神层面。接下来，我们将重点讲述另一层面，即——

一次握手或是一句话即可驱逐心
中的恶魔。

——田纳西·威廉斯

第九章

Unlimited
power

健康的身体：通往卓越之路

在讲授课程时,我总是能营造出喧闹、欢快、狂热的氛围。

当你在合适的时机推门而入时,你会发现大概有 300 个人在教室里又唱又跳,手舞足蹈,挥舞着手臂,像摇滚歌手一样挥动着拳头,击掌欢庆,鼓着两腮,全都是不可思议的兴奋状,好像他们身上有着无尽的能量,足以按照他们的意愿照亮整个城市。

这么奇异的气氛是怎样创造出来的呢?

这一切都来自于上文所述的神经循环的另一部分:生理状态。兴奋、狂热是你在获得充分的激励感,感觉自己十分强大、十分快乐时的行为表现。此时的你认为自己必定会成功,生理表现就如同你过去活力四射的时刻一样。一种有效进入到这种状态的方法便是"假装"自己已经实现这一目标。

"假装"是达到某种状态的最有效方法,改变生理状态是在瞬间改变心态的最有效手段。谚语有云:"想要成为强大的人,首先应该'装'得足够强大。"真理不言自明。我希望参加课程的学员均能获得有价值的收获,进而为他们的人生带来积极的改变。为实现这些目标,他们必须首先拥有强健的体魄作为后盾。没有健康的身体作为后盾,其余的一切都不过是空中楼阁、水上浮萍,没有牢靠的根基。

如果你能保持健康、能动、兴奋的生理状态,你同样可以获得与之相对应的乐观心态。我们在任何场合取得成就的最大作用力来自于我们的生理状态——因为它决定了我们的速度和成败。生理状态和储忆认知之间亦有着不可分割的联系,其中的一条改变,另一条也不可避免地受其影响。我常说:"没有思想,身体空若无物","没有身体,思想亦不过是空中楼阁"。如果改变你的生理状态——即你的姿势、呼吸节奏、肌肉的紧张程度、声音——几乎在片刻之间,即可改变你的储忆认知及心态。

你是否曾有过累垮的经历? 当时你是如何看待周围的世界的? 当你感到身体极度疲惫、浑身乏力、肌肉酸痛时,你所看到的世界是否和你身心放松、精力充沛时有着本质的不同？认识到生理调控的强大作用十分必要,它不是少部分可有可无的变量,而是时刻起着至关重要作用的一种控制大脑运转的强大手段。

当你的身体比较疲惫时,支撑你的心态的能量也在流失;当你的生理状态极佳时,你的心态也会做出相应的改变。因此,生理状态扮演着情绪变化杠杆的角色。事实上,一切的情绪变化都离不开相应的生理状态变化。人不可能在生理状态变化时保持心态岿然不动。改变心态的方法有两种:改变储忆认知或是改变生理状态。因此,倘若你希望在片刻之间改变心态,应该怎么做呢? 改变你的生理状态——即你的呼吸方式、身体姿态、面部表情、运动频率,等等。

如果你感觉到疲惫,这种感觉会通过特定的方式影响着你的生理状态,最终使你的身体表现出以下特征:肩膀低垂,全身的肌肉放松,等等。如果你想要疲惫,只需通过特定的心理暗示告知神经系统,自然会产生疲惫的感觉。反之,如果你改变自己的生理状态以使自己充满活力,你的储忆认知和自我感觉也会做出相应的改变。如果你不停地告诉自己你十分疲惫,你便会形成疲惫的心理暗示。如果你说你朝气蓬勃,并且下意识地装出相对的生理状态,你的身体就真的会变得充满活力。生理状态的改变自然会带来心态的改变。

在信念那一章,我已经部分谈及了信念对健康的影响。今天科学家们的发现也验证了一点:疾病与健康、欢乐与悲伤很大程度上来自于各自的心态。我们可以决定我们的生理状态,即便这些决定均来自我们的无意识状态,但它们的作用却是巨大的。

谁又会有意地去说"给我悲伤,让我远离快乐"呢? 但是人仍不可避免地会悲伤。我们通常认为悲伤是一种精神状态,但其在生理状态上也有着直观、清晰的反映。生活中悲伤忧郁的人并不少见,他们走路时眼睛望向下方(他们此时处在触觉模式,且/或正在向自己传递所有使自己情绪低落的信息)。他们双肩低垂,呼吸微弱无力,他们所做的一切事情都使他们的生理状态更为消沉。是不是他们自己决定消沉的? 当然如此。情绪低落是一种结果,离不开特定的生理行为。

令人欣慰的是仅需改变特定的生理状态,即可创造出令人欣喜的结果。何为情绪? 情绪即是生理状态的复杂组合的外部特征。无需改变人的任何储忆认知,我便可在片刻间改变人的任何失落情绪。你完全没有必要在脑海中展开一幅使你情绪低落的画面。只需改变自己的生理状态,自己的心态便会应声而变。

PEANUTS 花生漫画系列

该丛书经美国联合图画公司(United Feature Syndicate，Inc)授权。

如果挺直身姿、昂首挺胸、呼吸深沉、目视上方，你便进入到一种自信满满、活力四射的生理状态，此时的你根本不可能情绪低落。不妨亲自试一下：挺直身姿，昂首挺胸，呼吸深沉，目视上方。看看在这种姿势下是否会情绪低落？根本不可能！相反，此时的生理状态传递给大脑的恰恰是心情愉悦、充满能量的信号。这就是我们希望改变的结果。

当有人找到我，抱怨自己无法做到某些事情时，我的回答总是说："不妨尝试一下，'假装'自己已经做到了。"他们通常会说："听起来不错，但我不知道如何做到这一点！"我的回复是："'假装'你已经知道如何做了。"试想一下你已经知道如何做时的站姿、呼吸方式、面部神情，采用这些方式站立、呼吸，脸上露出当时的神情。一旦你能够以这种方式站立、呼吸，神情自如，你便已进入到当时的生理状态，此时你会立刻觉得自己可以做成这件事情。这是一个神奇的杠杆，总是可以轻松地调控人的生理状态，因而我的策略也可谓屡试不爽。改变人的生理状态，便可以使人信心满满地从事之前认为不可能的事情——因为在生理状态改变的瞬间,人的心态也发生了转变。

试想一件你之前很想做却认为不可能做到的事情,如果你能够做到,你的站姿如何? 你会以怎样的语气说话? 你会怎样呼吸? 现在立刻按照这样的生理状态"武装"自己,使你的整个身体都传递你能做到的积极信号。你的站姿、呼吸以及面部神情也和这种生理状态相一致。比较一下此时和彼时的心态差异。如果你能够一直维持相应的生理状态,便会对自己做任何事情都充满自信。

跨越火炭实验也验证了这一点。当人们面对着炭床时,倘若他们具有合适点的储忆认知和生理状态,便会自信满满,无所畏惧,他们也因而自信满满、安然无恙地跨过火热的炭床。倘若他们感觉到自己身体不适,他们的储忆认知也会相应做出改变,脑中便会不停地闪现恐怖的画面,或是走到火床的一瞬间自信心彻底崩溃。因此,他们的身体也会因恐惧不停地颤抖,有些人还可能泣不成声,有些人可能僵在原地;他们的肌肉紧绷,或者出现其他无数种生理反应。要想在片刻间击碎他们的恐惧感,并使他们立刻采取行动,我只需做到一点——改变他们的心态。记住,人类所有的行为都是心态的直接结果。如果你感到自己强大无比、充满斗志,就会勇于尝试之前从不敢想的事情;反之,倘若你感到恐惧、虚弱、身心俱疲,你则会主动放弃所有的努力。因此,跨越火炭课程并不能使人变得聪明,却可以教会人在短期内改变他们的心态和行为,帮助他们实现梦想,即便之前这些梦想在他们眼中仍遥不可及。

对于那些在炭床前恐慌、哭泣、僵在原地的学员,我该怎么做呢? 我能做的一件事便是改变他们的储忆认知。我可以让他们想象自己安然无恙地跨过炭床后的感觉,这一方法创造出了一种积极的储忆认知,他们的生理状态也立刻大变:大约2～4秒钟的时间,这些人就变得生机勃勃、活力四射——他们的呼吸方式和面部表情便是这种心态的最好佐证。此时再让他们跨过炭床,那些之前还战战兢兢的学员轻松地跨过了炭床,在炭床另一侧和我击掌欢呼。但是有时候,学员们会想象出身体在火焰中燃烧、面部狰狞的图像,这些画面甚至会掩盖安然无恙跨过炭床的储忆认知。此时,我需要改变他们的刺激次感元——相对来说,则要花费更多时间。

我的另外一种做法在学员面对炭床惊慌失措时更有效,即改变他的生理状态。因为,在他改变储忆认知时,神经系统便会向身体各个部位传递相应的信号,他的站姿、呼吸节奏、肌肉的紧张程度等都会改变。毕竟多了一道程序,何不索性直接就改变他的生理状态呢? 因此我要求那些哭泣的学员昂起头,望向上方,此时他便脱离触觉模式进入到了视觉模式。几乎在昂头瞬间,他立刻停止了哭泣。你不妨自己试试:假设你想要终止不安或哭泣的行为,昂起头,望向上方,挺起胸膛进入到视觉状态,你的自我感觉几乎就在你昂首挺胸的瞬间改变。你可以用这种方法安慰你的孩子,当他们受委屈时,你让他们昂起头,他们会立刻停止抽泣,觉察不到痛苦——即便不能完全停止,至少能够得到大幅度消减。我要求学员"假装"自己充满自信,坚信自己能够安然无恙地跨过炭床,然后以这种心态站立、呼吸,以一种充满自信的声音提醒自己:"对我来说这只不过是小菜一碟!"通过这种方法,他的大脑获得了全新自我感觉信号,结果便是几秒钟前还战战兢兢的学员,此刻也能轻松、安然地跨过炭床。

同样,当我们在异性面前矜持放不开手脚,或是一见到老板便语无伦次时,都可以采用这种方法改善。通过我们储忆认知的内容或方式,或者改变我们的生理状态(改变我们的站姿、呼吸方式以及面部神情),都可以形成激励我们采取行动的正确心态。通过这些行为,我们几乎可以立刻使自己充满自信,满怀激情地从事之前没有勇气或以为是天方夜谭的事情。

体育运动时也是如此。如果你觉得自己累垮的时候,你的呼吸节奏也会加快,会不停地告诉自己"我太累了"或是"老子都跑了那么远了"之类的话,你的身体也会不由自主地选择一些可以停下来休息的生理状态。然而,倘若你能有意地控制你的呼吸节奏,以及你奔跑时的身体姿态,按照正确的频率呼吸,你会立刻发现自己又虎虎生威了。

除了我们的自我感觉、储忆认知和生理状态,身体的生化过程和电磁场也会对我们的行为造成影响。研究证明:当人情绪低落时,他的免疫系统功能也会相应下降——他的白细胞数量会下降。有没有看到过人的克里安照相术①相片?它代表了人体的电子能量,当人的心态或情感变化时,自身的能量也会相应改变。这是因为思想和身体之间存在联系,在我们的生物磁场变化时,我们亦能够做到之前认为不可能的事情。我的生活阅历和所获得的知识证明:我们身体的变化,无论是正面还是负面,都远比我们意识到的作用更强大。

医学教授赫伯特·本森②曾写作了大量关于人的思想与身体之间关系的书

---

① 克里安照相术(Kirlian photograph)是一种让相纸跟物体接触,并利用高电压使物体的放电影像直接感光在相纸上的照相技术。1939 年,前苏联技师克里安与妻子范伦缇娜意外发现以这种技术摄制的照片能显示物体与人体电磁场的能量放射状态。其中最令人惊异的例子是:被裁掉一小部分的叶子在克里安照片中竟然呈现完整模样。

② 赫伯特·本森(Herbert Benson),美国心脏病专家,波士顿马萨诸塞总医院心/身医学研究所创始人。

籍,其中记录了一些全球各地的伏都教教徒的奇事。在澳大利亚的一个土著部落,巫医进行了一场占卜,其中蕴含着神奇的咒语,可以指示出灾祸福祉、生老病死。以下为本森博士对发生在 1925 年的原事的描写:

"那个被骨头指向的人面如死灰,呆立在原地,满脸惊恐,双眼绝望地盯着骨头,双臂不停地挥舞,仿佛要扫去从天而降、正在注入他体内的毒素。不久,他的面色转白,两眼无神,脸上的肌肉扭曲变形……他想喊叫,可是声音却哽在喉间,不停地口吐白沫。他的身子不停颤动,身上的肌肉控制不住地蠕动。接着他便前后摇动,扑倒在地,一下子陷入神志昏迷的状态,可是没多久又双手遮眼,呻吟起来……不久便倒地气绝。"

不知你看到上述描写的感受如何,但这的确是我毕生所见最细腻、最骇人的描写。摘录这些内容的目的并不是想让你去模仿巫医,仅仅是为了证明人的信念和生理状态之间的神奇联系。在这个原始仪式中,巫医一点也没有接触受害人,却可以通过神秘的仪式作用在他的信念之上,从而彻底摧毁他生存的勇气。

这种情形是不是只发生在原始部落? 当然不是。事实上,这样的事情在我们周围也时常发生。本森还提到罗彻斯特大学医学中心①的乔治·L·恩格尔博士②曾专门通过各地的报纸和新闻材料搜集全球各地的猝死案例。通过对这些案例的研究证明,并不是外界发生的恐怖事件,而是人的内心因外部事件激发的心理暗示造成了深深的恐惧感,在这些恐惧感的驱动下,这些受害者感到无助、绝望、孤立无援,结果像那些原始部落的牺牲品一样一命呜呼。

令我十分好奇的是,此类研究往往将过多的注意力集中在身心关系的负面作用上,而对其积极的一面置若罔闻。我们时常听到人们抱怨压力大,不堪重负;也时常听到某些人在痛失所爱时一蹶不振。我们知道这些消极的心态和情绪会使我们走向不归路,但是我们却很少听人谈及其积极的一面,更不用说治病救人了。

事实上,我们的生活中也不乏这样的案例,最为著名的便是诺曼·卡森斯的传奇经历。在他的那本《笑对病魔》里,他曾经描写了自己如何通过开怀大笑,使自己从长期受病痛折磨的状态中奇迹般地康复。开怀大笑是卡森斯笑对人

---

①　罗彻斯特大学医学中心(URMC)是学校医学教学研究以及医疗护理设施所在的主要校区。

②　乔治·利伯南·恩格尔(George Libman Engel ,1913～1999),美国心理学家,一生的绝大多数时间都在罗彻斯特医学中心任职。最为人熟知的成就是他的生物社会模式程式,这是一种常规的疾病理疗理论。

生、战胜病魔的秘诀。他将大部分时间花费在看些搞笑的电影、电视节目和书籍上,整日笑声不断。这也在不断改变着他的储忆认知,使他的生理状态大为改观。他的睡眠质量也比以前有了质的提升,病痛慢慢消退了,他的整个生理状况也随之焕然一新。

最终,他完全康复了,而他的诊疗医师曾判断他完全康复的机会只有千分之二。卡森斯归结出的结论是:"这件事使我认识到一点,那就是决不要低估人的思想和身体的再生能力——即使在他人看来几乎不存在任何希望。人的生命有着坚不可摧的力量,甚至超乎了我们所能理解的范畴。"

近来出现的一些研究或许可以解释卡森斯和其他人的类似经历。这些研究调查了我们的面部表情对我们内心感觉的影响,其结论是人并不是因为心情愉快才会开怀大笑。相反,微笑或开怀大笑会启动人的某些生理机能,从而使我们感到心情愉快。通过微笑或开怀大笑,增加脑部的血流量,为大脑提供更多的氧气,会增加神经系统的刺激。其他的面部语言也有同样的作用。摆出恐惧、愤怒、厌恶、惊奇等表情,也会营造出同样的感觉和情绪。

"我们的身体就像一座园圃,意志是这园圃里的园丁……让它荒废不治也好,把它辛勤耕植也好,那权力都在于我们的意志。"

——威廉·莎士比亚

人的面部约有 80 块肌肉,起着控制血流的作用。当我们的身体状态发生变化时,肌肉能够保持脑部血流的稳定,或将脑部的供血量稳持在某一范围内,以保证脑部功能的正常。在 1907 年,一份有影响力的报纸刊登了以色列裔法国医学家威因鲍姆(Waynbaum)的学术论文,首次提到人的面部表情实际影响着人的自我感觉。其他类似的研究也证明了这一说法的正确性。正如美国加州大学的心理学教授保罗·艾克曼在 1985 年接受《纽约时报》专访时所言:"我们都知道,人的情绪会反映在面部表情上。现在看来,反之亦然。你的面部表情也会带动情绪的变化……如果你在痛苦时发笑,你心中便感觉不到痛苦。如果你面部出现忧伤的表情,你也会变得忧伤起来。"事实上,保罗·艾克曼所讲的原理甚至经常能够击败测谎仪。如果人的面部表情、言行举止都表露出充分的自信,即便是在说谎,仍能具有信念的效力。

这也是我以及所有的 NLP 教程所要讲述的内容。现在的科学实验也最终验证了我们讲述内容的实用效果。随着社会的不断进步,本书中其他内容的正确性也会得到验证。但你完全不必坐等学术验证的最终结果,你可以立刻将这些内容运用到你的生活实践之中,帮助你实现自己的人生目标。

通过上文,我们已经了解到了观念和身体之间的相互联系,我想你们已经多少知道了照顾好自己身体的重要性。如果你的身体处于最佳状态,你的大脑也可以高效地运转。你的身体状况越佳,你的大脑运转越灵活。这也是到菲氏工作的核心所在。摩谢·菲登奎斯利用肢体动作教导人们生活和思考。菲登奎斯认为单单借助生理的活动,便可改变自我意象、情绪及大脑的所有功能。事实上他认为,人的生活质量来自于人的肢体移动效果。如果想要通过特定的生理行为改变心理状态,他的研究成果是最有效的手段。

生理状态的另一个特征便是一致性。如果我告诉你的是一条积极的信息,而我的声音和肢体语言却透露不出足够的自信,则表示我并未做到一致。表里不一将使我很难取得我想要取得的成就,当然也难以形成强大的自信心。向别人传递这样不自信的信息,无异于没有告诉信息。

你肯定曾经猜疑过某个人,却又说不出猜疑的理由;即便他说得头头是道,但你就是不相信。这很可能是因为你在无意识状态下接收到了某些信息。例如,当你问某个问题时,他的回答明明是"是",但是肢体语言却传达出了"否"的意思。又或者他嘴里明明说的是"我能应付得了",但却不敢抬眼,眼睛紧盯着地面,双肩松松垮垮,一副穷途末路的表情;他在表露出自信的同时,身体的其他部分却透露出明显的不自信,就像是个矛盾纠结的集合体,言行不一,让你很难对其充满信任。

我们都曾有过表里不一的经历,想要做某事,又犹豫不定。一致的言行可以产生巨大的能量,那些能够持续成功的人一定是信心坚定的人,一旦认定某件事情,就将全部的精力投入到这项工作之中,从不会在负面的信息上分心。暂时放下手里的书,找出三个你认识的言行一致的人,再找三个言行最不一致的人,比较一下二者之间的差异。是不是那些言行一致的人在你面前更具说服力?

激发无限潜能的主要方法是培养言行一致的习惯。当我能够做到言行一致时,我所说的话,我的声音,我的呼吸方式以及我的整个生理状态都能反映出这一点。当我所说的话与我的肢体语言相匹配时,便会向大脑传达一个清晰的目标信号,思想上也会做出一致的响应。

如果你暗暗对自己说,"不错,我想这是我应该做的事情",而你的身体则是漫不经心的状态,传递到你的大脑的又会是怎样的信号呢?这就如同在观看一个满是雪花点的电视机,你很难看清电视上的画面。你的大脑自然也会不知所云。如果传递到大脑的信号不够强烈且相互矛盾,你又怎能指望大脑做出清晰的决断呢?这就如同战争开始时,将军对士兵说:"或许我们应该尝试一下这种打法,我不知道是否奏效,但我们还是该看看效果如何。"这时候的士兵会怎么想?

如果你对自己说,"我绝对能做到",而你的生理状态亦和你的想法一致——即你的站姿、面部表情、呼吸节奏、肢体语言以及所说的话均与此一致——你就一定能做到。我们都想做到言行一致,这其中的最大挑战在于你是否能形成与心态一致的坚定果断的生理状态。如果你口中所说的内容与肢体语言不匹配,你就很难做到绝对的自信。

培养言行一致的一种方法便是模仿那些能够做到言行一致的人。模仿的核心是寻找那些高效的人在特定场合是如何运转大脑的。如果你想做到高效,你必须按照相同的方式运转你的大脑,如果你能准确地模仿出他的生理状态,便可以激发大脑按照他的方式运转。你现在是否处在言行一致的状态?如果不是,何不现在就变成这样的人?你生活中有多少时间是言行一致的?是不是能做到更多?不妨就从现在做起。放下手中的书,寻找五个具有你想要的最佳生理状态的人。这些人和你有何区别?是不是站姿、坐姿、肢体移动方式与你不同?他们的主要面部表情和肢体语言有哪些?不妨试着模仿一下他们的站姿、坐姿、面部表情以及肢体语言,体会一下现在的感觉如何。

在我们的课程中,我要求学员模仿他人的生理状态。这些学员在具有相同生理状态的同时也获得了相同的情感。在此我希望你也能进行一下练习,不妨找你身边的人尝试一下。让他回想生活中的某段经历,然后进入到当时的心态之中(但不要告诉你),你在此时观察此人的生理状态,模仿他摆放四肢的位置,模仿他的面部表情和肢体语言,按照他的方式偏转自己的脑袋、移动自己的手脚,模仿他的嘴的开合和呼吸方式。总之,尽全力做到和他的生理状态完全一致。如果以上诸条你都能做到惟妙惟肖,你便成功了。通过复制这些生理行为,你便能够向大脑传达与他一致的刺激信号,此时你便会感觉到和他一致的情绪和心情,有时你甚至可以看到相同的画面,思考相同的内容。

这时,用一组词语形容一下你当时的心态——即你在模仿过程中所获得心态。和你的模仿对象比较一下各自的心态,大约 80% ~ 90% 的情形下,你们所用来描述心态的词语都是一样的。在我的课程上,很多学员都可以看到对方脑中的画面,他们可以准确地描绘出对方在画面中所处的位置以及画面中出现的人物,其中的个别人甚至可以进行理性分析。这几乎算得上彼此在交换精神体验——但是相互之间却没有丝毫精神交流。我们所做的全部事情便是向大脑传递相同的生理信息。

这听起来难以置信,但在我的课程上仅需四五分钟的学习便可以做到这一点。我不敢保证你能够一次成功,但可以保证你的心态、情绪和你的模仿对象接近,如愤怒、痛苦、悲伤、得意、高兴,等等。你无须事先和他交流,便可以获得相同的情绪。

最近的研究也对这一说法进行了科学论证。据《OMNI》①杂志报道,有两位科学家发现语言在脑子里是呈电波的形式,并且相同的语言在每个人的脑子里呈相同的电波反应。密苏里大学医学中心的神经生理学家唐纳德·约克以及芝加哥言语病理学家汤姆·杰森发现不同的人之间可以传递这种电波。一项实验证明,即便是不同语言的人,想要表达相同意思时,脑中电波也是相同的。他们现在已经开始着手将语言的脑电波输入电脑进行研究,以便在别人张嘴之前,便能分辨出他想要说的内容。既然电脑可以精准地读取人的心理状态,我们大脑的模仿能力又要比电脑强得多,通过对人的外部生理状态的模仿,我们也可以读取他的心理状态。

那些具有巨大感召力的伟人,其神情、举止以及肢体语言也有着巨大的感召力。约翰·F·肯尼迪、马丁·路德·金、富兰克林和罗斯福无一不是如此。如果你能够模仿到他们的生理行为,便能向你的大脑传递同样的刺激信号,便会在内心获得相同或相近的信息,你能够感受到他们所感受的内容。显然伟人的照片不会透露出呼吸、行为举止以及讲话的语气,最为理想的方式还是借助电影及录像带。只要你能够准确地模仿到他们的面部表情、行为举止,你便可以获得相同的心理感受。如果你能记住这些人说话的腔调,你会发现自己说话的腔调也和他们一模一样。

这些人还有一个共有的优点,便是言行一致。所以在模仿他们生理状态的同时,也要学会言行一致。如果你心里所想的和你的行为不一致,便不可能获得与其相同的心理感受,原因是你没有将一致的信息传递到你的大脑。例如,你在

---

① 《OMNI》是在美国发行的一本科学和科普类杂志,主要刊登科学发现和科学成就的文章。

模仿那些伟人时,嘴里不停地说"我是个蠢驴",你便不能体会到他人的心理感受。这是因为你自身的不一致——心中所想与具体的行为背道而驰。只有言行一致,才能爆发出最大的能量。

如果你有一盘马丁·路德·金的演讲录音带,试着学习像他一样演讲——同样的声音、语调和节奏,你便会获得和他一样的情感,感觉到自己内心的空前强大。阅读约翰·F·肯尼迪、本杰明·富兰克林或者阿尔伯特·爱因斯坦的个人传记的一个好处便是可以将自己置于他们所处的状态,了解他们的思考方式、人生体验。但是倘若你能够模仿他们的生理行为,甚至可以真真正正复制他们的内心,你便可以取得相同的成就。

你是不是跃跃欲试,想立刻激发出体内的潜能?那就从模仿那些你敬重和仰慕的人入手。模仿他们的生理状态,你便可以获得和他们相同的心理感受。通常你还可以获得额外的体验。显然你不想模仿那些情绪低落的人;你的模仿对象是那些充满朝气和斗志的人,因为从这些人身上你可以获得前进的动力,拓展更为广阔的天地,让大脑前所未有地高效运转。

在一次授课过程中,我遇到了一个难以形容的小孩。他是我所见到的生理状态最差的小孩,我几乎不可能将他调动到更强大的状态。后来我发现他是因为一次事故脑组织受损。我让他模仿我,试着进入到之前从未想过的状态。在模仿我的过程中,他的大脑开始以全新的方式运转。课程结束时,同行的人几乎认不出来他——他的行为表现与之前有着天壤之别。通过模仿他人的生理行为,他获得了全新的思考、情绪和行为。

如果你能够模仿全球顶尖的中长跑运动员的信念体系、精神策略以及生理行为,是否意味着你可以在四分钟内跑完一英里?当然不是。你的模仿并不充分,因为你的神经系统并没有受到他那样长期、反复的刺激,而且你也缺少相同的肌肉训练。这就像你虽然可以模仿世界一流面包大师的手艺,但是你的烤箱最高温度只有 225 度,而他的烤箱却可高达 625 度,你就不可能做出相同水准的面包。但通过他的面包制作食谱,你可以在现有的烤箱内做出最美味的面包。如果你能够模仿他多年的烤箱改进方法,终有一天,你能够取得相同的结果。为了达到最好的模仿效果,你需要投入时间改进烤箱的功率,这一点内容我们将在下一章具体讨论。

应时刻记住:生理状态创造了选择空间。为什么有些人吸食毒品、抽烟、酗酒、暴饮暴食？是不是透过这些生理的刺激,间接地影响着他们的心情？本章为你提供了一种更为直接转换心情的方法——只需改变你的呼吸方式,稍稍移动一下身体或是仅仅活动一下面部肌肉,就可以营造出与毒品、烟草、酒精以及美食等同的效果,而且丝毫不会对你的身体带来任何负面危害。别忘了,想要开拓出最多的选择空间,并非一定要采取那些伤及自身的方法,只要遵循本章所提供的指导方法,便可直接改变心情。别忘了,惟有最多选择空间的人,才是可以掌控人生的人。在任何设备中,最为需要的特性便是灵活性和适应性。其他条件等同时,具有最大灵活性的系统的选择空间也最广。人何尝不是如此！选择面越广的人,往往可以将一切掌控在自己手中。模仿的目的就是创造可能性,创造出更多的选择空间。而最好、最快、最有效的模仿手段莫过于生理状态的模仿。

倘若你以后有机会结识非常成功的人(那些你敬重和仰慕的人),不妨模仿一下他们的言行举止,体会一下自己前后的改变,享受一下这种改变带来的全新感觉;然后再反复重温;新的选择就在你的前方,等待着你去发掘。接下来,我们将讲述生理状态的另一影响——所吃的食物、呼吸方式以及自身汲取的营养。他们均拥有足够的——

健康是所有幸福和才干的永恒基础。

——本杰明·迪斯累里

第十章

能量：卓越成就的助推器

Unlimited power

上一章我们讲到生理状态是通往卓越成就的捷径。其中营造好的生理状态的一种方式便是改变你的肌肉运动方式——即改变你的站姿、面部表情以及呼吸方式。本书所讲的全部内容均须以健康的生理状态为前提，你的身体必须时刻清除毒素、汲取营养，而不是任毒素在体内积累，堵塞你的循环系统。本章将探讨生理状态的基础——饮食和呼吸。

我将身体能量比作卓越成就的助推器。理论上，你可以随时改变你的心理暗示，但如果你的生理状态一塌糊涂，传递到你脑中的仍是负面的心理暗示，你就根本不可能实施我们上文中所学到的内容。这就如同你拥有全世界最豪华的跑车，你却在油箱里灌满了啤酒，你能指望它在路面上飞驰么？即便是好车配上了好的燃料，但火花塞没有在合适的时机点火，跑车仍不能发挥出最佳性能。本章，我将和读者们分享一些关于身体能量的心得，以及如何提升自身能量的方法。身体能量越高，身体状态越佳；身体状态越佳，你发挥出全部潜能的几率就越大。

我的亲身经历验证了身体能量在激发无限潜能方面的重要作用。我之前体重 120 千克，而我现在的体重是 110 千克。在体重减轻之前，我承认我并没有积极地生活，或者说我无法集中精力积极生活。我当时的生理状态对于实现目标可谓有百害而无一利。我每日沉溺于各种吃食以及日复一日的无聊电视节目。终有一天，我厌倦了这种生活，开始研究健康之道。正是通过模仿那些身体健康的人，我才有了现在的生理状态。

营养学可谓山头林立、众说纷纭，使我无从选择。一本书上说如果我做 ABC，便可以健康长寿，我顿时备受鼓舞。而另一本书上则说 ABC 会让我丧命，我应该去做 DEF。自然，第三本书会告诉我说，前两本书上所说的内容全是扯淡，我应该做的是甲乙丙。这些书的作者都是医学博士，只在一些基本点上做到了统一。

我不想成为这方面的专家，我只追求对我自身有效的结果。因此我专门挑选了那些身体健康、精力充沛的人，观察他们的生活方式，观察他们的日常行为以及饮食习惯，然后加以模仿。我将他们的生活方式和饮食习惯总结成自己的原理，基于此制定了一个60天健康生活规划。在我将这些原理使用到我的日常生活中之后，短短30天内体重就减轻了10千克。更让人欣喜的是，我悟出了一种不需节食(节食，英文为diet，请注意一下前三个字母①)的生活方式——这种生活方式也完全尊重我的身体运转方式。

接下来我就和你分享我过去五年的健康生活方式。在此之前，先允许我向你举一个这种生活方式对我的影响的事例。过去我通常每天需要睡八小时以上，即便如此，每天仍需要三个闹钟才能够准时起床——一个响铃，一个开收音机，一个亮灯。现在我时常要讲课到深夜，回到家里已是凌晨一两点钟，我照样刻意在清晨七八点钟精力充沛地起床，浑身散发着活力。如果我的身体情况不佳、浑身乏力，我的生理潜能也会受到局限。相反，若是我身体康健，精力充沛，则可以调动我的所有心理和生理条件，发挥出我最佳的潜能。

为营造强大、健康的生理状态，本章集中讲述的六个要点很值得你借鉴。可能我在本章讲述的绝大多数内容都会对你的固有观念造成一定程度的冲击，有些内容还和你心中的健康常识背道而驰。但我自身、我辅导过的人，以及成千上万接受"天然养生法"疗养的病人的经历，都验证了这六条原则的重要性。我希望你能够认真审视一下这些方法是否能使你的身体受益，是否有助于培养健康的生活习惯，而非人云亦云的一概否定。花费一月的时间施用这六条原则，看看我的这些原理和你过去迷信的健康常识相比哪个帮助更大。了解你的机体运作方式，尊重它的运作方式，细心地呵护它，它便会带给你对等的回报。前文已经介绍了如何运转大脑，接下来你需要学习的是如何运转你的身体。

首先谈健康生活的第一个原则——呼吸的功用。人类身体健康的基础是拥有良好的血液循环系统，该系统负责将氧气和营养物质运输到你身体的各个细胞之中。如果你拥有健康的循环系统，你便可以健康长寿。人体的环境就是血液的循环系统，而控制这个系统开启、关闭的按钮又是什么呢？呼吸。呼吸为你的身体提供了充足的氧气，从而引发身体各个细胞的电子反应。

让我们仔细观察一下身体的运转方式。呼吸不仅控制着细胞的氧气供应，同时控制着人体的淋巴液流动(淋巴液中含有保护肌体的白细胞)。何为淋巴系统？有些人把它比作人体的污物处理系统。人体的每个细胞周围都围绕着淋

---

① 前三个字母是die，死亡的意思，意为刻意节食无异于自杀。

巴液,人体中淋巴液的比重是血液比重的四倍。淋巴系统工作原理是:血液从心脏流出,通过动脉血管流到细小的毛细血管,同时将携带的氧气和营养物质送到毛细血管,然后释放到细胞周围的淋巴液中。细胞能够智能地识别其需要的成分,会吸收氧气和营养物质,并将自身的废物排放到毛细血管中。而坏死的细胞、血蛋白以及其他排泄物质则通过淋巴系统从身体中清除。淋巴系统的激活按钮便是深呼吸。

人体中的毒素和多余液体会阻碍氧气的供应,而人体中惟一可以清除毒素和多余液体的便是淋巴系统。液体成分流经淋巴结,坏死的细胞和除血蛋白外的有毒成分均在此分解。淋巴系统有多重要? 如果其功能关闭 24 小时,血蛋白会在体内堵塞,细胞周围会围绕着多余的液体,而人也会因此丧命。

血液循环靠人体内的泵(即人体的心脏)推动,但身体内并没有推动淋巴循环的泵。想要健康的血液循环,必须有高效的淋巴和免疫系统,而启动淋巴循环的惟一方式便是深呼吸和肌肉运动,因而,你需要深呼吸,并采取能够刺激淋巴循环的运动。如果任何所谓的"健康计划"里没有首先提及如何通过高效的呼吸清除体内的毒素和污物,其可靠性都有待你仔细斟酌。

加利福尼亚州的圣塔巴巴拉市公认的淋巴学专家杰克·希尔斯博士最近对人体的免疫系统进行了一项有趣的研究。他将一个微型摄像机植入人体内,观察人的淋巴系统工作过程。他发现,心肺深度扩张(即深呼吸)时,淋巴系统的作用最高效。深呼吸时,能创造出类似真空的效果,从而通过血液吸入淋巴液,加快血液中毒素排除的速度。事实上,深呼吸可以将这一循环过程的速度提高到常规状态的 15 倍。

即便读完本章你一无所获,仅仅知道了深呼吸的重要性,你也可以大幅改善你的健康水平。这也是诸如瑜伽等养生术如此关注健康呼吸的原因所在——再没有比它更好的新陈代谢方式了。

如果问到对人体健康最为重要的成分,你肯定会想到氧气。在这一点上,大家已形成共识。但是其因何重要,我们却缺乏足够的理解。诺贝尔生物学奖得主、马普细胞生理研究所总监奥托·沃伯格博士曾对氧气在细胞内的作用进行过研究。研究结果证明,只要降低细胞的供氧量,就可以将正常细胞变成恶性细胞。后来美国的癌症研究专家格尔德·布拉特博士进行了进一步的研究。在1953 年《实验医学学报》上,格尔德·布拉特博士发表了一篇实验研究结果。此次试验他采取了之前从未在体内发现恶性细胞的小白鼠为研究对象。他从新生小白鼠体内取出细胞，将其分为三组。第一组细胞放在钟形罩内，间歇性地停止供氧30分钟，而另外两组则维持正常供氧。和沃伯格博士的研究结果一样，几周后这一组的大部分细胞都死亡了，幸存的细胞或者活性降低，或者细胞结构呈恶性变化。另外两组细胞则状态良好。

实验进行30天后，格尔德·布拉特博士将这三组细胞分别注入小白鼠体内。两周之后，注入正常供氧细胞的小白鼠并无异样，而注入那些间隙性供氧细胞的小白鼠，体内则滋生了恶性细胞。整项工作持续了一年，后者恶性细胞持续增长，而前者维持正常。

这些事实反映了什么内容？研究人员逐渐确信缺氧是构成恶性变化或癌变的罪魁祸首。氧气直接影响着细胞的活性状态。记住，你的实际健康状态即是你的细胞活性状态。因此，充分吸入氧气也是你维持健康生活的首要选择，而高效呼吸又是维持供氧的重中之重。

现在的问题是很多人不知道如何高效呼吸。三分之一的美国人身患癌症，而在运动员之中这一比重为七分之一。这是什么原因造成的？或许上述实验可以给出一种解释：运动员的血液里携带了充足的重要维生成分——氧。而另外一种解释则是运动员可以通过淋巴液的流动持续刺激其免疫系统，使其以最佳状态运转。

接下来我将介绍一种最高效的呼吸方式。该呼吸方式的呼吸时间比率如下：用一个单位时间吸气，然后屏住呼吸4个单位时间，再用两个单位的时间呼出。即倘若你用4秒的时间吸气，便屏住呼吸16秒，然后再用8秒的时间呼气。为何呼气的时间是吸气时间的两倍？因为这段时间是你的淋巴系统在消除毒素。为何要屏住呼吸四倍的时间？因为这样你便可以将氧气充分地进入到血液，从而激活淋巴系统。因此，呼吸时应该吸足气，就像一个真空吸尘器一样将空气深深地吸入到胸腔中，以便血液循环系统排除所有毒素。

运动过后，你会不会感到饥饿？跑了四英里之后，会不会想坐下来饱餐一顿？我想很少有人会这样。为什么？因为通过运动时剧烈的呼吸，细胞已经获得了所需的养分。因此，学会呼吸是健康生活的第一要素。不妨从现在开始，参照上述方法做十次深呼吸，每天至少进行三次。还记得时间比率么？一个单位时间吸气，四个单位时间屏住呼吸，两个单位时间呼气。例如，从下腹开始做起,从鼻腔内吸入空气,心中默数七下(该时间长度可基于你自身的状况而定);屏住呼吸,保持吸气的四倍时间(本例中默念 28 下)。然后用吸气两倍的时间(默数 14 下)将体内的空气缓缓呼出。切勿太强求自己,肺活量的扩展是一个长期的过程,需要循序渐进。进行十次这样的深呼吸,你会有神清气爽的感觉,而这种效果是食物和维生素药丸达不到的。

除呼吸外,健康的另一构成要素便是日常的有氧运动。跑步虽然稍稍花费点体力,但的确是一种很好的有氧运动。最好的全天候有氧运动是蹦床,其相对来说十分简单且不需要花费太多的体力。

进行蹦床这样的体育锻炼无需耗费太多的体力,却对你的身体有着重要影响。你可以缓慢、谨慎地增大运动量,直至你在锻炼 30 分钟后丝毫不会有不适或浑身酸痛的感觉。在你慢跑或者上蹦下跳前,应该注意循序渐进的方式,切勿急于求成。如果你能够保持正确的锻炼,你就能形成深呼吸的习惯,最终带来身体素质的改观。现在的市面上有很多关于蹦床的训练书籍,其中详述了蹦床对身体各个器官的改善作用。不妨抽出点时间进行一下这种锻炼,你会很快收到成效的。

保持身体健康的第二个原则是多吃含水量丰富的食物。整个地球 70% 的区域被水覆盖,而人的身体中水的比重高达 80%。你想食物中应该包含的大量成分是什么呢?你必须保证你吃的 70% 的食物中都含有充足的水分。即你要经常进食水果、蔬菜或是果汁。

有些人认为要想有效地清除体内的毒素,每天需要喝 8 至 12 杯水。你知道这想法有多疯狂么?首先,我们所喝的水并不一定是健康的,其中很可能含有漂白粉、荧光剂、矿物质以及其他有毒物质。如果你想补充足够清洁的水分,便只能去喝蒸馏水了。但无论你喝的是哪种水,都不可能靠简单地排泄来清除体内的毒素。你的饮水量必须和你的机体实际吸收量相匹配。

如果你想靠身体自身的新陈代谢清除体内的毒素,最好的办法不是喝水,而是多吃水分丰富的食物。地球上水分最丰富的事物莫过于水果、蔬菜和植物芽苗了。此类食物可以为你提供丰富的水分和维生素,有助于你新陈代谢。倘若人们进食过多含水较低的食物,则很可能使机体的正常功能失去保障。正如医学博士亚历山大·布莱斯在《生活与健康的准则》一文中所言:"水分缺失时,血液就会维持在较高比重,机体和细胞产生的有毒废物则很难排出,体内毒素和废物的积累也将毒害人的身体。可以这么说,摄取的水分不足,是细胞功能障碍的罪魁祸首。"

你所摄取的食物应该有助于你的新陈代谢过程,而不是让那些未曾消化的食物加重新陈代谢的负担,体内废物的积累会造成身体的疾病。如果想要使血液和机体保持鲜活,不受废物和毒素侵扰,最有效的一种方法便是减少劣质食物(即有损新陈代谢过程的食物)的摄入量;另一种方法则是多吃水分丰富的食物(有助于人体新陈代谢过程),消除体内的毒素和废物。布莱斯博士在文中还提及:"在化学家们看来,用水分解固体物质是再合适不过了,水确实是现有的最好化学溶剂。若人体能够提供充足的水分,便能除去体内因毒素和废物积累所造成的机体故障,增强肾、肠、肺、皮肤的排泄功能,机体的营养摄入能力也会大幅提高。反之,若摄入的水分不足,则会造成毒素在体内的积累,从而滋生各种疾病。"

为什么心脏病是当代第一号杀手?为什么我们会听到有些 40 岁的人,正值精壮之年,居然会在网球场上晕倒,甚至死亡?其中的一个原因就是毒素在其体内日积月累,使其无法正常新陈代谢。记住,你的生活质量取决于你的细胞活性。如果血液中充斥着废物,在这样的环境中细胞不可能健康、茁壮地生长,细胞失常的生化反应也不能支持你的稳定情绪。

艾利克斯·卡莱尔博士是 1912 年诺贝尔奖得主,后来担任了洛克菲勒研究中心的研究员,他曾对上述理论做过实验。他先从几只鸡(此类鸡的正常寿命为 11 年)身上取下一些组织细胞,然后无限期地放在培养液中,供应它们所需的养分,隔绝废物的毒害。结果在 34 年后,这些细胞依然存活,至此研究小组成员认为此类细胞可以无限期存活,因而中止了实验。

在你所摄取的食物中,水分丰富的食物所占的比重为多少?如果将你过去一周所摄取的食物列出一份清单,水分丰富的食物所占的比重又有多少?能达到 70% 吗?我对此表示怀疑。50% ,25% ,还是 15%?就我在课程上所做的调查,大部分人摄取的食物中,水分丰富的食物仅占 15% 至 20% ,而这还要比大多数人的摄入量略高。我告诉你,15% 以下无异于自杀!如果你对此表示怀疑,不妨看一下最近的心脏病和癌症统计资料,回顾一下美国国家科学院推荐的预防癌症和心脏病的食物清单,看看是不是每一样食物都含有充足的水分。

观察一下大自然的生物,你会发现体型最大、最强壮的生物都是食草动物。

大猩猩、大象、犀牛等，无一不是以水分丰富的食物为食。食草生物的寿命要长于食肉生物。以秃鹰为例，它们为什么会长成那种样子？那是因为它们未摄入水分丰富的食物。如果你天天吃着干枯的死尸，不久你的样子也比它们好不到哪去。当然这只是句玩笑话，切勿对号入座。建筑的结实与否，取决于其所用的材料，人的身体亦与此类似。如果你想生龙活虎、活力四射，很简单，摄取水分丰富的新鲜食物。如何保证你摄取的 70% 的食物都含有充足的水分呢？实际上也很简单，从今天起保证每餐一份沙拉即可。平时的小吃零食只吃水果，不吃糖果，你会感受到体内所发生的变化，精神状态也将焕然一新。

保持健康的第三个原则是注意食物的搭配。一位名叫史蒂文·史密斯的医生度过了自己的百岁寿辰。在谈到他的长寿秘诀时，史密斯医生说："在你一生的前 50 年好好呵护你的肠胃，随后的 50 年你便可以尽享其带来的福祉。"斯言甚是！

很多科学家进行过食物搭配的研究，其中赫伯特·谢尔顿[①]最负盛名。但你知道首个对此进行深入研究的学者是谁吗？是伊万·巴甫洛夫。当然，巴甫洛夫最为人熟知的成就还是他在条件反射方面的贡献。有些人会把食物搭配想得很复杂，但其原理很简单，即某些食物不能放在一块吃。不同类型的食物需要不同的消化液，但是各种消化液之间并不互相兼容。

例如，吃饭时你会不会土豆配肉？或是奶酪配面包、牛奶配粗粮、鱼配米饭？如果我告诉你这些搭配将在你体内完全打乱，造成你体内能量的流失，你是否相信？你可能会说过去自己对这些内容很清楚，听到我这番话却开始犯糊涂，不知所措了。

我为你解释一下为何此类搭配会破坏食物的构成，以及你该怎样做才能节省下来流失的能量。不同的食物需要采用不同的消化方式，淀粉类食物（大米、面包、土豆等）需要借助唾液中的碱性消化酶，而蛋白质类食物（肉类、奶制品、坚果以及种子等）需要借助胃液分泌的酸性消化酶。

根据化学原理，酸性酶和碱性酶不可同时作用，因为在同一条件下会彼此中和。如果你同时进食蛋白质类和淀粉类食物，消化过程就会变得混乱而完全中断；未消化的食物则成了细菌滋生的温床，细菌将对食物进行分解，造成消化不

---

① 赫伯特·M·谢尔顿（Herbert Shelton, 1895~1985），美国辅助医学倡导者、作家、和平主义者、素食主义者。

良或腹胀。

不兼容的食物搭配会造成人体能量的流失，并因体内能量缺失形成潜在的疾病风险。如此，在体内创造了过量的酸，导致血液变浓，整个血液循环系统流速减慢，造成机体的供氧不足。还记得去年感恩节那天即将离开餐桌时的感觉么？那些美味、丰盛的大餐有没有让你觉得自己很健康、血液畅通、浑身充满了能量？是否取得了你所期望的结果？你知不知道美国处方药销量榜排行第一位的药品？过去叫镇静剂，现在的名称则是泰胃美片，是一种胃药。相对于胃药，我想你肯定会更钟情于食物的搭配。

我这里有一种解决这一问题的简单方法，即一餐只吃一类浓缩食物。此类浓缩食物具体指代何种内容呢？它可以是任何含水量低的食物。例如浓缩牛肉干便属于浓缩食物，而西瓜则是含水量高的食物。有些人很不情愿减少浓缩食物的摄入量。在此我再次告诫你，起码在同一餐，你必须做到这一点。请确保不在同一餐进食淀粉类和蛋白质类食物。如果你觉得失去了其中任何一种都难以过活，那就不妨将其分在两餐吃。这做起来不难吧？你可以走进全球最好的餐厅告诉服务生："我想点一份牛排，但不要放烤土豆。我要一大盘沙拉，上面要放些生菜叶。"这种搭配没有任何问题。蛋白质类食物可以搭配沙拉和蔬菜，这是因为他们都含有充足的水分。你还可以点一份土豆，不加牛排，同时点一份超大沙拉，搭配生菜。这种搭配会破坏你的食欲么？当然不会。

你早晨起来时会不会浑身乏力，疲倦万分，即便你已睡了七八个小时仍是如此？知道原因吗？在你睡觉的同时，你的身体却在加班消化你肠胃内不兼容的食物。对很多人而言，消化食物所消耗的神经能量要比任何工作消耗的更多。不当的食物搭配，可能需要 8～14 个小时才能消化完毕，有时时间可能比这还要长。相反，若是食物之间搭配良好，人的机体功能便可运转正常，消化所需的时间仅有 3～4 个小时，你的能量也因此不必浪费在食物的消化上。①

食物搭配方面的最好参考便是赫伯特·谢尔顿的那本《轻轻松松食搭配》。此外，我的前搭档哈维和玛丽琳·戴尔蒙也有一本优秀书籍，名为《适应生活》，其中也有着食物搭配方面的心得。如需立即了解这方面的信息，可参照下页的图表，并遵循此类搭配原则进食。

---

① 按照正确的食物搭配进餐后，你必须等待至少三个半小时之后方可进食其他食品。此外，需注意进餐时喝些液体会稀释消化液，减缓消化负担。

完整、高效的食物搭配表

这一直观的图表将向你展示哪些新鲜、病毒性食物的调配组合可优化你的消化系统，增强你的体质。

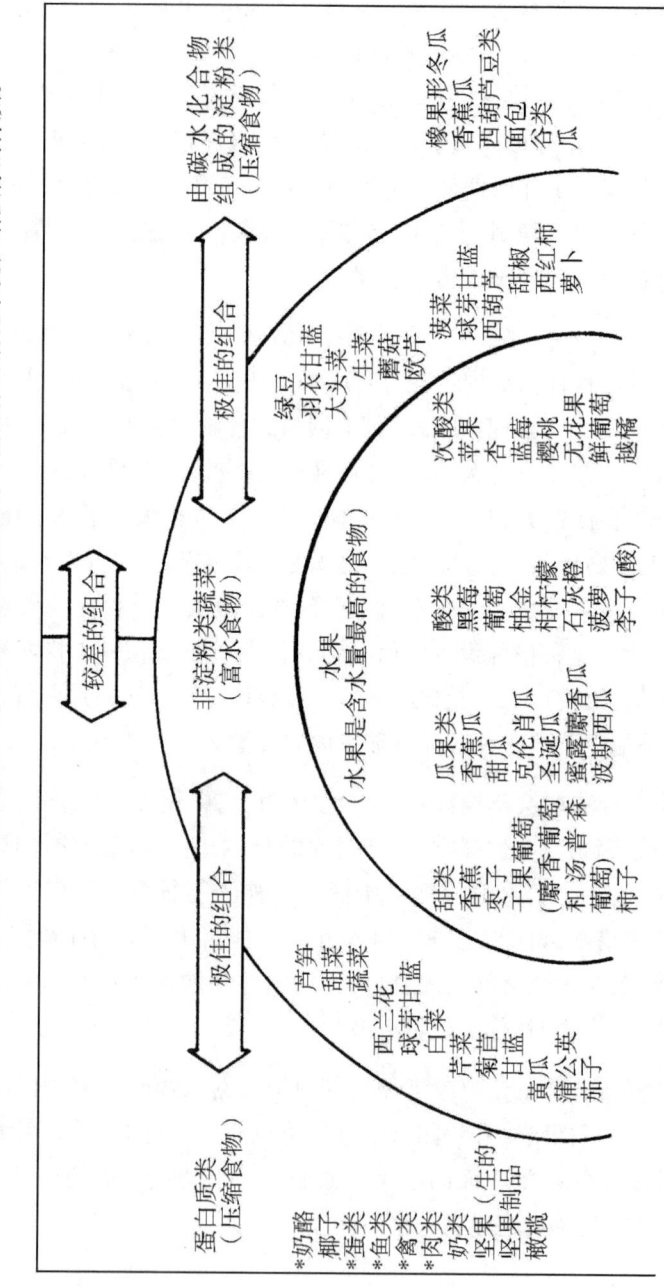

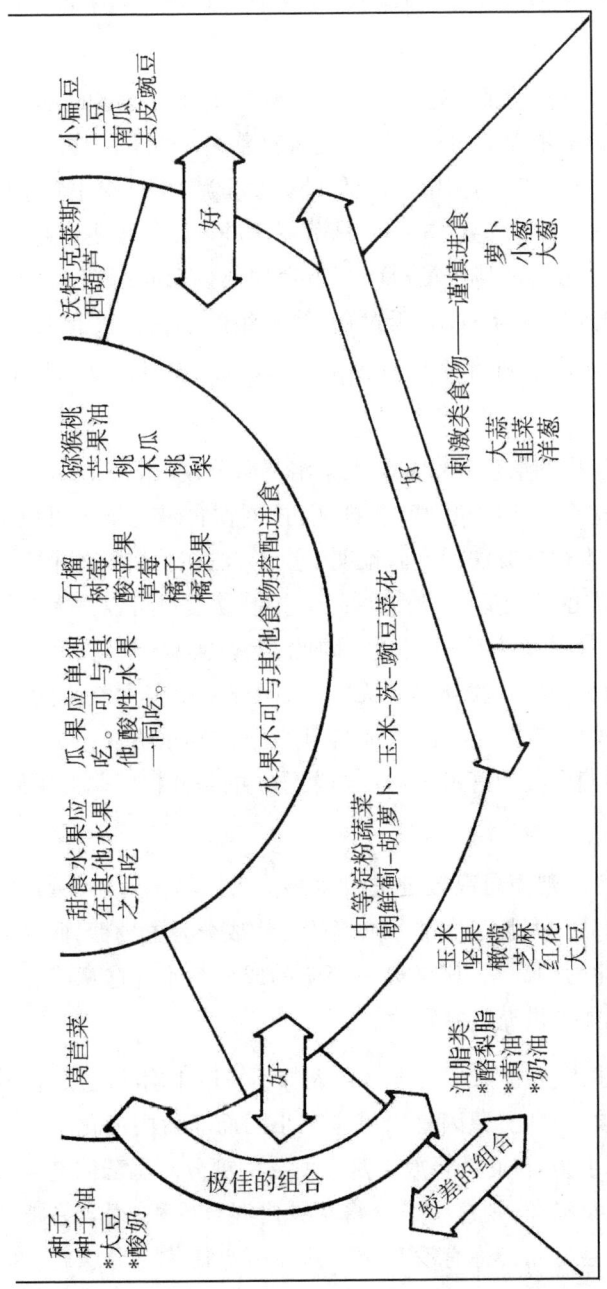

水果不可与其他食物搭配进食。

中等淀粉粉蔬菜
朝鲜蓟－胡萝卜－玉米－豌豆菜花

极佳的组合

较差的组合

1.蛋白质类绝不可和碳水化合物类食物搭配。
2.绿色沙拉类可与任何蛋白质类、碳水化合物类或油脂类食物搭配。
3.油脂类食物会干扰蛋白质的消化。如果油脂类食物和油脂类食物必须同时进食蛋白质类食物，可搭配蔬菜沙拉进食，这样可弥补对消化系统的干扰作用。
4.在进餐期间及刚刚进餐完毕时，切勿喝饮料。
*仅为分类说明所用，不推荐使用。

151

　　接下来我们将讲述第四个原则：控制饮食量。你喜欢美食吗？我也喜欢。是不是想吃的更多？方法便是每餐适量少吃点，这样你便可以健康长寿，一生有充足的时间享受美食。

　　医学研究的成果也反复验证了这一点。延长动物寿命最可靠的方法便是控制其饮食量。纽约州康奈尔大学的营养学研究者克莱夫·麦卡伊曾做过一项著名的研究。在实验中，他将实验室用的小白鼠的饮食量减半，结果小白鼠的寿命延长了一倍。随后德州大学的爱德华·J·马萨罗又进行了一项更有趣的实验，他把一群小白鼠分成三组：一组随意进食；一组食物减去六成；剩下一组也是随意进食，但蛋白质的摄入量减半。810 天过后，第一组的小白鼠仅有 13% 存活，第二组则有 97% 存活，而第三组虽然进食量依然很高，但蛋白质摄入减半，存活率为 50%。

　　以上内容透露出怎样的信息呢？加州大学洛杉矶分校的著名研究员雷·沃尔福德博士总结道："迄今为止的科学实验证明：控制饮食量是惟一可以减缓温血动物衰老过程、延长寿命的方法。实验证明，这一方法在动物的各个方面都有积极影响①，因此对人类也完全适用。"实验显示：控制饮食量可以大大减缓生理老化过程，同时避免免疫系统方面的问题。因此，上述实验所透露出的信息简单、直接：少吃一点，命长一些。我与你并无二异，同样喜欢美食，有时甚至可以将进餐完全变成一种娱乐需求。但是，人不能让自己的娱乐给祸害了。你可以进食大量的美食，但须确保其为富水食物。如果你吃的是沙拉而非大块的牛排，你一样可以健康长寿。

　　健康生活的第五个原则便是高效地进食水果。水果易于消化，所含能量易于吸收，是最理想的食品。大脑工作惟一依赖的食物成分是葡萄糖，而水果中富含的果糖可以轻松转化为葡萄糖，其 90% ~95% 的成分为水。这意味着水果有助于人体新陈代谢，且能提供充足的营养。

　　固然水果有着上述诸多优点，但是大多数人却不知道正确的吃法，任其营养白白流失掉。水果必须空腹吃，原因是水果是在小肠而非胃内消化。水果先进入胃内，几分钟后进入小肠，在此处释放出其中所含的糖分。倘若你进食水果时还掺杂着土豆、淀粉以及肉类，则这些成分将在胃内混合堆积，很容易霉变。大餐之后再吃水果，常常会打嗝，(你有没有这样的经历？)使你十分尴尬。原因便

---

　　① 摘自 Awake"信息新闻"(1982 年 12 月 22 日刊)。

是你吃水果的时机不对,正确的进食时机必定是空腹时。

水果是越新鲜越好,果汁最好是鲜榨的。建议你最好别喝灌装或瓶装的果汁。原因是在其密封过程中,需要反复加热,破坏了水果的结构成分,造成水果的酸性反应。你是不是想把每一分钱都用在刀刃上?那就买一个果汁机吧!你现在是不是有辆车?索性把车卖了买一个果汁机——果汁机可以使你延年益寿,时间可以带给你汽车到达不了的距离。不妨现在就买一台果汁机。鲜榨的果汁和鲜水果具有同样的营养效果,记得要空腹喝。果汁的消化速度极快,几乎在喝下 15 ~ 20 分钟便可完全分解。

这绝非我的一家之言。马萨诸塞州心脏病研究专家威廉·卡斯蒂罗就曾坦言水果是预防心脏病的最佳食物。他认为水果中含有生物类黄酮素,能降低血管的脆性,改善血管的通透性,降低心脏病的发病几率。

不久前的一次研讨会上,我与一位马拉松选手进行了一次面谈。他对我的说法心存质疑,但最终还是同意增大饮食中水果的比重。结果在随后的马拉松比赛中,他的成绩缩短了九分半钟。他的恢复时间也缩短了一半,并且首度在波士顿马拉松锦标赛获胜。

关于水果,你还需记住最后一个要点。每天应该如何开始?早餐应该吃些什么?是不是想跳下床,饱餐一顿,然后用一天的时间来消化这些食物?当然不是!

你应该挑选那些易于消化,可立即为你的身体提供糖分,帮助你新陈代谢的食物。一早醒来时,为了整整一天都能神能清气爽、心旷神怡,最好一早只吃新鲜的水果或鲜榨的果汁,除此之外,一概不沾。一直保持这种状态,中午之后再进食。水果单独留在你体内的时间越长,新陈代谢的效果越佳。如果大清早便饮咖啡或者进食其他垃圾食品,会增加你身体新陈代谢的负担,自然也难以体会到神清气爽的感觉。不妨从现在开始做起,连续十天这样做,看看能获得怎样的效果。

健康生活的第六个原则便是打破对蛋白质食物的迷信。有没有听说过如果你的谎言能够自圆其说,时间一长,人们便会信以为真?这个世界是由蛋白质构成的,人类需要大量的高蛋白食物才能健康生存——这简直是弥天大谎。

你很可能会有意识地摄入蛋白质。原因何在?有些人是为了获取能量,有些人认为蛋白质可以增强耐力,另外一些人则认为蛋白质可以强健骨骼。但是,你是否意识到，过多摄入蛋白质带来的效果与此截然相反？

接下来我们将通过一个模型来阐释人体所需的实际蛋白质量。人何时最需要蛋白质？可能是在婴儿时期。人类天然的食物母乳提供了婴儿所需的所有营养物质。猜猜母乳中有多少蛋白质？50%？25%？还是10%？没有这么高，初生儿所吃母乳中的蛋白质含量仅有2.38%。6个月后，母乳中的蛋白质含量降至1.2%~1.6%。看到没有，这就是我们所需的蛋白质量。天晓得是哪位仁兄总结出"人需要大量蛋白质才能健康生存"这样的弥天大谎！

没有人知道我们实际需要的蛋白质量。经过长达十年的蛋白质营养学研究，前哈佛医学院营养学教授马克·希克斯泰德得出的结论是人的蛋白质摄入量是可以随意适应的。而《一个小小星球的饮食》一书的作者法兰西斯·莫尔·拉比过去20年坚持认为人应食用富含蛋白质的蔬菜，才能获得人体必需的氨基酸。最近她坦言自己当初的倡议欠妥，认为人类的饮食不一定要靠蛋白质来调配——只要你所摄取的蔬菜成分均衡，便会获得所需的蛋白质。美国国家科学院最近的一项研究调查报告表明：成年男性每日需摄入的蛋白质量为56克。而国际营养学联合会的调查报告却说成年男性每日摄入的蛋白质量从39克到110克不等。看起来两方都相当权威，我们该听谁的呢？人又该每天摄入多少蛋白质呢？可能最好的办法还是依据自身流失的蛋白质量来定。而人每天仅仅通过呼吸和排泄活动流失极少部分的蛋白质，他们所总结出的这些调查又来自何处呢？

我们曾就这一数据咨询了美国国家科学院的专家。他们坦言，他们实际得出的结果是成年人每日仅需30克蛋白质，但是他们推荐的却是56克。他们还说，过多的摄入蛋白质会造成排尿不畅，进而造成身体疲劳。此时我仍对他们坚持56克为标准的原因心存好奇。他们只是简单地告诉我们，过去他们推荐的量是80克，当他们要求降低这一数值时，遇到了普遍的声讨。知不知道这些声讨来自于哪些人？都是那些依靠高蛋白食品牟利的商家，因为降低蛋白质摄入量无疑是在从他们的腰包里抢钱。

世界上最厉害的营销技巧是什么？无过于不买我们的产品，你就可能因此丧命。这一招在蛋白质类食品的营销中可谓用到了极致。我们就此仔细分析一下：如果你想要获取能量就必须摄入蛋白质吗？你身体内的能量来自何处？首先来自于水果、蔬菜和麦芽糖等成分中所含的糖类。其次来自于脂肪，在糖类和脂肪消耗完毕后，才会分解蛋白质为身体提供能量。这就是我们的"蛋白质神话"背后不为人知的真实状况。是不是蛋白质有助于增强耐力？一派胡言！多余的蛋白质会向身体内排放多余的铵离子，造成身体的疲劳。健身者疲劳时一股脑地补充蛋白质，却不知道真实的原因是自身太累的缘故。蛋白质可以强健骨骼么？当然不会。恰恰相反，过多的蛋白质会造成骨质疏松、软化。地球上骨骼最强劲的生物恰恰是食草动物。

我能列出上百条吃肉的害处，例如在蛋白质代谢过程中，会产生氨气。在此我要强调两点：第一，肉类中含有大量的尿酸，尿酸是体内细胞新陈代谢的废物或次生产品。肾脏从血液中提取尿酸，并将其转化为尿素排放到膀胱中。如果尿酸未能从血液中快速清除，残余的尿酸就会蓄积在身体的各个器官，从而造成膀胱结石等疾病，也会对你的肾脏造成伤害。血癌患者的血液中，尿酸的含量要高于正常人。人体每天可以消除的尿酸量约为 8 克。此外，你知道肉味来自何处么？来自于尿酸。动物死尸上的肉味最浓。失去了尿酸，也就没有了肉味。如果你对此表示怀疑，不妨尝一下调味之前的生肉。此时血液已经控干，残留的主要是尿酸。没有尿酸的肉是没有肉味的。难道你愿意把通常动物尿液里的东西放在自己的身体里吗？

此外，肉中还寄生着腐生细菌。若是你不知道何为腐生细菌，我告诉你一下，那就是结肠杆菌。正如杰伊·弥尔顿·霍夫曼博士在《缺失的医学联系：食物与人体之间的化学联系》一书所言："动物活着时，体内的渗析过程可阻止腐生细菌进入身体器官；而一旦动物死亡，渗析作用不再起作用时，腐生细菌将大量进入到结肠内，寄生在肉中。"此时，你会发现肉开始变色，正是腐生细菌造成了肉质变软以及肉色的变化。

有些专家的观点则是："肉中的细菌和粪便中的细菌并无异样，有些肉中的细菌含量甚至比新鲜的粪便还要多。在屠宰动物时，所有的肉都会受到腐生细菌的感染，肉存放的时间越长，所滋生的细菌数量就越多。"

这就是你想吃的肉？

如果你一定要吃肉，需做到以下几点：首先，保持肉源来自于天然放养的禽畜，而非靠人工荷尔蒙饲料增肥的圈养禽畜；其次，一定要减少肉的摄入量，每天制定一个限量，保证三餐的食肉量不超过这个标准。

切勿将我的观点等同于吃肉就不健康，或者不吃肉就健康，这两种说法都欠妥。事实上，的确有很多食肉者要比素食者更健康，但这并不是素食本身的缺陷,而是因为素食者的思想局限——他们总是认为,只要没吃肉,随便吃什么东西都可以。对此我实在不敢苟同。

你应该认识到一点,不再以其他动物的皮肉为食,你可以变得更加健康、快乐!你可知道毕达格拉斯、苏格拉底、柏拉图、亚里士多德、达·芬奇、牛顿、伏尔泰、梭罗、萧伯纳、富兰克林、爱迪生及甘地有何共同之处?他们都是坚定的素食主义者。想必成为他们这样的人会是个不错的选择。

既然肉类有那么多毛病,那摄取乳制品如何呢?从某个方面讲,可谓有过之而无不及。每种动物的乳汁均具有适合于该物种的均衡营养成分,但也仅限于该物种。饮用其他动物的乳汁会引发诸多问题(即便牛奶也是如此)。例如,牛奶中所含的生长激素是适合初生的牛犊食用的,其成分会随着牛犊两年内体重的增长(从40千克变为450千克)而发生变化。而初生婴儿的体重不过几千克,即便到了成年,体重也不过45千克至90千克。是用母乳还是牛奶为婴儿喂奶,一度成为备受争议的话题。乳制品行业的权威专家威廉·艾利斯博士宣称饮食牛奶会造成过敏反应,造成血液浑浊。原因是牛奶中含有人体难以消化的蛋白质成分。牛奶中的蛋白成分为酪蛋白,这是牛生长所需的蛋白成分,但对人体的利用价值不高。根据威廉·艾利斯博士的研究,无论是初生儿还是成年人,都很难消化牛奶中的酪蛋白。研究结果显示,牛奶中的酪蛋白至少有50%未被消化。此类未消化完全的蛋白质会随着血液进入到各个器官,从而造成人体机能的损伤。最终,不得不通过肝脏将这些未消化完全的蛋白质清除掉,从而加重了整个新陈代谢系统,尤其是肝脏的负担。反观母乳,其中的主要蛋白质成分则容易消化吸收。至于有人说牛奶中富含人体所需的钙,艾利斯博士指出,通过多达25000人的血液测试,他发现那些每天饮食三杯以上牛奶的人,血液中的钙成分是最低的。

在艾利斯博士看来,如果想要在体内补充足够的钙,只需每天摄取大量的绿色蔬菜、芝麻酱或坚果。这些食物中都含有丰富的钙质,人体消化吸收也十分容易。此外,还需注意你摄入的钙是否过量,过量的钙会在你体内累积从而造成胆结石或肾结石。因此,要想将你的血液浓度控制在一定范围内,你所摄取的钙成分80%会通过身体各器官排除。然而,倘若你担心除牛奶外其他钙源都没有保障,没关系,以萝卜青菜为例,相同重量的青菜所含的钙是牛奶的两倍。其实,专家们早就指出,大多数对人体缺钙的担心都是空穴来风,毫无事实根据的。

牛奶对人体有何主要影响呢?它会在体内形成黏滞、粘连的物质,硬化、堵塞,造成小肠蠕动困难,使得整个机体无法正常运转。奶酪又有何影响呢? 奶酪是精炼的牛奶。记住,需要四到五品脱牛奶才能精炼成一磅奶酪。其中的脂肪成分会限制其吸收。如果你真的需要进食奶酪,需要搭配一大盘沙拉,通过这种方式为你提供足够的富水食物,从而避免奶酪的阻塞效果。对一些人来说,也许放弃奶酪的做法太过艰难。毕竟在你眼中比萨配布里干酪很美味。酸奶的影响呢? 同样糟透了。奶油呢? 也不是合适之选。然而,健康生活不是让你放弃口腹之欲,味道可以转嫁。例如冰冻的香蕉汁就有奶油的口感,还可以为你的身体提供丰富的营养。干酪有何影响呢? 你知道干酪是如何加厚凝固在一块的么? 用的是石膏(硫酸钙)。这绝非无稽之谈。其用量属于联邦标准内,但却不合加州的法规。(即便如此,在外地按照当地法规生产后,仍可运至加州公开合法销售。)看到这一段内容,你还能大胆地往自己洁净、自由流动的血液中填充石膏么?

读者此时可能要问,既然你说的证据确凿,为什么之前我们从未听说过此类报道呢? 其中的原因很复杂,有些还牵涉到我们过去的传统和信念体系。而另一个原因则是乳制品行业每年向联邦政府上交的税收高达2.5亿美元之巨。事实上,据《纽约时报》1983年11月18日的报道,政府的新政策便是推动奶制品的消费市场的进一步扩张,即使这种推广活动直接违背了其他政府活动中对乳制品中脂肪含量限制的规定。政府仓库中现存有13亿磅的奶粉、400亿磅的黄油和900亿磅的奶酪。顺便提及一下,我无意攻击奶制品行业,我知道那些养奶牛的农民的辛苦,这也是我们这个民族的优秀品质。但这和我是否继续食用奶制品是两码事,我不能出于对他们境况的同情就去选择那些不利于我身体健康的食物。

我过去的饮食习惯和你并没有任何不同,同样钟情于比萨,从未想过生活中没有比萨的日子。但有一天,当我体会到健康生活的幸福之处时,我就再也不愿回到过去那种生活中去了。凭空想象很困难,就如同一个从未闻到玫瑰香气的人描绘玫瑰的气味。或许在下结论之前,你首先应该仔细体会一下玫瑰的气味。你应该首次尝试一下尽量远离牛奶一个月后的生活,体会一下自身所发生的变化。

对于本书所提供的信息,采纳与否,悉听尊便。但我希望在做出取舍前,你至少应该验证其是否正确。你不妨花个十天半月尝试一下前文所讲的健康生活六个原则,好的话便可受益终身,差的话弃之不顾。在此为你提供一个小备忘录:以高效的呼吸方式刺激淋巴系统高效运转;正确、合理地搭配食物,富水食物的比例达到七成以上。结果如何? 还记得布莱斯博士所述的"水的功用"吗? 若某建筑内发生火灾,而整栋建筑仅有有限的几个逃生出口,会发生什么状况? 大批的人会拥向同一个逃生出口。你的身体运作方式亦与此类似。其通过新陈代谢过程清除堵塞在你体内数年的成分,以一种全新的能量使其更高效的运转。因此,当你连续流鼻涕时,是不是就意味着你感冒了? 并不是,是因为你吸入了冷空气,你过去可怕的饮食习惯使你创造出了感冒的错觉。此时你身体内的能量正在消除体内积累的毒素和堵塞物。在清除体内的毒素时,少部分人会感到些许的头疼。他们会不会直接排出毒素? 不会。你希望这些毒素是流进还是流出? 你想要这些鼻涕留在手帕上还是你的肺中? 仅需小小的付出,便可扭转过去多年来糟糕的饮食习惯,精力充沛、延年益寿,何乐而不为?

限于本书的篇幅与主题,不便在此过多谈论饮食方面的内容,诸如脂肪、糖类等方面的内容亦是一笔带过。希望本书所述的内容能起到抛砖引玉的作用,激发你去对个人健康进行深入的研究。

记住,人的生理状态直接影响着人的愿景和具体行为。垃圾食品、快餐以及添加剂和化学剂造成了废物在体内的积累,而积累的废物又影响着身体的供氧量和活性。生理上的危害是癌症这样的"杀手",而心理上的危害则是犯罪。在这一方面对我触动最大的是亚历山大·索斯在其《饮食与青少年犯罪》一书中对犯罪儿童的饮食描写。

> 早餐时,这个小孩吃了五杯甜品(加了半汤匙白糖)、一个釉面甜甜圈,喝了两杯牛奶。他的零食则是一英尺长的甘草和36英寸的牛肉干。到了午餐的时候,他吃了两个汉堡、若干薯条,以及更多的甘草、一小份四季豆,搭配了很少沙拉(甚至可以说根本没有沙拉)。在晚餐之前,他选择了几片白面包和巧克力饼干做零食。而到了晚餐时,他吃了含有豌豆、黄油和果冻的三明治,配上白面包、番茄汁以及十盎司的花生果冻。饭后他还吃了一份冰激凌、一包糖果,又喝了一小杯水。

究竟人体最多可吸收多少糖分呢? 他所摄取的食物中,富水食物所占的比例又有几成呢? 这种食物搭配是否合适? 培养年轻人成长的社会在饮食方面却将他们推向另一种极端。你是否意识到这些食物会影响这个孩子的生理状态,并进而衍生出其他行为? 事实也的确验证了这一点。我们的饮食衍生出其他问题,在这个14岁孩子的身上表现如下:睡觉时常惊醒,随后便难以入睡;头痛,皮肤瘙痒，肠胃功能紊乱，身体上有瘀伤或白一块黑一块的印记，时常做噩梦，会晕倒、头晕、出虚汗或神经衰弱；倘若不吃东西便会因饥饿而晕倒；时常丢三落四，记忆力减退；所有饮食都得加糖；时常有心无力；不能在压力下工作；所有事情都很难决断；感到情绪低落；凡事都畏首畏尾、战战兢兢；感到迷茫，时刻会有沮丧或忧郁的情绪；即便一点鸡毛蒜皮的小事，也会引他暴跳如雷；心存畏惧、神经兮兮、情绪化，会莫名地泣不成声。

为何这个孩子会呈现这种状态，年纪轻轻就走向犯罪的不归路？幸运的是，许许多多和他有着相同境遇的孩子正在改变他们的行为方式，不是因为监狱的生活使得他们能够重新审视生活的意义，而是通过健康的饮食改变了自身的生理状态和思维方式。犯罪的动机并不仅仅是因为内心的罪恶感，生理状态同样对其有着巨大影响。1952 年，哈佛公共医学院的院长詹姆斯·西蒙斯曾说过："精神疾病源自一种特殊的需求……今天我们可能花费了太多的时间、精力和金钱清理心理上的疾病源，殊不知我们更应做的是寻找出导致此类心理疾病的生理源头，才能治标治本。"①

即便你的饮食习惯并不会导致你犯罪，但倘若有一种生活方式可以使你健健康康、精力充沛，又何乐而不为呢！

我已经多年无病缠身了，但我的弟弟却没有那么幸运，他总是要么隔三差五地大病一场，要么一直无精打采的疲惫样。我在若干个场合告诉过他我的生活方式，让他回顾一下过去七年我的身体状态变化。最终他被我说服了，决定去尝试一下。然而在调整饮食习惯时，问题出现了，他难以割舍自己钟情的美味食物。

不妨停下来想想自己缘何钟情于此类食物。这种钟情源自你对这种食物的储忆认知，这种储忆认知通常都是在你无意识状态下发生的。然而，倘若你想进入到钟情于某种食物的状态时，你仍需进行一系列的储忆认知过程。记住，任何事情都不会无缘无故发生，背后必然有着特定的缘由。

我弟弟特别钟情于肯德基的炸鸡块（或许你也是如此）。他驾车时，一旦看到肯德基爷爷的标志，便立马回忆起自己大口地啃着炸鸡块的场景。此时他甚至可以想象出自己嘴里啃着松脆的鸡块（味觉次感元），鲜美、松软的鸡肉进入到喉咙时的畅快。随后，他便出现在肯德基餐厅里，大口地啃着鸡块了。通过一

---

① 转引自亚历山大·索斯（Alexander Schauss）《饮食与青少年犯罪》一书。

段时间的观察，我便知道了改变这种刺激次感元的方法，开始在他的要求下帮助他抵挡炸鸡块的诱惑，实现合理饮食、健康生活的目标。我首先要求他回忆自己吃炸鸡块的场景，他立马开始吞咽唾沫了。随后我要求他详尽地描述出此时的视觉、听觉、触觉和味觉感受。他脑中立马在视野右边展现出一个如同电影般清晰、真实的场景，在啃鸡块的同时他甚至能听到自己不停地说："嗯，太棒了！"他喜欢炸鸡块的温暖、松脆。随后我让他想一种最讨厌的食物，那种一想到就反胃的食物，例如胡萝卜。（我早就知道他讨厌胡萝卜，因为每次见到我吃胡萝卜时，他总是脸色铁青。）我要求他详尽地描绘一下对胡萝卜的感觉，他甚至根本不愿提及这个字眼。他开始感到头晕，胡萝卜出现在他的视野左下方，脑中的画面昏暗、微小、静止不动。他听到的声音是："这东西太让人恶心了，打死我也不会去吃它。"而他的触觉和味觉也十分不舒服。我要求他想象自个儿正在吃萝卜的场景，他真的表现出了恶心的状况。他坦言自己做不到。我便问："假使你真的吃下去，你觉得自己会有什么反应？"他说那时他就真的会干呕了。

在体会到炸鸡块和胡萝卜的不同感受之后，我问他是否能够为了健康生活的目标，调换一下对这两种食物的感受。他嘴里虽答应了，脸上的表情却是十分的不乐意。（我在这一天已经见到过太多次这种表情了。）因此，我要求他调换一下二者的刺激次感元，让他将鸡块的图片放在视野的左下方。他的脸上立马出现了恶心的反应。我要求他将脑中的画面处理得昏暗、模糊、静止不动——即和之前胡萝卜的画面一样；同时心里暗暗对自己说"这东西太让人恶心了，打死我也不会去吃它"，说话的声音语调也和之前吃胡萝卜的场景一致。我让他想象自己手里拿着瘫软、油腻的鸡块，他脸上开始出现不舒服的表情。接下来我要求他想象自己撕下一片鸡肉，嚼在口中。他睁开眼说自己做不到，因为此时的鸡块就如同过去的胡萝卜一样让他难以下咽。再让他想起鸡块时，他便会忍不住地恶心、呕吐。

我并未就此打住。如果想要生活健康，胡萝卜也是人体不可或缺的食物，所以接下来我还要改变他对胡萝卜的心理感觉。做法和之前的步骤相反，我让他将胡萝卜的图像置于视野右侧，使整个画面清晰、真实、色彩亮丽，嘴里嘟囔着："嗯，真的很好！"然后嚼在口中，体会一下胡萝卜温暖、松脆的感觉。此时，他开始喜欢胡萝卜了。当晚我俩一块吃饭时，他一生中首次主动地点了一份胡萝卜。现在的他喜欢上了胡萝卜，再次看到肯德基爷爷的标志时也勾不起丝毫的食欲了。

用这种方法，我在短短五分钟内帮助妻子贝基戒掉了迷恋巧克力的嗜好。方法便是将巧克力丝滑、甜美的感觉与牡蛎蠕动、湿滑、难闻的感觉调了个……自那之后，她再也没有碰过巧克力。

本章讲述的六大健康原则均可为你所用，均有助于实现你健康生活的目标。不妨花上一个月的时间实践一下这六个原则，看看它的实际效果如何。看看经过一月的饮食习惯、呼吸方式的改变，你的生理状态又会发生怎样的变化。不妨尝试一下每天十次深呼吸，为你的整个身体注入活力；不妨控制一下自己的饮食，享受一下精力充沛、健康快乐的生活；不妨尝试一下健康的饮食，多吃一些富水的食物，拒绝阻碍身体新陈代谢的肉类和奶制品的诱惑；不妨尝试一下合理搭配食物，体会一下随时精力充沛的愉悦；不妨尝试一下这种改变带给你的香甜睡眠以及健康生活带来的所有乐趣……

如果你对这种生活充满向往，本章的内容则为你搭建了最好的桥梁。无需花费你太多的时间精力，旧习惯一旦根除，就再也不会受其侵扰。而你为此付出的每一份精力，都会获得丰厚的回报。不妨就从现在开始健康生活吧！

今天的改变将使你受益终身。我们已经知道了获得最好状态的方法，接下来我们将介绍——

第二部分

成功公式

Unlimited

power

成功只有一种，即以自己的方式
走完一生。

——克里斯多夫·莫里

第十一章

Unlimited
power

突破局限：追求的目标

在本书的第一部分,我已经和读者们分享了一些激发无限潜能的技巧。此时你应该已掌握了发现他人成功的方法并加以模仿的技巧;已经知道了直接控制自身思想和身体的方法;也掌握了如何成功以及如何帮助他人成功。

但却有一个主要问题没有谈到,你的目标是什么? 你所关爱的人的目标又是什么? 本书的第二部分将对这些问题一一作答,寻找到解决这些问题的方式方法,以便你能有的放矢,能高效地运用前文提到的方法、技巧。

如果你不清楚自己的目标,再好的技巧也只是一纸空文。这就如同你手里拿着最锋利的电锯,却在森林之外晃荡。你究竟想利用这把"电锯"做什么? 如果你能清楚地判断出自己究竟缘何要砍"树"、砍"哪一棵树",你便可以将一切掌控于己手。否则,再锋利的"电锯"也不过是一把"钝刀"。

前文已经讲到,生活的质量取决于信息沟通的质量。而在本书的第二部分,我们将详述如何改进我们的沟通技巧,以便你能随时随地高效交流。而此时,需要制定一套精确的策略,以便你能清晰地界定目标,寻找出有助于你实现个人目标的各种因素。

在学习接下来的内容之前,有必要先回顾一下我们前文所述的内容:你现在已经知道了人的潜能是无限的;激发无限潜能的关键是模仿;他人的卓越成就是可以复制的。如果他人能取得某项成就,通过对其准确的模仿,你也可以获得同等的成就——无论这种成就是跨越火炭、赢得百万美元,还是与他人形成融洽、和谐的人际关系。如何模仿呢? 你必须首先认识到一切成就都是一系列行为的直接结果,一切结果均有特定的致因。如果你能够准确地复制他人的行为(包括生理行为和心理行为),便可以取得相同的成就。首先应该从心理行为入手,找出他的信念系统,然后寻找出他的思维方式,最后再模仿他的生理行为。如果这些内容你可以完全做到,恭喜你,你将所向披靡、无往不利。

前文已经提到,成败系于信念。无论你坚信能做到某件事,还是坚信自己无能为力,你所坚信的内容都会与你的实际遭遇相吻合。即便天时地利人和样样俱备，一旦你失去了自信，便彻底抹杀了成功的可能性。反之，倘若你暗示自己我能做到，便为最终的成功铺平了道路。

前文已经提到过成功公式：了解你的目标，敏锐地分析你所取得的成果，适时地灵活调节你的行为，直至最终实现你的目标。即便未能实现目标，你也未曾失败，只是选错了方向。像操纵航向的舵手一样，改变你的"航向"，直至抵达"理想的彼岸"。

你已经知道了信心满满的心态的巨大作用；知道了如何调节自己的生理行为和心理暗示，使其为你所用，激励、辅助你实现目标；你也知道只要有足够的决心，便能成功。

人并非生而懒惰，只是因为未能找到值得奋斗的目标。

——笔者

在此须特别强调一点，这一过程可以实现良性循环。你的信心越足，你所能激发出的潜能就越多；你的自信心越强，你所能找到的自信的资本越多，你所处的心态就越强大。

生物学家莱尔·沃特森曾在其《生命之潮》一书（出版于 1979 年）中提及了一种称作"百猴效应"的神奇现象。在日本的一个小岛上居住着一个猴子部落，这群猴子在其领地中挖掘了一种全新的食物——甘薯。自然，刚挖出的甘薯上都是沙土。由于其他的食物到手即可入口，他们并没有处理脏兮兮的甘薯的经验。随后一个小猴子解决了这一问题，它跑到小溪边把甘薯上面的泥土洗掉了，随后他又将这一方法传授给了他的妈妈。接下来便发生了一件十分奇异的事，一旦知道这种方法的猴子达到一定数量（约 100 只），其他根本没接触到这种方法的猴子也开始使用这种方法。更为怪异的是，其他岛上的猴子也学会了这种方法，而两个小岛之间没有任何的空间联系，两个部落的猴子间也不可能进行交流。但这种行为却的的确确传播了出去。

这种事情并不鲜见。个体之间并无接触，却表现出相同的行为的例子可谓比比皆是。当一个科学家有了某种设想之后，几乎同时另外三个其他地方的科学家脑中立马涌现出相同的设想。这一切是如何发生的呢？没有人知道确切的原因，但是多数杰出的科学家和大脑研究专家坚信人类有着集体意识，通过信念、专注和最优的生理状态,我们便可进入到集体意识状态。[①]

我们的身体、大脑和心态都像音乐一样,可调节到更高的音阶。音阶调得越好,调得越准,演奏的"乐章"越精彩。其作用就如同我们无意识下的信息过滤器,我们所处的状态越佳,信息的过滤、筛选功能越完整。

这其中的关键便是清楚你的目标。人的无意识思想会按照特定的方向处理信息。即便处在无意识状态,人的思想仍在扭曲、删改信息。因此,在思想高效工作前,我们须清楚地界定我们想要实现的目标。马克斯韦尔·马尔兹在其著名的同名书籍中将其称为"心理控制术"[②]。当思想有了清晰的目标,在发生目标偏转或游离于目标之外时,便可以重新调整"航向"。若没有清晰的目标,则无异于无的放矢。这就如同一个人手持世界上最锋利的电锯,却不知道自己缘何砍树、应该砍哪棵树一样。

人能否实现目标,取决于其是否能完全激发出个人能力。耶鲁大学于 1953 年所做的一项调查也印证了这一点。受访的毕业生被问及是否有清晰的个人目标,如果有,则要求其写下行之有效的目标规划。仅有 3% 的学生写下了自己的目标。20 年后的 1973 年,调查人员再次采访 1953 届毕业班的学生,结果显示,当初写下自己人生目标的那 3% 的人,个人资产比其余 97% 还要多。显然这一调查的初衷仅是考察个人的经济成就,但也对毕业生的其他情况进行了调查,诸如幸福指数、快乐程度等内容,而这 3% 学员在这些方面仍遥遥领先。这就是目标设定的功用。

在本章里,你将会学到如何设定目标、梦想,如何使得目标更为坚定以及实现目标的方法。我不知你是否玩过拼图游戏。倘若在拼图前,你没有看到完整的图像,便很难拼出完整的画面。你的人生规划也是如此,有的放矢方能成功。清楚了人生目标,便能向大脑传达一个清晰的图像,大脑神经系统才能主次分明地高效筛选信息。

赢就赢在起点。

——*无名氏*

[①] 这方面的代表人物是物理学家大卫·伯姆以及生物学家鲁珀特·谢德瑞克。后者毕业于哈佛大学,在剑桥大学获得博士学位。其观点见诸于《生命科学新成果》。其最为人熟知的成就在于全像式模型理论(holographic paradigms)研究。可参见其专著《全体与涉及次序》。

[②] 马克斯韦尔·马尔兹(Maxwell Maltz)的《心理控制术》一书出版于 1960 年,是一本享誉美国的心理辅导类书籍。

我们经常会遇到一些生活得浑浑噩噩的人。他们总是朝秦暮楚,东西不定,今天还兴致勃勃地做着某件事,第二天便背道而驰了。简而言之,他们的问题在于没有清晰的个人目标。没有目标的人就像无头的苍蝇,摸不清自己的方向。

本章的内容将让你学会梦想、期许,希望你能够绝对认真地阅读本章的内容。如果你仅仅是走马观花地看一遍,不会有任何收获。在阅读本章内容的同时你要笔不离手,按照本章所介绍的方法设定你的目标并记录下来。

读书的时候选一个舒适的地方,挑一个钟爱的书桌,坐在阳光普照的角落里,总之,能使你心如止水、安静读书的地方。花上大约一个钟头的时间好好规划一下你的个人目标。要知道,此时你也在规划自己一生的蓝图。

首先我要告诫你一点,无须为任何可能的目标设置枷锁。当然,这一切仍需以理性的常识为前提。如果你只有 1.43 米高,就别指望来年参加 NBA 扣篮大赛了。这种情形下,无论多努力也无法弥补先天条件的缺失(除非你会踩高跷),①而且去追逐这样的目标无疑是在浪费你的时间和精力,你大可将其用在更为行之有效的目标上。当你能理性地看待这一事实时,你会发现其实这并不算对你的限制。受限制的目标使你的生活亦处处受限,因而在设定目标时,应尽可能不受任何限制。你需要清晰地界定自己的目标,而这也是你惟一可以实现目标的方法。在设立个人目标时,需遵循以下五个原则。

1. 正面表述你的目标。 即表述目标时,是你想做某事,而不是为了避免做某事。

2. 目标应尽可能具体。 目标须可感、可知、可听、可闻。在描述目标时,用的感官元素越多,对你的激励鞭策作用越强。此外,设定目标时应同时设定一个具体的完成日期或期限。

3. 目标应有迹可循。 须知道实现目标时自己的所见、所感。如果你不知道这一点,便无法确知自己何时成功,成功的进度如何。这就如同比赛时你没有计分,获胜时却浑噩不知。

4. 目标应是可控的。 你的目标应由自己建立并维持。即便他人是出于你的幸福考虑,你的目标也不能因其而改变。须确保目标均可在你的行为中得到

---

① 在我写下上述内容之后,约 1.70 米高的安东尼·杰罗姆·韦伯(Anthony Jerome Webb)勇夺 NBA 全明星扣篮大赛冠军。因而,所谓踩高跷的说法其实也不大合适。

直接反映。

5. 须确保目标无害环境,且是社会所需的。你的实际目标应从长远考虑,须确保其利己利人。

<table>
<tr><td colspan="2" align="center">**目标设定的几个要点**</td></tr>
<tr><td>**有迹可循:**</td><td>你所期望得到/实现的是什么?</td></tr>
<tr><td></td><td>何种外观?</td></tr>
<tr><td></td><td>何种声音?</td></tr>
<tr><td>**具体:**</td><td>何种感觉?</td></tr>
<tr><td></td><td>气味如何?</td></tr>
<tr><td></td><td>味道如何?</td></tr>
<tr><td></td><td>期望的是哪种结果?</td></tr>
<tr><td>**可感:**</td><td>当前的状况如何?</td></tr>
<tr><td></td><td>二者之间有何差异?</td></tr>
<tr><td>**期望状态与当前状态的比较:**</td><td>如何确定你已实现了目标?</td></tr>
</table>

在培训课程上,我经常会问到一个问题,在此我也要向你问同样的问题:如果你确知自己一定不会失败,你会是怎样的状态? 如果你确知自己一定会成功,你又会采取哪些行动和行为?

所有人都多少有个人的目标。有些目标比较笼统——赢得更多的关爱,赚更多的钱,有更多的时间享受生活。然而,要想使目标具有更好的激励作用,就必须更加具体,不要仅仅像买辆车、买座房或者换个好工作这样太过笼统。

在你规划自己的目标蓝图时,你可能会记下在自己心中萦绕多年的心愿,也可能记下之前从未意识到的想法。此时你需要清醒地对目标进行决断,因为你的目标决定了你最终的成就。在外部事件发生前,一定会先有内部的征兆。而当你清晰地认知到自己的目标时,对外部世界也会造成奇异的影响。目标促使我们的机体和思想协同运转,突破了我们当前所受的局限。成功之前,须梦想先行。

在此不妨做个小实验。双脚略微分开,平行站立,双臂平举指向正前方;双脚保持不动,双臂平行左转,直至身体不能扭动,心里记下此时双手所指的方向,然后再转回；闭上双眼，在内心重复一次之前的转动过程，但这一次要比之前转动的距离稍稍多一点；再在心中重复一下该过程，但又要比前一次再多一点；此时再睁开双眼，再进行一次实际的转动，看看你这一次的表现，是不是要比第一次转动的距离多多了？相信结果肯定如此。通过在心中创造出理想的真实，你的大脑便能改变突破之前所受的局限。

不妨将这一方法运用到你的人生规划之中。本章的内容旨在帮助你规划你的人生目标。通常从现实来看，你只能走到那么远；而你的思想却能达到你未曾达到的距离，梦境又可映入到现实之中。

1. 为你的梦想列一个清单：想要拥有哪些东西，想要做哪些事情，想成为什么样的人，想要和他人分享的内容。将你理想的样子、感受以及想要到达的地方视为你人生的一部分。现在心平气和地坐下来，拿出纸笔，开始一一记录。此过程的关键是要不停笔地连续写 15 分钟之上。只需记下目标即可，暂时无需考虑自己能否实现目标以及如何实现目标，也不要考虑任何条件限制。尽量用缩写词汇，以便你尽可能快、尽可能多地记下所有目标。整个记录过程不要停笔，尽可能详尽地列出自己各个方面的目标，诸如工作、家庭、人际关系、精神状态、个人情感、社交状况、体质状态，等等。要有国王巡视自己的领土一样的心态——普天之下莫非王上，一切都掌控在你自己手中。认识目标是实现目标的首要前提。

设定目标的要点是保持放松的心态。让你的思想自由驰骋，你所遭遇的一切所谓的限制都来自于你自身。这些限制位于哪里？仅仅在你的心中。因此，无论何时内心产生出受限制的想法，均可弃之不顾。不妨进行一次形象化的处理，把那些限制你的想法想象成一个摔跤对手，然后在脑中将他重重地摔出圈外，之后再体会一下无拘无束的感觉。这就是第一步，现在就开始列你的梦想清单吧！

2. 接下来进行第二个步骤，重新审视一下你所列出的清单，预估一下你实现这些梦想所需的时间：半年、一年、两年、五年、十年、二十年。如果你的目标有清晰的时间框架，操作起来的难度相对就轻松得多。接着记下这一列表中目标实现的具体日期。有些人的目标偏重于远虑，有些人的目标偏重于近忧。短期目标和长期目标均不可或缺，前者需要长远的规划，后者则需要脚踏实地地寻找可行性。人需常思远虑，兼顾近忧。

171

3. 我需要你尝试一下其他东西：挑选出你在今年最重要的四个目标。即挑选那些你最渴望、最能激发起兴趣、令你最有成就感的目标，将它们一一记在纸上。现在我希望你列出自己如此热切地追求这些目标的动机。这些动机必须清晰、扼要，且是正面的。告诉自己你为何确信自己能实现这些目标，以及你看重这些目标的原因所在。

有了充足的理由，你便有了做任何事情的决心。事实上，在我们的潜意识当中，追求目标的动机要远比目标本身更具影响力。我的个人成就学启蒙老师吉姆·罗恩时常告诉我：当你有了充足的理由后，任何事情均不在话下。简单的兴趣、爱好、理由和热切的渴望、追求之间又有着天壤之别。我们必须有排除万难，实现目标的坚定决心。例如，你仅仅是口头说说你想成为百万富翁，这也多少算是一个目标，但对你的激励作用微乎其微。但你倘能知道自己为何追求这一目标，理解到巨富在你心中的重要性，这一目标的振奋作用就要比前者强过千万倍。做某事的动机要远比做事的方法更为重要。如果你能找到充分的动机，做事的方法只是水到渠成的事情。理论上说，只要有了充足的理由，你可以做成任何事情。

4. 既然你已列出了自己的主要目标，不妨按照上述的五个目标设定规则重新审视下这些目标。你的目标是否采用了肯定性的表述？是否可见、可听、可闻、可感？是否有迹可循？描述一下实现目标时自己所处的状态。你所见到、听到、闻到、感觉到的又是什么内容？同时核对一下是否你的目标一直掌控在自己手中。这些目标是否有利社会、有利他人？如果你的目标违背了上述任何条件，均须进行调整更改。

5. 列出你目前具有的重要资源和资本。在进行建筑施工前，你必须清楚自己手里所拥有的工具。同样，倘若你想要设定切实可行的目标，了解你手中掌握的资源亦必不可少。列出你所掌握的一切有利于你实现目标的因素：个性、社交关系、经济资本、教育程度、时间、精力，等等。详细地列出你的优势、技术、资源和有效工具。

6. 在完成上述内容后，集中注意力回想一下自己过去最熟练地运用这些资源的经历。回想一下自己一生中三四个感到最成功的时刻。这些时刻可以发生在运动场上，也可以发生在商业活动、社交活动等场合。场合并不重要，关键在于你能体会到最大的成就感。既可以是在股票市场上的呼风唤雨，也可以是和孩子们进行的一次愉快的"过家家"游戏。想到后，将其一一记录下来。描述一下在成功之前你的所作所为，你充分利用了哪些资源，你成功的感觉来自于哪些条件。

7. 完成以上内容后，描述一下自己想要成为怎样的人。如果想成为这样的人，是不是要接受很多的培训，是不是需要很高的教育程度？你能不能高效地管理自己的时间？例如，你想成为一个异于常人的英明领导，描述一下自己该如何赢得竞选，如何感染到众多的人。

成功的故事总是在街头巷尾流传，但赢得成功的关键要素态度、信念和决心，却很少有人谈及。倘若你未能掌握这些关键要素，必将举步维艰。因此，在莽撞地进行奋斗之前，不妨先花点时间理清自己如何才能成为那样的人，你需要具有哪些个性、技术、态度、信念，以及需要接受哪些培训。将这些内容一一记在纸上。

8. 接下来，立刻用简短的几句话写下不利于你实现目标的因素。要想摆脱这些限制，你首先必须明白这些限制具体是什么内容。剖析你的个性，寻找出限制你取得这些成就的确切原因。是因为你不会规划么？还是你规划得很好，却疏于执行？你是否一心多用，同时处理太多事情？抑或你过多地沉溺于一件事的成败无暇顾及其他事情？是不是你过去曾有过惨痛的失败经历，使你变得畏首畏尾？每个人都有自身的局限因素，都曾因这些局限饱尝失败的苦楚，但是只要我们能够找到这些限制因素，直视这些限制因素背后的原因，便可一一攻破。

我们能够了解自己的目标、追求这些目标的动机、有利于实现目标的因素，但是最终决定我们能否成功的关键因素是我们的行动。为了指导我们的行动，必须建立一个全方位的规划。这就如同建房子一样，你不可能直接拿着锤子、钉子、锯在木头上敲敲打打便成了一座小木屋。你需要首先设计出一个蓝图，然后再按照这个蓝图循规蹈矩地进行施工。否则你建成的房子不过是几块木板拼凑出来的陋舍罢了。人生也是如此，你现在也要好好地规划一下自己成功的蓝图。

若想获得你所期望的结果，哪些行动是你必须要做的？如果你对此难以确定，不妨想想那些已经在这方面小有所成的人，模仿他们的行为。首先从结果入手，寻根溯源，一步步找到其成功的原因。如果你的主要目标是赢得经济上的自主权，最明智的选择莫过于成为一个公司的老总。在成为老总之前，你需要成为公司的 CEO 或其他核心决策层成员，在此之前你还需首先挑选一个精明的理财顾问或税务律师帮助你管理公司的财务。以次类推，直至你找到你与公司老总的交集(即资源对等的时期)。或许今天就可以开一个存款账户,或者找一本成功人士理财策略方面的书籍恶补充电。如果你梦想成为一个专业舞者,你需要做些什么事情才能实现这一梦想? 成为专业舞者的主要步骤是什么? 今天、明天、本周、本月、今年都该依次做些什么呢? 如果你想成为全球最好的作曲家,行事的轨迹又该如何呢? 从结果做起,寻根溯源,直至你能从你自己身上找到与你的模仿对象所具有的相同潜质,随后的过程就可以轻车熟路了。

用上一个练习中所讲的信息指导你的目标规划。如果你不知道规划应该是何种样子,只需问问自己"现在阻碍我实现梦想的因素有哪些?"而这一问题的答案便是你当前急需改变的事实。解决了这些困扰你的问题,你的目标便会一马平川,马到功成。

9. 现在,重新回头看看你的四个主要目标,制定出循序渐进实现这一目标的第一步。 记住从目标入手,追根溯源。要想实现这一目标首先应该做什么? 或者当前阻碍我实现目标的因素有哪些? 我该如何应对? 你的规划中必须有着近期或当前目标,切勿好高骛远,脱离实际。

至此为止,我们已经介绍完成功公式的第一部分内容,你也已彻底清楚了自己的目标,确定了自己的短期和长期目标;确定了自身的哪些方面对成功有益,哪些方面则会成为你成功的拦路石。接下来我将要向你讲述成功的方法策略。

取得卓越成就最稳妥的方法是哪种呢? 那便是模仿那些已经成功的人。

10. 就从模仿开始入手吧。 你的模仿对象可以是生活在你周围的人,亦可是那些取得巨大成就的著名人物。写下3~5个你想要模仿的对象,用几个字简短地概括出使其成功的品质和行为。做完这些以后,闭眼冥想一下这些人就在你耳边对你谆谆教诲,向你传授成功之道。记下各个人所提供的主要建议。这些建议可能是教导你如何扫除拦路石、如何突破局限,或者是应该对哪些部分特别小心。只需在脑中想象他们就在你耳边孜孜不倦地讲,在每个模仿对象的名字下方记下其提供的首要建议(即你认为他们会提供的首要建议)。即便你与他之前并无任何私人联系,他仍能成为一个极佳的导师。

阿德南·哈肖吉的模仿对象是洛克菲勒。他的目标是成为一个富有、成功的商人,所以他选择了这一方面的典范。史蒂文·斯皮尔伯格的模仿对象是环球电视中心的职员。理论上而言,每一个赢得巨大成功的人,都有着自己的偶像和精神导师,指引着他们朝正确的方向前进。

现在你已经知道了自己的方向,可以追随着成功者的脚步前行,无须将时间和精力浪费在岔路上。究竟什么样的人适于做你的模仿对象呢?可以是你的家人、朋友,亦可以是国家领导人、社会名流。如果你未找到好的模仿对象,那就不妨花点时间审慎地寻找一个。

在此之前,你所做的都是向大脑传达信号,使其形成一个清晰、具体的目标。目标就如同磁铁一般,吸引着一切有助于其实现的因素。通过对第六章的学习,你知道了如何运转自己的大脑;知道了如何操控自己的次感元增强正面的信息,消减负面的刺激。接下来,我们将对你的目标进行同样的处理。

回想一下自己过去最成功的一次经历。闭上双眼,将那次成功的画面尽可能清晰、明亮地展现在脑海中。记下画面在你视野中所处的位置;再次重复这一过程,注意所有的次感元——画面的尺寸、形状、运动特性,以及声音、类型和造成的内心感受。接下来,想想你刚刚写下的个人目标,试想一下自己实现这一目标时的画面,将画面置于你刚刚记下的视野位置,使整个画面尽可能清晰、多彩,画面尺寸尽可能大。注意一下自己此时的感受,你将能体会到二者之间明显的差异。相对于目标设计阶段,此时的你成功的自信心无疑要强多了。

如果你发现这么做有些困难,不妨尝试一下我们前文讲述的"飚换模式"。将你的目标画面置于视野的另一侧,整个画面模糊、昏暗、色彩单调。随后将其快速切换至已经成功时清晰、明亮、多姿多彩的画面,通过这种方式击碎所有可能失败的心理暗示。你需要持续进行这项练习,以便你的大脑能够得到更清晰、更多姿多彩的图像。大脑接受的刺激越深刻,成功带来的激励感越强,实现目标的欲望越强。记住,成功是一个恒久的追求,而非某种结果。

11. 拥有各种各样的目标固然很好,但倘能将这些目标协同在一起就更佳了。现在不妨尝试创造完美一日。你希望在这一天中,遇到哪些人?在这一天中你又要做些什么?这一天是如何开始的?你又要到哪些地方?从清晨睁开眼的一刻到深夜熄灯就寝的每一个环节都不要遗漏。你处在什么样的环境中?结束这样完美的一天,你躺在床上时,心中是何种感受?用纸笔详尽地记录下来。记住,所有的结果、行为及现实均源自我们的思考,不妨现在就在脑中创造出你所期望的完美一日吧!

12. 有时我们会忽略了家庭环境的影响。家庭是梦想的发源地。我们往往忽略了若想成功,首先应提供可滋养创造力的环境。创造力可帮助我们做成任何事情。

所以,设计你理想的环境。我希望你能够获得极好的方位感。任你的思想自由驰骋,不受空间的局限。就像国王指点江山一样,将整个环境按你的意愿自由设计。你希望自己住在哪里,树林、海洋还是办公室中?你希望自己手中掌握着何种工具,调色板、涂料、乐器、电脑还是电话?周围又围绕着哪些助你达成目标的人呢?

如果你不知道自己期望的完美一日是何种样子,你又怎么能创造出完美的一日呢?如果你不知道何为自己理想的环境,理想的环境对你又与海市蜃楼何异?无的不能放矢,你连自己的目标都不清楚,又怎能指望自己达成所愿呢?记住,你必须在大脑中形成清晰的目标概念。你的思想可以指导你达成任何目标,但前提是你首先应该有清晰的目标。

思考是最艰难的工作,这也是思考者寥寥无几的原因。

——亨利·福特

如果你未能清楚自己的目标,达成目标便无从谈起。本章的这些练习可以帮助你设立自己的各种目标,从而使你在成功的道路上跨出极为关键的一大步。通过本章的学习,你至少可以知道一点:结果有其必然性。如果你未能在心中规划自己期望的结果,别人将对你颐指气使;如果你心中没有自己的蓝图,注定将沦为别人计划中的棋子。如果你仅仅阅读本章的内容,却未将其用在你的实际生活之中,那么这不过是一堆废纸,而你也是在浪费自己的时间。阅读的同时,你一定要认真地做每一项练习。可能一开始并不容易,但请相信我,这些付出会带给你丰厚的回报,在这些练习过程中你会感受到越来越多的快乐。大多数人生活并不如意,原因是成功离不开艰辛的付出,目标设定、追逐成功的过程都需要艰辛的付出。在艰辛面前,人很容易望而却步,放弃了人生的长远规划,仅为一口饭一生庸庸碌碌。稍稍花点时间和精力完成这些练习,切勿给人生留下遗憾。人生有两种痛苦:一种是磨炼的痛苦,一种是悔恨的痛苦。前者渺若微尘,后者重如大山。将本章所述的 12 个原则应用在你的生活之中,你将受益匪浅。这是你自己的人生,你应该学会权衡。

此外,定期地回顾一下自己获得的结果也十分重要。有时尽管我们做出了改变,但由于我们未能时常监视自己的方向是否正确,结果仍不尽人意。每隔几个月,系统地回顾一下你所获得的结果,随后再延长到半年或一年。随时记录你所获得的点点滴滴,使你能够清楚整个进程、你现在所处的阶段。如果你的生活过得有意义,便值得你记录。

这些方法是否都有效呢?绝对有效!这一点你大可放心。三年之前,我就像这样规划着自己的完美生活以及理想的环境,现在这两个梦想均已成真。

当时我还住在加州马林那德尔雷那个不起眼的地方,但当时我已经意识到我的生活不该如此单调,决定好好地规划一下自己的人生。每天我都在思考我想要过的生活,日久之后,便让这热切期望在心中扎根。这就是我现在成就的开端。我热切地盼望能够住在海边,清晨一睁眼便能看到碧蓝的大海,可以呼吸海边的空气,在海滩上跑步。这个画面并不十分清楚,仅仅包含了绿色植物和海滩。

在运动过后,我需要有个办公的地方,我的办公室要宽敞、明亮;我居室的二层和三层是圆柱形。我希望有一辆豪华的私家大轿车及专用司机;我希望能有几位跟我志同道合的朋友,创立一家公司;我希望自己的新设想能如泉涌;我希望找个贤惠的妻子。当时我身无分文,我希望自己能够有充裕的经济收入。

现在我已得到我当时所展望的一切:我现在居住的豪宅正是当时我热切盼望的;在那六个月后我便遇到了自己心仪的女子,在其后的第八个月,我们步入了婚姻的殿堂;我现在的工作环境亦和我当初的设想完全一致;我的灵感火花在这种环境下不断涌现,我轻松地实现着我的任何目标。想不想知道我成功的原因?我首先设定了一个目标,然后每天都像自己已经实现这一目标一样暗示自己。有了清晰明确的目标,强大的无意识思想便开始指导我的思考和行为,实现我所期望的结果。这一方法曾改变了我的人生,对你同样适用。

没有愿景,人便灭亡。

——《旧约·箴言》29章第18节

接下来你要做最后一件事情:列一张表,写下过去曾是你的目标而目前已实现的事情——你当初的目标不是也实现了么?你掌握了资源,得到了他人的帮助,取得了你所期望的成就。我将这一过程称做感恩日记。有些时候,我们往往太过关注自己未得到的东西,而对自己拥有的东西缺乏感激。若想成功,首先应该正视自身拥有的资源,对其心存感恩,以此为跨向成功的跳板。无论何时,总有改善生活境况的方法。实现最高的梦想,仍需从现在脚踏实地,沿着正确的方向前进。莎士比亚曾说:"行动是最好的雄辩。"从今天做起,用最有效的行动创造最圆满的结果。

通过本章的内容，你知道了目标精确的重要性。与自己和他人沟通时，同样需要十分精确。精确程度影响着我们的沟通质量。

接下来，我将为你介绍获得这种"精确"的方法和技巧。

人类的语言就如同一面破锣，我们打出的拍子只能使狗熊跳舞，却幼稚地期望星辰为之动容。

——居斯塔夫·福楼拜

第十二章

精确的功用

Unlimited
power

回想一下被语言打动的某一个时刻。这些话语可能发生在公开场合,如马丁·路德·金那句振聋发聩的"我有一个梦想";亦有可能是发生在师生之间、父子之间的私下教诲。我们都有过被某句话穿透内心、铭记一生的经历。鲁德亚德·吉卜林①曾说:"语言是人类所有的最有效的药物。"我们都曾体会到语言的神奇魔力。

当约翰·葛瑞德和理查德·班德勒对成功人士进行研究时,他们发现了很多共有特征,其中最突出的一点就是这些人都是驾驭沟通技巧的高手。作为一个公司经理,管理信息的能力是必需的。葛瑞德和班德勒发现最成功的经理人似乎都有着迅速捕捉到核心信息的能力,并且可以将自己知道的内容准确地传达给他人。他们倾向于使用精简的词汇来精确表达其最重要的观点。

他们还知道自己无需全知全解。他们能够精确地区分出何为其必须知道的,何为其无需了解的内容,而将全部精力放在了前者上面。葛瑞德和班德勒还对维吉尼亚·萨提亚、弗里茨·波尔斯②以及米尔顿·艾克森这样的心理学大师进行过研究,发现了几个他们多年来常用的词汇,而这几个词汇可以使他们仅通过一两次诊疗就能解除病因,而获得同样的效果,其他心理师往往要花费一两年的时间。

葛瑞德和班德勒能发现这点毫不奇怪。前文说过,地图并不是真实的边界,我们通过语词所表达出的感受亦不是我们的真实感受——只不过是我们选择的最为贴切的表达而已。因此,成功的一个必须要点便是精确地将自己心中所想的信息传递出去,使之与我们的本意尽可能地吻合。每个人都有被语言打动的时刻,而同样也有着词不达意的尴尬时刻。往往我们所要表达的内容,到别人那里已经变味。精确的语言可以使人理智,模糊的语言则会使人困惑。乔治·奥

① 约瑟夫·鲁德亚德·吉卜林(Joseph Rudyard Kipling,1865~1936),生于印度孟买,英国作家及诗人。
② 弗里茨·波尔斯(Fritz Perl,1893~1970),德国出生的犹太裔心理学家。

威尔①曾写道:"如果思想可侵蚀语言,那么语言亦可侵蚀思想。"正是基于这一观点,他写作了《一九八四》。

我们将在本章学习一些高效的沟通手段,以便使你能够更精确地将自己的观点传达给他人。我们要时刻牢记,所说的每一句话都有可能成为我们与他人之间的藩篱;相反,也可能成为我们与别人之间沟通的桥梁。重要的是如何通过语言在人与人之间架起沟通的桥梁,而不是彼此隔膜。②

在我的课堂上,我曾就如何随心所欲地获得自己期望的内容与学员交流。事实上,我仅仅要求他们在纸上写下:"如何随心所欲地获得我所期望的一切?"在经过一番铺垫之后,我给了他们一个奇幻的公式。

如何随心所欲地获得你所期望的一切?"求助/咨询,从这堂课结束时开始。"

是不是觉得这是一番戏言?绝非如此。此处的求助(Ask)并不是让你以哀怜、恳求的语气向别人乞求,也不是要求别人为你的事情操劳,而是要求你理性、准确地求助。这种求助方式既可使你本人受益,也可使你的求助对象获得其所需的利益。在上一章,我们已经知道了如何制定具体的目标。而在本章,我们将介绍一种更为特殊的语言工具。关于如何理智、精确地求助,须遵循以下五个指导原则。

1. 求助/咨询应具体。在表述你的求助内容时,你必须能够清晰地表达出你想要获得的结果,你以及你的表达对象必须都能准确、无误地理解你所表达的内容。诸如多高、多远、何时、何地、何人、何物此类问题均能得到清晰的阐释。如果贵公司想向银行贷款,只要你知道如何求助,便可轻松地贷到所需款项。倘若你说:"我们需要新增一条生产线,需要这方面的资金,希望贵处能够帮助我们。"这样,你获得所需款项的机会微乎其微。你需要向你的借款对象表明你能够通过新增生产线盈利。在设定目标的课堂上,学员们都说自己想要赚很多钱。我给了他们一刻钟的时间让他们求助,有人成功、有人失败,成功者总是那些理智、精确的求助者。

---

① 乔治·奥威尔(George Orwell,1903~1950),原名艾里克·阿瑟·布莱尔(Eric Arthur Blair),英国左翼作家,新闻记者和社会评论家。《动物庄园》和《一九八四》是奥威尔的传世作品。
② 《圣经》中曾记录过"通天塔"的故事。即人类曾想建造一座可以到达天堂的塔,上帝为了阻止人类,便使他们语言不通。

2. 向那些能够帮助你的人求助/咨询。仅仅求助/咨询得具体并不够,你咨询/求助对象的选择也非常重要。他们必须是那些具有这方面知识、能力、洞察力或经验的人。假定你们夫妻之间发生矛盾,即将分崩离析。你可以向爱人倾诉自己的深情,也可以尽可能坦诚地和你的爱人互诉心语。但倘若你向那些婚姻关系一塌糊涂的人求助,是否有利于你的和好呢?当然不会。

向正确的人求助,可助我们事半功倍。无论是人际关系、工作、理财规划,都有这方面的良师益友,向他们求助,你便可以驾轻就熟。关键是找到合适的人,咨询他们在这方面是如何做的。大多数人会从酒中寻乐,期望酒精能带给自己同情和安慰,在酒精的迷失中窥见希望。同情并不是解决问题的办法。

3. 为你的求助对象创造价值。切勿认为所取即有所予,别人会理所当然地帮助你。在向人求助之前,你必须能提供对他有吸引力的帮助。如果你有一个商业计划急需启动资金,此时最好的办法是向一个既能提供帮助、又能通过你的计划获益的人求助。向他证明你的项目可能为双方盈利。当然你能为对方创造的价值并不仅限于有形资产。你所创造的价值也许只是一种感觉、一种见解或是一个梦想,但仅仅这些是不够的。如果你走到我面前说自己需要一万美元,我的回答很可能是"想要这笔钱的大有人在"。倘若你能向我表明你需要这笔钱改善人们的生活,我可能会认真地听你讲话;而如果你能向我证明你将如何运用这笔钱为他人造福、为自己盈利,我便很可能开始寻找帮助你实现目标的方法。

4. 求助时应绝对专注,抱有坚定的信念。在你犹豫不决的时候,结局便已注定。倘若连你自己都对自己的目标缺乏信心,又怎能说服他人呢?因此,在求助时,无论是话语还是肢体语言,都应保持绝对自信。要通过这些语言和外部特征证明你很清楚自己的目标,你对成功充满自信,你有能力为自己以及求助的对象创造出价值。

有时候上述四个原则我们都做到了完美无缺,我们的求助/咨询很具体,我们的求助对象也非常合适,我们的项目也能为彼此创造出价值,我们求助时也是信心满满,即便如此,我们仍未得到期望的结果。此时的原因便是遗漏了第五个原则,没有做到"不达目的不罢休"。第五条也是最为重要的一条。

5. 求助应持之以恒,不达目的不罢休。当然这里的"不达目的不罢休"并不是在同一个人、同一种方法上吊死。成功公式中要求敏锐地感知你所获得的东西,并能够灵活地适时调整。在求助时,你也需要不断地变化和调整,直到达到你所期望的目的。如果你对成功人士的生活有过深入的了解,你会发现他们都会不断地尝试调整求助的人。这是因为他们坚信自己或迟或早终将遇到可以满足自己需求的人。

上述五条中最难得是哪一条?对于大多数人而言,具体地表述求助可能是最难的。毕竟美国的文化中并不强调交流的严谨,这一点也是我们的四大文化缺陷之一。对于"雪"这个单词,爱斯基摩人可能理解出若干种含义。这是因为作为爱斯基摩人,必须能够区分出何为建房的雪,何为狗拉雪橇在上面飞驰的雪,何为可以作为食物的雪,何为即将融化的雪。而作为一个土生土长的加州人,我实际上没有见到过雪,仅仅知道"雪"这个词对我就足够了。

我们文化中具有很多没有清晰表意的词语,我将此类泛化、空洞的词语称作"空泛的语言"。此类词语并不属于描述性语言,而更像是猜谜游戏。"玛丽看起来情绪低落"、"玛丽看起来很疲惫",就是很空泛的表达。比此更糟糕的表达则是"玛丽情绪低落"或"玛丽很疲惫"。而具体、清晰的表达则是:"玛丽是一位32岁的女性,棕发蓝眼,此刻就坐在我的右侧。她此刻正斜靠在椅背上,喝着减肥可乐,她此刻双眼迷茫,呼吸微弱。"这种表述才能让未在场的第三者感觉到玛丽的真实状况,而前几种表达只会让听者陷入到猜测和臆想之中。因为讲述者并不知道玛丽内心的真实想法,他仅仅是依照自身的经历所下的判断。

没有任何权宜之计可以让人逃避真正的劳动——思考。

——托马斯·爱迪生

胡乱假设是那些懒于交流的人的通病。交流时若存在这种毛病,是最危险的事情。"三哩岛事件(Three Mile Island)"便是最佳的例证。根据《纽约时报》的报道,这次导致核电站关闭的核泄漏事件的多数原因归于员工的交流不利。公司的官员事后也承认,他们都认为其他人会处理所遭遇的问题,因而没有直接过问具体由谁来直接执行以及如何执行,他们一厢情愿地认为必定有人会负责的。正是这种一厢情愿的假设造成了美国历史上危害最大的核泄漏事故。

我们的多数语言是空泛的,所以给予了他人假设的空间。这种"偷懒"的语言使我们很难真实地传达我们所要表达的信息。如果他人能够清晰、具体地告诉你困扰他们的问题,你便可以对症下药,寻找问题的症结以及应对办法。倘若他们使用含糊的语言,则会使你一头雾水、不知所云。有效沟通的重点是去除这种含糊性的表达,清晰地传达你想要表达的内容。

精确的模型

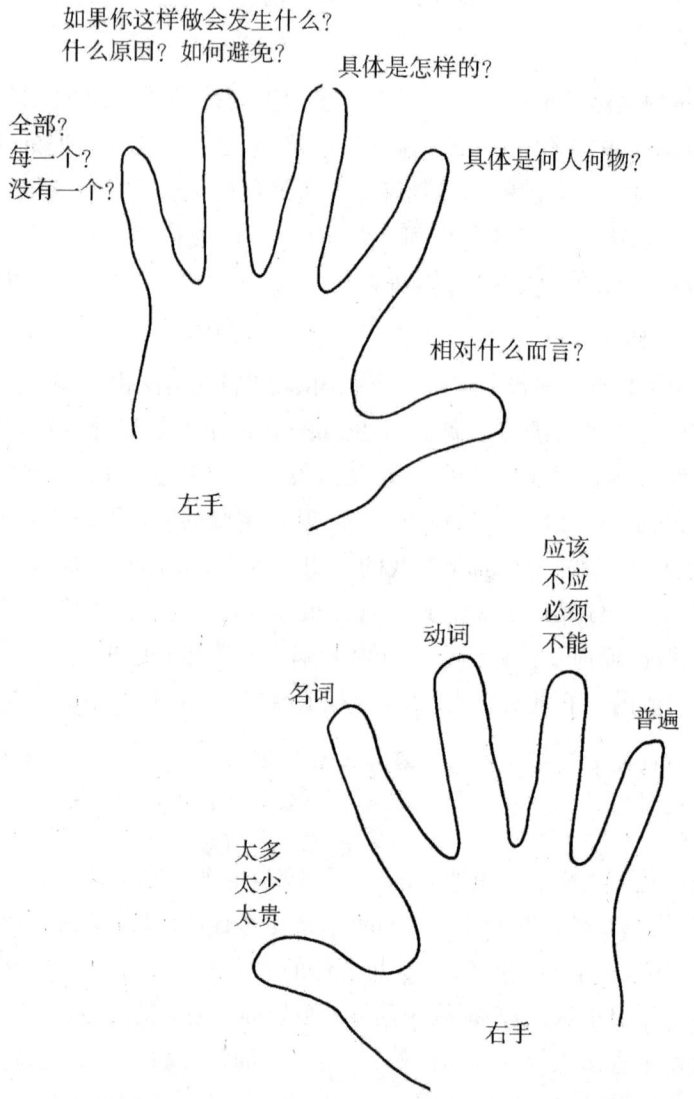

如果你这样做会发生什么?
什么原因? 如何避免?

具体是怎样的?

全部?
每一个?
没有一个?

具体是何人何物?

相对什么而言?

左手

应该
不应
必须
不能

动词

名词

普遍

太多
太少
太贵

右手

  懒惰而过于空泛的语言屡屡造成我们的沟通失败。如果你想要进行高效的交流,就需要避免那些含糊性的表达,必须清楚如何清晰、具体地表达。所谓"语言的精确"便是要求语言中包含尽可能多的有用信息。你所表达出的内容与你的本意差别越小,交流的效率越高。

避免含糊性表达的一种方法是建构精确的模型。这个方法需要借助你的双手,花点时间记住上图中各个手指所代表的含义。一次举起一只手,将其置于视野的左上方,以便将其牢牢地记在心中(参见前文所述的视觉记忆方法)。一次盯住一根手指,不停地说出它指代的意义,直至将其完全记住。然后再盯住下一根手指,进行同样的处理,直至你将五个手指的意义都完全记清。对另一只手重复这一步骤。之后再重新检查一下,是否清晰地记住各个手指所指代的含义了。进行完上述步骤后,看看自己是否能够一看到某根手指,立马想到其指代的含义,如果不能则重复上述步骤,直至可以自动将图表内容与手指联系在一起。

现在这些词语及其指代的含义已经深植于你的心中。精确的模型可以使你克服常见的含糊性表达。其作用就如同一个导航地图,可使人避开前面的"路障(含糊表达)"。一旦我们出现含糊性的表达,这一模型立马跳出来,纠正你的错误,使其更为具体、清晰。通过这种方法,可以避免你的交流对象曲解、忽略或者空泛地理解你所表达的内容。

就从小指开始。右手的小指指代的意思为"普遍",而左手的小指则代表"全部、每一个"或"没有一个"。有时"普遍"是正确的表达,例如我们常说的"每一个人都要呼吸空气"或者"你儿子所在学校的每一名教师都是大学毕业"。但"普遍"在有些时候则很容易让人曲解。当你看到小孩在街上大吵大闹时,你会说:"现在的小孩子太没有礼貌了。"你的某一名员工偷懒时,你会说:"我不知道为何要给这些人付工资,他们从不努力工作。"上述两个例子中我们都采用的是"普遍"的表达,但是这种表达却是和事实不符的。可能这些孩子很吵,但并非所有的孩子都是没礼貌的;可能有些员工看起来不够勤奋,但并不是所有员工都未努力工作。当你下次发现自己使用上述泛称表达时,可按照精确模型进行简单分析。重复一下这种表述,注意一下是否普遍适用。

"所有的孩子都没礼貌?"问问自己:"是所有的孩子吗?"

"我想不是,只是这群孩子而已。"

"你的员工没有一个勤奋工作的?"问问自己:"没有一个吗?"

"我想不是,这个员工消极怠工,并不能代表所有的员工都如此。"

接下来看看双手的无名指。右手的无名指指代的意思是"应该,不应,必须,不能",而左手无名指则代表"如果你这样做会发生什么? 什么原因? 如何避免"。如果某人告诉你他不能做成某事,他传达给自己大脑的又是什么信号呢？自然是限制其做成的信号，结果也会验证他的信念。如果你询问某人为何无法做成某事或为何他们不得不去做他们不愿做的事情，他们通常能列出一大堆理由。要想避开这种循环效应，不妨问他："如果你能做到，会是怎样?"从而创造出一种出其不意的可能性，促使他们思考与自己行为截然相反的积极结果。

其实你的内心交流亦和此过程类似，当你对自己说"我做不到"的时候，不妨接下来问："倘若我做到了，会是何种结果?"对于后一问题的回答则可能带来一系列正面的行为和感觉。这一过程创造出了一种新的认知储忆，随之而来的便是新的心态和行为，进而创造出新的结果。这一方法运用纯熟后，只需一问问题，你的生理状态及思考立即改变，不能做到的事情亦已可行。

此外，你也可以问："阻碍我做成这件事的因素有哪些?"便可清楚地知道自己应专门改变的地方。

接下来过渡到中指，双手分别指代动词和"具体是怎样的"。记住，只有接收到清晰的信号，大脑才能高效运转。空泛的语言和思考只会使大脑一头雾水。如果某人说"我感到沮丧"，他只是表述出了一种沉溺的心态，其指代的内容并不清晰。他没有给出供你解决问题的实质性信息。解除沉溺的心态的方法需从解除空泛的语言入手。如果某人告诉你他情绪低落、沮丧，你应该问他具体是怎样沮丧的，具体是哪些行为造成的沮丧。

当你要求他更具体地表达时，将会使其精确模型从一个部分转至另一部分。他可能会说："我沮丧是因为我的工作一团糟。"接下来你又面对的是怎样的问题呢？是普遍成立吗？不一定。此时你的问题是："你的工作总是一团糟吗?"此时绝大多数回答会是："不，并不总是一团糟。"通过打破泛化的语言，得到具体的答案，你也就可以识别出问题的症结以及应对措施。其实生活中我们遇到的多是鸡毛蒜皮的小事情，但主观上却把问题无限放大，最终成了难以解除的心结。

再过渡到食指，双手的食指分别代表名词和"具体是何人何物"。当你听到空泛表述的名词(如人、地点或事物)，第一反应应是："具体是谁(哪些事物)?"这也是对动词进行"精确化"的方法，将空泛、不具体的内容转化为可知、可感的具体内容。别人脑子里是空泛的内容，你也不可能得出清晰的概念，你只能处理具体、可知的内容。

不具体的名词是最空泛的表达。你是不是经常听到有人说"他们一点都不理解我"或"他们根本不给我一次公平的机会"？这里的"他们"又指代的是谁呢？如果指代的是一个组织，那么做决定的很可能是某一个人。因而这里的"他们"就表达得很含糊，你需要指出那个进行决策的人而非整个组织。使用不具体的，表意不明的"他们"是最糟的托词。如果你不知道"他们"代表的是谁，你就只能绝望、悲观，自甘堕落。但是倘若你知道具体是谁进行决策，你便可以掌控局面。

如果有人说"你的计划就是不行"，你需要找出他们眼中你的问题所在。诸如"不，这个计划可行"的辩驳于事无补。通常，问题仅仅出现在整个计划的某些小环节上面。如果你重新制定整个计划，寻找症结无异于大海捞针。你要重新处理所有事情，而仅仅其中的一项存在问题。如果你能确定问题所在的环节，然后再处理，无疑会事半功倍。记住，不断缩小问题的范围，便能不断地接近问题的症结所在。对问题的症结了解得越多，你的应对能力就越强。

最后过渡到我们的大拇指。右手的大拇指代表"太多、太贵"，而左手则代表"相对什么"。当我们说"太多、太少、太贵……"等内容时，则是另一种泛化的表达。通常该表达的是基于我们大脑随意的想法。你可能想要说的是一周多的休假让你感觉太长了，或者孩子要求买的 229 美元的家用电脑太贵了。

倘若有了比较的参照物，你的表达就不那么空泛了。如果你休假归来时全身心放松，可以精神百倍地投入到工作之中，那么两星期的休假是值得的。如果你认为家用电脑的用处不大，你会觉得这台电脑太贵了；但倘若你认为它是很有价值的学习工具，你则会认为即便花上千美元也是值得的。理性判断的前提，是能够找到清晰的参照对象。这种精确模型的方法运用熟练后，你会自然而然地寻找对应的参照对象。

例如，偶尔会有人告诉我："你的课程太贵了。"我会立刻反问："相对什么？"他的回答可能是："相对于我过去所参加的其他课程。"

此时我会要求他讲出过去所讲的课程的特别之处，然后问："我的课程是否又和他们的相同呢？"

"不，完全不同。"

"这就有意思了，如果你听过我的课程之后，觉得这些时间和金钱花得完全值得呢？"

他的呼吸频率开始变化,笑着说:"我不知道……我想我会感觉很愉快。"

"你觉得我在课堂上应该怎么做,你才会有愉快的感觉?"

"这个,如果你能在讲述那个话题的时间更久,我就会有那种感觉了。"

"那好,如果我花更久的时间讲述这一问题,你会觉得自己的时间和金钱花得值得吗?"

他点了点头表示同意。在这段交谈中,发生了什么事情呢?我们一起找出问题的症结所在,从含糊的概念延伸到问题的具体症结,进而基于此寻找出解决方法——这一方法在所有的沟通过程中均适用。达成统一的方法便是对信息的细化。

在随后的几天,不妨留意一下别人所说的话。尤其注意一下那些"普遍"和不具体的动词和名词。如何练习呢?打开电视机,观看访谈类节目。留意一下那些空泛的表达,然后用上述方法进行提问,以便获得具体的信息。

此外还需注意到几点。应避免使用诸如"好"、"坏"、"更好"、"更坏"这些带有判断指示含义的词语。当你听到"这是个坏主意"或"吃尽盘里的东西对身体很好"时,你应该产生的第一反应是:"这是基于谁的观点?"或:"你是如何知道这一点的?"有时这些人会列举出彼此的因果关系,他们可能会说"他的观点令我很不舒服"或"你的眼神使我无法思考"。当你听到这些回答时,若你能够提问"X 与 Y 之间有何具体的因果关系",便可以称作称职的沟通者和模仿者了。

另一个避免空洞的方法是读取他人内心的想法。例如当有人对你说"我就知道他爱我"或者"我觉得我无法相信你"时,你就需要问他:"你是如何知道这一点的?"

此处需要学习的最后一种方法稍稍巧妙一点,这需要你格外用心。"注意"、"陈述"和"原因"这三个词语有什么共同点?它们都是名词。但他们都不存在于外部世界中。你亲眼看到过"注意"?它不是一个人、一处地点或某一事物。这是因为其常作为动词使用,描述注意的过程。动词变名词后便失去了其具体性。当你听到这样的词,你首先想到的是一个过程——重新还原并重温这一过程。如果有人说:"我想改变我的经历。"改变他经历的方法便是问他:"你想要什么样的经历?"如果他说:"我渴望被爱。"你便问他:"你希望怎样的爱?"

或者："爱是什么?"这两种形式之间有具体的差异么? 当然有。

通过正确的提问能实现直接交流。这样的方法有多种,其中一种称作"目标架构"。如果你问某人哪些事情困扰着他们或是遇到哪些烦心事,他会滔滔不绝地为你讲上半天。如果你问"你的目标是什么"或者"你希望如何改变这些东西呢",你们的交流就直接从问题转移到解决办法。在任何状况下都有一个目标,你的讨论也应以目标为中心进行架构,从而使一切的交流均指向同一目标。

通过正确的提问,便可轻松地使交流走向正轨。NLP 比较倾向于以下几种"目标提问":

"我想怎么做呢?"

"我的目的是什么?"

"我到底是为了什么?"

"我能为你做些什么呢?"

"我该为自己做些什么呢?"

这不是"问题框架"么? 即选择"怎样"形式的问题代替"因何/为何"形式的问题。"为何"形式的问题得到的是答案、解释、判断和理由,但其中往往不包含有效的信息。不要问孩子为什么数学不好,而是问他如何才能做到更好。也没有必要问下属因何没有做成那笔生意,问他如何保证下一笔生意能够做成。好的沟通者不会太在意问题的症结,他们更关心如何解决问题。正确的提问可以使沟通的方向更正确。

接下来我将结合第五章——成功的七条谎言,陈述我的最终观点。我们所有的交流(无论是自我交流还是与他人交流)都应以承认万事皆有目的为前提,这一观点对你实现目标也很有帮助。这也就意味着我们所有的交流都是一种结果,并没有失败的概念。就像玩拼图游戏,如果某一小块未能和其他的图像拼合在一起,并不能代表你失败了,只是证明了这是一种不令你满意的结果。你可以将其返回到原位置,重新开始拼图。交流中也是如此。具体的提问和精确的词汇将使沟通畅通无阻。如果你能遵循本章所述的原理,你在任何场合都不会存在沟通障碍。(前提是你使用精确的模型。)

在接下来的一章,我们将讲述人与人之间如何相互影响,以及如何将众人团结在一起。我们将这种能力称做——

朋友是能了解你、启发你的人。

——罗曼·罗兰

第十三章

默契的魔力

Unlimited
power

你肯定曾有过和另一个人情投意合的时刻。这个人可能是你的朋友、恋人、家庭成员，也有可能是偶遇的路人。不妨回忆一下你们相谈甚欢的时刻，思考一下为何这个人能与你如此的投缘。

很可能是因为你们对某些电影、书籍有着类似的思考和见解；或者你们曾有过相同的经历；也有可能因为你们有着相同的呼吸或讲话方式，只是你并未意识到这一点；或者是你们有着类似的出身，保有相同的信念。以上种种都是默契的表现。默契是一种探入他人内心深处的能力，可以使对方感觉到你与他相互理解，彼此之间有着强烈的思想共鸣。默契感是一种可以将自己的世界延伸到他人世界中的能力。默契也是成功沟通的核心要素。

默契还是和他人共事的必要条件。别忘了，我们曾在第五章（"成功的七条谎言"）中提及，人是最大的资源。而默契则是激发利用这种资源的最有效方法。无论你生活中追逐的是何种目标，只要你能够找到合适的人，与之形成默契，他们便可助你成就梦想。

培养默契的能力是人最应拥有的能力之一。出色的演员和推销员，成功的父母和朋友，杰出的谈判家和政客，都需要具有极佳的默契，需要和他人的思想产生共鸣，彼此之间能够形成融洽的关系。

许多人将人理解得太过艰深、复杂，其实大可不必如此。本书中提供的培养默契的方法均十分实用，与他人之间的默契感可以使一切任务变得简单、轻松，亦能使你从中体会出无尽的乐趣。无论你想要达到何种目标，世间总有人可以帮助你快捷、轻松地实现目标。这些人或者知道如何快捷、轻松地实现这一目标，或者可以为你快速实现目标提供有效的帮助，前提是你能找到这些人，并与之形成默契。这种默契可以使双方紧密联合在一起，亲如一家。

知不知道一句大家早已耳熟能详的陈词滥调——"异性相吸"？和其他失败的东西一样，这句话也不能算是一无是处。当人与人之间存在太多共同点时，会觉得彼此间的差异具有特定的吸引力。但综观整体，最吸引你的人是谁？你更愿意和谁待在一起呢？你会不会寻找那些和你格格不入、兴趣爱好截然不同的人——他们在你玩兴正浓时鼾声大作，在你昏昏欲睡时却活蹦乱跳？当然不会！一般来说，人们希望跟那些和自己类似却又有那么一丁点差异的人待在一起。

当人与人之间彼此相似时，会产生好感。那些成立俱乐部的人之间相差很大吗？当然不是。他们都是由退伍军人、集邮爱好者或者棒球明星卡收藏者这些具有相同点的人组成的团体，这些相同点营造出了彼此的默契。你是否见到过以下场合中，两个素未谋面的陌生人一见如故，相谈甚欢：其中的一个人是个快嘴的喜剧演员，而另外一个人则比较喜欢清静，不被打扰。他们之间将如何相处呢？恐怕结果会是一团糟。彼此间相似点的缺失使得双方很难形成好感。

美国人更愿意和哪国人待在一起呢？英国人还是印度人？答案显而易见。再想想中东地区，为何问题不断？犹太人和阿拉伯人的信仰相同么？他们的司法体系相同么？他们的语言相同吗？此类的差异不胜枚举。中东问题的根源就在于彼此的差异。

事实上，当我们说人们"道不同，不相为谋"时，我们的意思是说他们的差异造成了所有的问题。以美国黑人与白人的问题为例，问题的根源出自哪里？出在人们太在意二者之间的差异——肤色、文化、风俗习惯，等等。大量的差异造成双方的冲突，相似点却可以使彼此融洽相处。纵观整个历史，这一原理屡屡应验。这是一条超越了地域、超越了个体的永恒真理。

以生活中任意两人之间的关系为例，如果彼此之间十分融洽，则必定是因为他们的某些共同点。或许他们在某些事情的处理方式上存在差异，但使他们走到一起的首要原因必定是他们的共同点。不妨回想一下你心仪或有好感的那些人，注意一下他们身上的哪些东西吸引了你。是不是因为，在某些事情的处理方式上他和你相同，或者至少和你想要的方式相同？你不可能会觉得一个处处与你格格不入的人是一个好伙伴。你夸奖某个人聪明时，是因为他和你的视角完全相同，并拓展了你的视角。再回想那些你认为不可理喻的人，这些人与你有相似点吗？你会认为这个人糟糕透顶，"他怎么可能和我一样呢！"

差异造成冲突，冲突会造成更多冲突，更多的冲突则会造成更多的差异，如此反复循环，是不是就不可能跳出这个圈子了呢？当然不是。因为对任何事物而言，既然存在差异，就必定存在相似点。美国的白人与黑人之间是否存在很多差异？如果你想注意力集中在二者的差异上，那么他们之间的确存在着很多差异。但他们之间难道就没有很多相同点吗？我们都是人类，同有七情六欲。从分歧走向和谐的方式，便是将注意力从彼此间的差异转向相同点。实现良好沟通的第一步便是将自己的世界延伸到他人的世界之中。我们又如何做到这一点呢？通过默契的艺术。

如果你想赢得一位对你目标有帮助的人，首先要让他确信：你是他真挚的朋友。

——亚伯拉罕·林肯

如何与他人之间建立默契呢？方法便是创造或发现彼此间的相同点，NLP称之为"镜像（Mirroring）"或"匹配（Matching）"。通过创造彼此的相同点，进而营造出默契的心态的方法有很多种。你可以镜像他人的兴趣——即寻找他人与自己在衣着品味、兴趣爱好等方面的相同点。你也可以镜像彼此间的关系，即寻找双方共同的朋友或熟人。你也可以镜像信念。另外，共同的经历也有助于建立彼此间的友谊和融洽关系。所有此类经历都有一个相似点，即都是用语词交流的。与他人匹合的最常用方式莫过于通过语词交流信息。然而研究证明，人与人之间的交流沟通仅有7%的内容是通过语言进行的。38%的交流是凭借声音。我记得小时候母亲用一种特殊的语调叫我"安东尼"时，含义并不仅仅指代我的名字。55%（占最大的比重）的交流是通过肢体语言进行的。面部表情、手势以及肢体动作所传达出的信息要远比所讲的话更多。这也是为何唐·里克斯这样的喜剧演员能够迅速蹿红，让你捧腹大笑，艾迪·墨菲用四个字的顺口溜使你忍俊不禁的原因所在。他们的笑点不在于语言，而在于他们说话的腔调和肢体动作。

因此，倘若我们在交流时将过多的注意力集中在谈话内容上时，我们就忽略了绝大多数本可有助于创造相同点的细节。获得彼此间默契的最好方法是镜像（即模仿）或创造与他人相同的生理状态。这也是催眠大师米尔顿·艾克森常用的一种方法。通过镜像他人的呼吸节奏、举止、语调以及行为举止，他可以在极短的时间内和陌生人相谈甚欢。大师尚且要多管齐下，倘若你仅仅依靠语言便可形成彼此的默契，你该有多高的天赋啊！

语言作用于人的大脑，生理行为则是在无意识状态下进行的。当大脑意识到某人和自己类似时，你会觉得这个人很容易相处。一旦发生这种状况，你便会觉得这个人很有吸引力，能与你产生共鸣。由于整个过程是在无意识状态下进行的，因而受到的主观干扰几乎不存在。即便你从未觉察到彼此的相似点，默契的关系却已形成。

既然这样，我们又该如何镜像他人的生理状态呢？哪些生理上的行为是你镜像的对象呢？从声音做起。镜像他说话的语调、措辞、音高、语速、停顿习惯以及语调和常用的词组，注意他的站姿、呼吸节奏、眼神交流、肢体语言、面部表情以及其他特殊的肢体活动。有可能一开始你会觉得这种做法很荒谬。

但是，如果你能够将他人的一切特征都镜像得惟妙惟肖，会造成哪种结果呢？你的镜像对象会觉得自己找到了知己，认为你能够完全读懂、理解他们内心的东西，就如同他们本人一般。不过在一开始你不必镜像一切内容，只要镜像他人的声音和面部表情，便可与他人形成难以置信的默契。

接下来的几天，你可以镜像一下自己周围的人。模仿一下他们的举止、手势、呼吸方式，模仿他们说话的语调、节奏和音量。这样，看看他们是不是和你更亲近了，你是不是觉得自己也和他们更亲近了。

不知道你是否还记得我们曾在"生理状态"一章进行的练习？当你在模仿他人的生理状态时，不仅可以获得相同的心态，还可具有相同的感觉甚至相同的思考。如果你将这种方法应用在你的日常生活中呢？如果你的镜像练习得如此纯熟以至于可以阅读别人的内心呢？那时你会感受到何等的默契感，你又会得到怎样的对待呢？这一切恐怕常人难以想象，但专业的沟通者却的的确确可以随时做到这一点。镜像和其他技术一样，需要进行反复练习。但即便你现学现用，也能收获不错的结果。

镜像时需要注意两个要点：敏锐地观察和个人的灵活调整。接下来我将介绍一个双人配合的练习。其中一个人作为镜像者，另一个作为镜像对象。让镜像对象在一至两分钟内进行面部表情、手势、肢体运动及呼吸方式上的变化。大的动作可以是抱膀子，小的动作则可以是微微地扭扭脑袋。这一练习的最佳对象是儿童，他们会乐此不疲。记录下整个过程，看看镜像之后发生的变化。然后彼此互换一下角色，你会发现其实自己遗漏了很多内容。理论上，任何人都可以成为一个专业的镜像者，但前提是你必须认识到他人的肢体行为有上百种，你对这些行为镜像得越透彻，得到的结果越成功。尽管有无数种可能性，但人所能进行的运动是有限的。通过反复练习之后，你会自然而然地镜像周围的人，甚至不

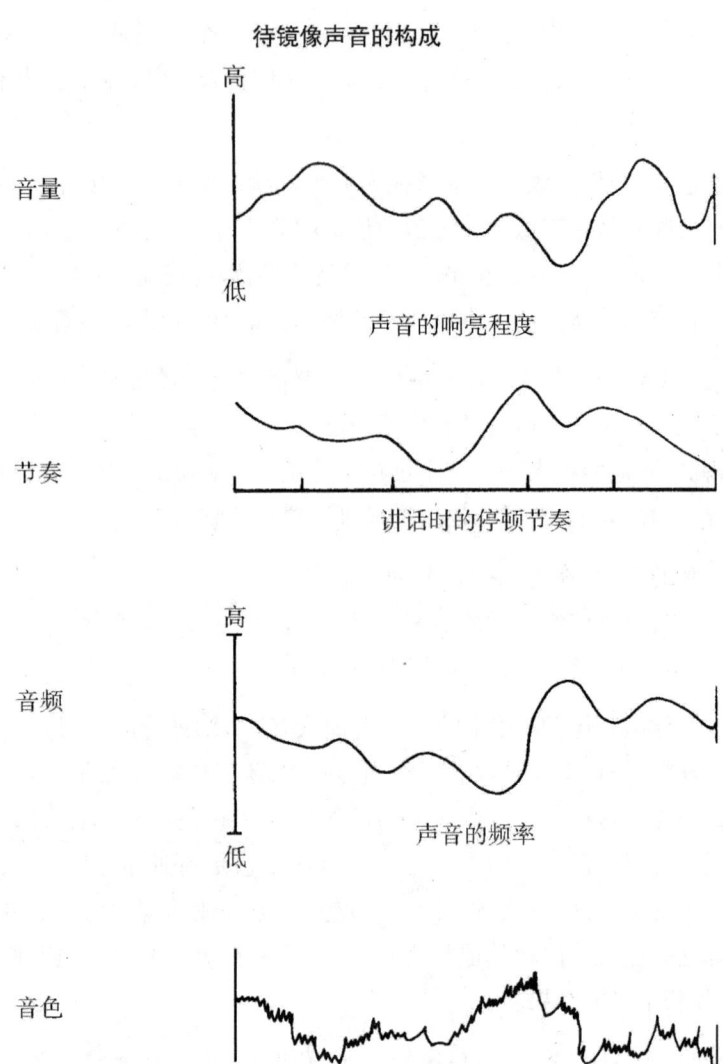

待镜像声音的构成

音量　声音的响亮程度

节奏　讲话时的停顿节奏

音频　声音的频率

音色　声音的品质

会意识到这一点。

惟妙惟肖镜像的方法有无数种,但所有的镜像均须以我们在"诱发策略"一章所接触的内容为前提:即三种最基本的储忆认知系统。记住,每个人都会用到这三种系统,只是我们大多数人主要倾向于使用某一系统。我们基本的储忆认知系统通常属于视觉型、听觉型或触觉型。一旦你能确定他人的基本储忆认知系统,便可驾轻就熟地镜像,培养出彼此的默契感。

"要想高效地沟通交流,我们必须认识到人与人之间有着不同的世界观,并以此做为与他人沟通的前提。"

——笔者

人如何接收沟通信息

一般型	视觉型	听觉型	触觉型
我理解你。	我看到了你的观点。	我听到了你所讲的内容。	我感觉我能够感受到你所说的内容。
我想向你传达一些东西。	我想让你看看这些。	我希望用较大的声音清晰地说出来。	我希望你能感觉到这一点。
你能够理解我想要传达的内容么?	我能够描绘出清晰的画面么?	我刚刚所说的内容听起来正确么?	你能感受到我所说的内容吗?
我知道那是正确的。	我已突破了怀疑的阴云,证明这是正确的。	这条信息可谓句句确凿。	这条信息可谓坚如磐石。
我不确定。	在我看来,迷雾重重。	这听起来不耳熟?	我未能感受到你所讲的内容。
我不喜欢你的行为。	我看不出你有多好的前景。	这引不起我的共鸣。	你的所作所为我感觉并不舒服。
生活是美好的。	在我心中,生活的画面熠熠生辉,多姿多彩。	生活是一篇完美的乐章。	温暖、美妙的生活。

如果你模仿的对象的生理行为是随机、凌乱的,你可能不得不剖丝剥茧地寻找其间的联系,随后方可将之整理在一起。但人的储忆认知系统是这些行为的联系密码,知道其中一个线索,其他的内容亦可清晰地呈现出来。正如我们在第八章所述,不同类型的人(视觉型、听觉型等)都会有其明显的外部特征,你可以轻易地寻找出线索。例如视觉型的人会说:"这就是我所认为的样子。"或者:"我无法想象自己做这件事的样子。"他们的语速通常很快,呼吸急促,声音偏高,有时还会结巴。他们通常肌肉绷紧,尤其后背和腹部。视觉型的人常常讲话抓不到重点,喜欢弯腰或伸脖子。

听觉型的人会说"这听起来不错"、"这听起来不耳熟"。他们的语速相对较慢,节奏平缓,声音洪亮、清晰。他们的呼吸相对均匀深沉。当某个人插握双手或者抱膀子时,通常处在听觉模式。他们倾向于肩膀略微下垂,脑袋稍稍偏向一侧。

触觉型的人则会说"这件事感觉不对"或"我无法感觉到它"。他们的语速更慢,字词之间的停顿通常很长,音调也比较低沉。身体上的太多动作表示此人是触觉型,或者此时正处于外部触觉模式。肌肉放松则表示正处于内部触觉模式。他们喜欢待在原地,脑袋直直地立在肩膀上。

这三类人还会表现出其他外部特征,但因人而异,因而仔细地观察仍是必需的。尽管每个人都是独特的,但倘若你能找出他的主要暗示系统,你便找到了进入他的世界的捷径。接下来的步骤便是依葫芦画瓢,一一对应。

假定你要说服一个听觉型的人做某事,你的方法是要求他脑海中展现出某个画面。如果你说话的语速飞快,那成功的几率可谓微乎其微。你需要不疾不徐地将整个事情表述清楚,需要注意自己所讲的内容是否能引起对方的注意。事实上,他可能根本不听你讲,仅仅因为你一开始的语气就使他很扫兴。倘若你的交流对象是视觉型,你却用触觉的方式与其交流,用缓慢的语速讲述你对某些事情的感觉,他很可能一开始就对你的拖泥带水不耐烦,甚至直接要求你开门见山。

为了将三者的区别阐述清楚,我将以我所知道的一个住宅区为例。有一栋房子坐落在一条静谧的街道上,任何时刻你都可以在户外漫步,静聆鸟鸣。当晨曦初现,你可以徜徉在林园之中,四周鸟声啼啭,不时有清风拂过枝头的声响,绕过前廊,余音久久不散。

另外的一栋房子则是风景如画,使您一见倾心。白色的长廊配以桃木的矮板墙,实在是视觉上的享受。从清晨到黄昏,阳光可以从各个角度照入房中,营造出不同的气氛。房内的各式摆设,从螺旋的楼梯到雕刻精细的橡木门,使你应接不暇、百看不厌。

第三栋房子则很难用语言描述出来,你必须走入房中自己去体会。其结构坚固扎实,房间里透露出难以描摹的浓浓暖意,你的内心会被一种莫名的情感打动。你情愿整日待在房中,沉溺在这恬适的气氛中。

其实以上所述的是同一栋房子,只不过描述的角度不同。第一幢来自于听觉感受,第二幢来自于视觉,第三幢则来自于触觉。如果你想对一群人详尽地介绍这栋房子,就需要把三种感觉元素综合到一块,才能激起听众的共鸣。每个人的主要心理认知方式决定了其选择接收的信息内容。须记住,如果你想有效地沟通,需要充分利用这三种认知方式,重点突出主要的储忆认知系统。

现在,不妨列举一下视觉、听觉以及触觉型的词汇。

感知表达词汇

视觉	听觉	触觉	未具体归类
看	听到	感觉	理智
观	倾听	触摸	经历
视	声音	抓	理解
外观	乐感	握	想
显示	跑调/不跑调	溜过	认为
黎明	悦耳	挖掘	处理
揭示	耳熟	保持联络	决定
设想	安静	吐露	激发
点亮	听得到	翻转	考虑
闪烁	共鸣	硬	改变
清楚	聋子	没有感觉	感知
模糊	悦耳	结实	不敏感
清楚	和音	蹭刮	明显
朦胧	泛音	坚实	构想
闪耀	未听到	接触	刻意
晶莹	提问	固体	知道
清晰		难受	
闪烁			
想象			

在随后的几天,仔细留意一下你的交谈对象使用频率最高的词语,基于此判断出他所属的认知类型。再用这些词和他交谈,看看他的反应。然后再换用另一认知类型的词语与他交谈,再看看他的反应。

接下来我将讲述我的一段亲身经历,以说明"镜像"的惊人效果。不久之前我还待在纽约,想要四处散散心,便走进了美国的中央公园。四处逛了一圈之后,我坐在公园的长椅上小憩一会。我注意到一位坐在我对面的老兄,便开始一丝不漏地镜像他。(这种习惯一旦养成,便会不由自主地进行。)我保持他那样的坐姿、呼吸方式,脚底下也和他一样比划着。当他开始给公园里的鸟儿喂面包时,我也开始喂面包。他稍稍扭了扭头,我也扭了扭头。他仰望天空,我也跟着仰望天空。他看着我,我便看着他。

谓语词汇

所谓谓语词汇,即人们在交流过程中用以表达自身体验的连词(动词、形容词、副词),侧重点可以是视觉、听觉或触觉。下表所列的是一些比较常用的谓语词汇*。

视觉(看)	听觉(听)	触觉(感)
满目……	回想	全玩完了
在我看来	长舌	归根结底
不容置疑	清晰明了	一个模子刻出来的
鸟瞰图	清晰表达	认真对待
瞥见	呼吁	自制
轮廓鲜明的	详尽地表述	冷静/平静/镇定
模糊的	听来让人一惊	踏实
四目相对	表达自我	不切实际
闪亮	说明	驾驭
从全景来看	听我说	斟酌
从一定范围来看	接洽	触摸
看不清楚	听到的声音	得其精要
从这个角度而言	没听到的消息	惹您烦恼
另外一码事	守口如瓶	携手
从外表上看	闲聊	忍耐
鉴于	探究	热烈的辩论
看起来像是	主讲	坚持
出丑	清晰洪亮	挺住
心像	说话方式	热昏头
心理画面	留心	沉住气
心眼	讲话的分量	知其所以然
肉眼	声若猫语	把卡片放在桌上
绘一幅画	直言不讳	头晕
照相式记忆	座谈会	慌乱之中
清晰地看	听起来耳熟	神庇护你
秀美如画	说说你的目的	如鲠在喉
留意	搬弄是非者	拉拉关系
鼠目寸光	老实说	锋芒毕露
显摆	结结巴巴的	一不留神
大饱眼福	收听/关闭	说话圆滑
目不转睛	前所未闻的	马马虎虎
偷偷一瞥	彻底的	从头开始
管中之见	言论和观点	坚定沉着
眼皮底下	表达清晰	妄自尊大
前面	听力所及	太麻烦啦
轮廓分明	一字一句	糊里糊涂
		卑鄙无耻

*与谓语匹配的宾语与听众所说的语言一致,因而可以创造出默契的共鸣感。

不一会儿，他便起身走到我跟前（这一点也不奇怪）。由于我的行为举止和他一模一样，立刻引起了他的好奇心。接下来的交谈中，我还镜像了他的声音和常用的词汇。简短地交流了一会过后，他便对我说："显然你是一个很有智慧的人。"他为什会这么认为呢？这是因为我的行为举止使他认为这个人和自己很相像。不久他便告诉我，我对他的理解比认识他25年的熟人还要深刻。不久之后，他便参加了我的培训课程。

我知道对于镜像，很多人存在排斥心理，会觉得不自在。对于这种想法，我认为有待商榷。倘若你仔细留意，你会发现你和他人感觉默契的任何时刻，都在很自然地彼此镜像对方的行为举止。在我的培训课程上，就有部分学员排斥镜像。这时我会要求他观察一下坐在自己旁边的学员，他会发现两人的坐姿一模一样，跷着二郎腿，脑袋偏向一边。当然还有其他共同的特征，我就不一一列举了。实际上在过去几天的课程中，他们已经在不自觉地相互镜像，悄然形成了一种默契。当我要求他们评价一下对彼此的印象时，他们的回答通常是"不错"、"很亲密"。随后我要求其中一个人改变自己的坐姿和生理状态，此时再次问及彼此的印象时，回答便是"不像以前那么亲密了"、"很疏远"或者"我不能确定了"。

由此看来，镜像是建立彼此默契再自然不过的过程，你常常在不经意间就在镜像他人。本章将详述如何通过彼此间的默契，使他人（任何人）随时乐于为你提供帮助，助你实现目标。全方位镜像他人时，有一点需要格外注意，不应该按照你的平常语速和音调交流，而应通过他的语调、语速进入到他的世界之中。在镜像他人的同时，你的的确确能够获得他人的心理感受。假定你想控制一个人，你一旦镜像他，便开始感觉自己就是他了。接下来的问题就是，你想要控制自己么？

镜像他人的同时，切勿失去自我。你不仅仅是一个具有视觉、听觉、触觉的个体，镜像的同时要具有适当的灵活性。镜像仅仅是使我们的生理特征上表现出共性。当我镜像时，我能体会到他人的感觉、经历以及内心思考，从中获益良多。与他人同享整个世界的感觉是人生最美妙的体验。

任何群体的成功均是群体之间的内部默契所致。最具领导力的人也是能将三种感知系统运用到极致的人。我们往往倾向于信任那些在三个层面都具吸引力，同时又能言行一致的人。不妨想想我们的上一次总统大选（1984年总统大选）。那个时候的罗纳德·里根是不是很具男性魅力？他的说话方式和言谈举止是不是很有风度？他是否能激起你的爱国情感和求知欲？即便政治立场与其相左的人，也不得不承认这一点。难怪人们会说他是伟大的沟通者。接下来再想想沃尔特·蒙代尔，他身上是不是很有男性魅力？这个问题若能得到20%的肯定答案都算十分乐观了。他的言谈举止是不是很有风度？对此持肯定态度的人数恐怕要比前者更少。即便那些和蒙代尔所处立场一致的人，也不好意思违心地说上一句"是"。他又能否激起你的爱国情感和求知欲呢？恐怕读者们都会忍不住笑出声来。众所周知，这是他最大的短板。像他这种表现，也无怪乎里根能以秋风扫落叶之势大获全胜了。

我们再看看加里·哈特，他在三个层面都很具吸引力。蒙代尔具有很多的竞选资金，且有过入住白宫的经历，怎么看都不比哈特更合适当总统。而实际上哈特只是短暂领先了一段时间，原因何在？首要原因是他言行不一。当人们问他为何改名时，他总是推说这无关大局——但他的肢体语言和说话的腔调却让人感觉遮遮掩掩。他站在新闻媒体面前时可以说："不错，我改了名字，我这样做的理由是为了让你们根据我的工作，而非我的名字来评价我这个人。"而他的神情举止就没有那么自信了。就因为他当时的错误，新闻界对他所提出的"新观念"，认为了无新意，只是喊口号罢了。

杰罗丁·费拉罗呢？她是不是很有女性魅力？大约60%的调查对象都承认这一点。她的声音是不是很动听？这就是她最大的软肋了，80%～90%的调查对象认为她说话非但丝毫不动听，而且让人很不舒服。仅有10%的调查对象认为她的发言能引起情绪上的共鸣（纽约的调查对象除外）。你很难想象有这么一张嘴，听众就立马忍不住捂住耳朵的人会成为大众明星，即便此人有最伟大的思想。作为一个和蒙代尔搭档的女性，杰罗丁·费拉罗很难吸引公众的眼球，并不是她未得到公众支持的主要原因。她的声音、她在与公众情感沟通上的无能，以及她的言行不一最终使她落败。当然她落败的原因还有她在某些观点上的摇摆不定，诸如堕胎、反核运动以及她丈夫的经济问题，等等。单单像这类差劲的沟通技巧，便足以使民主党的候选人必败无疑。

再想想大众文化的成功人物布鲁斯·斯普林斯汀。他的演唱会场场爆满，举手投足间都会引起观众的疯狂尖叫。外表英俊，又能用深沉的嗓音打动观众，他表现出了极高的亲和力。

如果要在美国历史上选择一位最具感染力、最具个人魅力的总统，约翰·F·肯尼迪可谓首选。大约95%的调查对象承认这一点。原因是多方面的，此处仅略举几点。肯尼迪的外表是不是很有男性魅力？很少有人会否认这一点。他在表达观点时的声音是不是很动听？90%的调查对象同意这一观点。当他说"不要问你的国家为你做了什么，而要先问你为你的国家做了什么"时，你是否也曾为此深深感动？他是通过交流影响他人的大师。他是否足够坚毅？问问赫鲁晓夫就知道了。古巴导弹危机是肯尼迪与赫鲁晓夫决心的一次较量。据一位在场的记者回忆，当时赫鲁晓夫与肯尼迪互相对视，赫鲁晓夫忍不住先眨眼了。

对成功者的研究一再证明，他们都是营造默契感的天才，那些能够灵活变化，吸引住上述三种类型的人，可以影响教师、商人、国家领导人等各行各业的人物。而做到这一点，不需要太多的天赋，只要具有视、听、感觉能力（通过镜像他的言行举止），即可创造出默契感。当然，这一切要做到尽可能真实、自然。倘若你以他人的生理残疾或不良陋习为镜像对象，则很容易会被误以为在嘲讽对方，进而引起对方反感。

通过反复练习，你可以进入交流对象的世界之中，以他的语言与其进行高效沟通。这种方法很快会成为你的第二本能，无需控制，即可自然而然地进行镜像。这一方法运用娴熟以后，你就不仅仅能够多理解对方，你对他的熟知会使他对你言听计从。这其中的关键不在于彼此的差异，而在于你创造的默契感。如果你能够营造出足够的默契度，过不了多久，你便可以操纵他的行为使之与你相匹配。

我再讲一个例证。几年前，我们公司的营养学部门与一个医生有合作关系，我们错过了时间，而他又急需我们的建议。当时我在城外，而我又是惟一可以拍板下决定的人。他显然不情愿浪费时间等我这样一个年轻人（当时我21岁），当我到达的时候，他早已面如寒露。

当时他僵直地坐在那里，脸上肌肉绷紧，青筋毕露。我像他那样坐在了对面的椅子上，并且开始下意识地镜像他的呼吸。他语速飞快，我便也语速飞快。他有着奇怪的手势，右手不停地在空中画圈，而我也照搬照抄。

尽管见面之初的气氛很紧张，但很快我们便放松下来，交谈十分愉快。原因便是通过行为举止的镜像，营造出了彼此间的默契。接下来，我便开始引导他。首先，我减慢了语速，他的语速也跟着慢了下来。我将身体靠到椅背上，他也做了。一开始是我镜像他，让自己的行为与他一致，而一旦形成了默契，我又可以反过来引导他模仿我，尽力与我的行为一致。随后他邀我共进午餐，进餐过后我们已成了无话不谈的老友了。想想当初我进屋时他几乎恨之入骨的场景,你就不会认为镜像需要多好的气氛条件了,你只需掌握使自己的行为举止与他人一致的手段即可。

我的做法是先调适后引导,调适自己的言行举止,力求做到和对方一模一样。一旦你能够熟练掌握镜像的技术,便可以自如地改变他人的生理状态和行为举止,就如同他们出于自身意愿,做出改变一般。默契并不是一成不变的,而是一个动态、流动、变化的过程。就如同建立共鸣时一样,维持默契的手段也要随着他人的变化进行改变和调整。这一过程的关键是根据他人的行为从容、准确地自我调适。

在你与他人建立默契的同时,亦建立了彼此几乎直接感知到的联系,引导伴随者调适过程而生。此时的你便不再仅仅是模仿他人,你们的关系如此默契,以至于一旦你的行为发生变化时,对方会立即下意识地模仿你的行为。相信你也曾有过这样的经历,当你和朋友们玩至深夜时,当他们不停地打哈欠时,即便你未感觉到疲惫,也会忍不住哈欠连连。顶尖的销售员亦与此类似,他们能够进入到对方的世界之中,建立彼此的默契,随后再通过彼此间的默契主导对方。

PACING AND LEADING
调控和主导

数字式调控:
· 匹配表达词汇
· 匹配示踪序列
· 匹配语调
· 匹配音高

模拟调控或镜像:

· 呼吸方式	· 重心移动
· 呼吸频率	· 脚步移动
· 肌肤水分	· 各个肢体的位置
· 脑袋位置	· 空间关系
· 面部表情	· 手部位置
· 眼球运动	· 肢体移动
· 瞳孔大小	· 身体姿势
· 肌肉的松弛度	

此时又牵涉到另一个问题:倘若你的镜像对象发疯时你该怎么做? 你是否也会学着一样愤怒或疯狂? 这未尝不是一种好的选择。然而,无论是沮丧还是愤怒,都有着多种改变的方法,我们将在下一章着重介绍这一点,以及如何更快地做好这一点。虽然改变他人的愤怒要比镜像合适,然而在镜像他人的某些时候,你已经深深地进入到他的世界之中。你一旦从愤怒之中放松下来,他几乎会同时跟着放松下来。记住,默契并非单单双方笑脸以对,同时还意味着彼此间的责任。以街头上的人为例,他们在模仿他人的愤怒时又将愤怒进行了转嫁。有时你需从根本上与他人沟通,因为你所面临的挑战并非来自于他本人,而是来自于他背后深植的文化。

接下来进行一项练习。找到一个人进行交谈,然后镜像他的站姿、声音以及呼吸,过一段时间后,再逐渐改变你的站姿、声音或行为。看看他在片刻之后会不会跟着你做出变化,若否,则重新调适自己的行为,然后尝试一些不太直接的变化;若是,你尝试引导他时,他并未紧跟着你变化,则是因为你尚未与他形成默契。你需要先培养更好的默契感,再重新尝试一下。

我要求他像一面镜子一样审视他人的生活,然后再以他为榜样。

——Terence

建立默契感的关键是什么? 灵活。记住,默契感的最大障碍在于想当然的认为他人和自己一样,因为人与人的世界观必定会存在差异。优秀的沟通者从来不会犯此类错误。他们知道自己必须不停改变自身的语言、语调、呼吸方式以及站姿,直至能够获得他们所期望的结果。

如果把对方想象成一个闭目塞听、无可救药的人,的确十分解气,但丝毫不能改变现状,你还是不能和这个人进行有效的沟通。最明智的办法是通过调适自己的语言和行为,直至和他一致。

NLP 的一个核心内容便是交流,成败是自身诱发技巧的反映。交流成败的责任在于交流者本人而非交流对象。若你想要说服某人做某事,他却在做另外一件事,这便是你的交流方式的失败——你并未找到合适的交流方法。

这一点在各行各业都适用。以学校教育为例,现在教育的最大问题在于老师了解自己所讲授的学科,对学生却知之甚少。倘若他们不知道学生如何处理信息,对他们的认知系统便会一知半解,更罔论学生内心的想法了。

最优秀的老师往往是那些最懂得调适和引导的人。倘若他们能与学生之间形成默契，他们所讲授的内容便可以更好地传达到学生心中，但遗憾的是认识到这一点的老师可谓少之又少。若他们能够根据学生的言行调适自身，教学效果也会事半功倍，教育领域不堪的现状也可以得到彻底改善。

有些老师认为，既然自己对学科内容了如指掌，学生未能领会自己所讲授的内容的原因应是他们自身的学习能力存在障碍，而自己的交流方式不存在任何问题。但交流效果取决于对方对交流内容的反应，而非交流内容本身。倘若你对古罗马大帝国的知识了如指掌，你却无法和你的交流内容形成默契，无法将自身掌握的内容转化为对方能够接受的信息，那再丰富的知识也不过是一纸空文。这也是为何最会培养默契的人能成为最优秀的教师的原因。曾有这样一个班级，一群喜欢搞恶作剧的学生事先商量好在早晨九点整同时将书扔向空中，以此气走老师。一切也都照计划进行了，此时老师放下了手中的粉笔，拿起讲桌上书，也高高地扔到了空中，然后微笑着对学生说："不好意思，我比大家晚了一步。"顿时举座哗然。自此以后，学生们对她言听计从。

NLP 的创始人曾列举过一个十分诡异的事例，极好地阐释了教育过程是如何进行的。曾有一个触觉型的工科学生，刚开始时，他一看到电路图就头疼，认为这类学科艰深透顶、无聊至极。显然，最根本的原因是无法用触觉感知到电路图的原理。

随后有一天，面对着电路图，他开始想象电子沿着电路图漂浮，自身就如同电路中的电子一样随着电路流转、变化。就在这一刻，之前难以理解的电路图变得浅显易懂了，他甚至开始迷恋这门学科了，似乎每一个电路图都是一则探险故事，学习的过程也变得十分新奇、有趣了。他最终成为了一个优秀的工程师。他之所以能成功，是因为他能利用自己最擅长的方式学习。其实，并非所有成绩糟糕的学生都不善学习，只是老师们未能找到最适合的教学方式，未能与之形成默契，自然教学效果不佳。

本人高度推崇教育。因为归根结底，我们的生活离不开教育。在家教育孩子，在单位教导员工，都称得上教育。教育原理不受空间的局限，课堂上的教学方法亦可在客厅、办公室使用。

默契感的作用还具有一个特性，是不受个人因素的制约，不需要教材、教程，不需要奔波倾听专家的教导，也不需要学历学位。只要口、耳、眼、鼻、四肢健全，即可掌握这种方法。

　　你完全可以从这一刻起开始培养自己的默契感。毕竟你随时随地都在进行交流,而默契感是高效交流的必要条件。当你在候机厅等机时,不妨就镜像一下站在你前排的人;在餐馆就餐时,也可模仿一下坐在对面的食客;单位、家中都可以是培养默契感的场所。如果你去参加面试,亦可镜像一下面试官,这样无疑会引起面试官的好感,增加你的印象分。在生意上与客户培养出默契,则可以使双方的客户关系更加牢靠。想要成为顶级的沟通大师,你必须要能进入到你的沟通对象的内心世界。

　　此外还有一种建立默契感的方法,即根据人的决策类型进行归类,我称之为——

能够找到契合点，任何事情都言之有理；找不到契合点，事事都觉别扭。交谈的第一要务是寻找到双方的契合点。

——萧伯纳

第十四章

卓越成就的归类：元程序

Unlimited
power

　　如果你同时面对一群人讲话,你会发现人的差异是如此之大。对于同样的讲话内容,不同人的反应可谓是大相径庭。你讲了一个励志故事,有人会心潮澎湃,有人则无动于衷;你讲了一则笑话,有人会捧腹大笑,有人则面若寒霜。此时你甚至怀疑,是不是不同的人听到的内容也截然不同。

　　对于相同的信息,为何听者的反应会有如此大的差别呢?就如同同样对着半杯水,为何有些人认为是半满,另外一些人则认为是半空呢?为何有些人听到一些话时心潮澎湃、热血沸腾,而另外一些人不为所动呢?萧伯纳的话可谓一针见血。双方能找到合适的契合点,一切都合情合理,反之,则处处都觉得别扭。如果讲述者不能激起听众的理智和情感关注,再具感染力的信息,再具洞察力的卓识,再睿智的观点亦是一纸空文。契合点不仅仅适合于激发无限潜能,在我们生活的其他领域也能处处用到。无论是在商场还是私人生活领域,想要说服对方,成为顶级的沟通大师,了解如何发现他人的契合点是必需的。

　　寻找契合点必须依靠元程序。元程序决定了人类处理信息方式的差异,它帮助人们筛选内外信息,认知外部世界,作出决策。元程序决定了我们所关注的信息内容,在接收到内外信息时,我们会在无意识状态下曲解、删减或忽略某些信息,原因是在指定时段内我们的精力仅能关注有限的信息。

　　我们的大脑处理信息的方式很大程度上与电脑类似,首先接收到来自外界的海量数据,然后再将之处理成人类所能感知的信号。没有安装软件的电脑不过是一堆废铁。元程序是大脑的软件,它决定了我们筛选的信息内容、对自身经历的认知以及对自身方向的期许。它也赋予了我们对事物的基本判断,如有趣或无聊,好兆头还是厄运前兆。与电脑交流时,你必须熟知电脑上的软件;而与人交流时,你必须能够理解他的元程序。

　　各人有各人的行为方式,以及指导具体行为的认知方式。只有理解了他们的认知方式,你才能将自己的观点有效地传达给对方,无论是说服对方买一辆汽车,还是表达自己内心的爱意。尽管行为各异,但人们理解事物的方式以及思维的组织方式的架构却是基本一致的。

第一种元程序涉及到趋于做某事或避免做某事。人类所有的行为都有趋利避害的倾向。丢掉手中即将燃尽的火柴，是担心火焰会灼伤自己；站在窗前，注视着太阳落山，是因为落日的余晖会让你感到温馨、恬静。

即使很多反常行为，也严格遵循了这一点。有些人每天步行两公里上班，是因为他们热爱运动；而另外一些人同样走那么远的路上班，是因为晕车。有些人喜欢读福克纳①、海明威或者菲茨杰拉德②的作品，是因为他们欣赏这些作家的诗性和才华。而另外一些人同样热衷于上述作家的作品，是为了不让他人取笑自己浅薄。后者的阅读不是为了趋利，而是为了避害。

当下文提到的其他元程序同时存在时，这一过程就不一定适用。尽管人们都有趋利避害的倾向，但面对相同的刺激，每个人的反应程度却会存在差异，即每个人都有一个特殊的、占支配地位的元程序模式。有些人喜欢新奇、充满挑战的事物，面对风险时他们会更加兴奋，他们更在意的是自己能做什么；而另外一些人则倾向于安定、平静的生活，他们会尽一切可能规避自己可能遭遇的风险，尽量克制自己对新鲜事物的好奇心，他们更在意自己不会遭遇到什么。想要判断一个人属于前者还是后者，只需问问他对车、房、工作等事物的看法即可。在回答这些问题时，他们是否透露出自己想要做什么或是自己不想遭遇什么的信息？

这些信息又透露出什么内容呢？可以说包含了你所需要的一切内容。如果你是一个推销员，推销方法不外乎两种：产品可以做到什么，产品可以避免什么。以汽车推销为例，你可以说这款汽车马力强劲、造型美观、线条柔美，也可强调不耗油、省钱、刹车安全。当然具体的推销方式应因推销对象而异。如果你采用错的元程序，一笔好的生意也会因此而泡汤。你所讲述的内容和他关心的内容不一致，你又如何能打动他呢？

在同一条道路上行驶的汽车，因车头的朝向，我们可以说车向前或向后行驶。对于人，同样如此。假定你想让自己的孩子将更多的时间用到学业上，你可以对他说"不好好学习，就进不了好大学"。也可以说"瞧瞧弗雷德，就是因为当初上学时不好好用功，才落得现在送煤气的下场"。这种方法是否有效呢？这

---

① 威廉·卡斯伯特·福克纳（William Cuthbert Faulkner，1897～1962），是美国密西西比州的小说家，20世纪最有影响力的作家之一。他是1949年诺贝尔文学奖获得者。代表作《喧哗与骚动》。

② 弗朗西斯·斯科特·基·菲茨杰拉德（Francis Scott Key Fitzgerald，1896～1940），简称斯科特·菲茨杰拉德。代表作《了不起的盖茨比》。

要看你的孩子的思维方式。如果他属于避害型,这种方法无疑会收到极佳的效果。倘若你的孩子满脑子都想着如何实现某些美好的事物,则你那些话无异于耳旁风。即便你面红耳赤地说上半天,他也是左耳进右耳出,丝毫进不到脑子里去。与其这样耗费唇舌、浪费彼此的时间,倒不如去钻研其他有效的方法。实际上,此类孩子更容易受到目标的激励,即可能做什么。倘若你告诉孩子"好好读书,将来你就有机会进最好的大学",这种话的激励效果无疑较前者更佳。

第二类元程序则是内部和外部的参考基准。如果你问一个人如何判断自己现在的工作是否做得很好,他的回答可能多种多样。有些人的判断基准来自外部——老板的赞许,职位的晋升,所获奖项以及同行的肯定。当得到外界的肯定信息时,他会认为自己的工作表现很好。此类人采用的是外部基准。

而另外一些人的参照基准则完全来自于其自身。他们认为工作的好坏完全来自于自我判断。这样的人倘若是建筑设计师,即便他的作品获奖无数,赞誉铺天盖地,他自己却未觉得该设计有任何新奇之处,也不会对该作品过多赞赏;相反,他的部分作品可能被老板和同行们批得一无是处,然而他自己认为整部作品完美无缺,他便将老板和同行们的意见置于一旁,只信赖自己的直觉。此类人采用的是内部基准。

假定你要说服某人参加某一项培训课程,你可以告诉他:"参加这一课程你将收获颇多。我和我很多朋友都参加过,据他们说,他们之前的境况很糟糕,参加课程过后生活境况都大为改观。"如果你的说服对象采用的是外部基准,你很可能会说服他,因为此类人很容易人云亦云,信以为真。

当倘若对方采用的是内部基准,上述内容就很难奏效了。这些东西丝毫打动不了他,此时你需要告诉他一些能够自身决断的东西。不妨告诉他:"还记得你去年参加的那次课程吗?我记得你曾说过,你很享受那一次培训经历,整个培训过程使你收获颇多。我想,倘若你有兴趣再次参加一次这门课程的话,你同样会获得那样的体验。你觉得呢?"这些话无疑会更有作用,因为你采用的是他的认知方式。

须谨记,所有此类元程序都是有具体情境的,且和承受的压力相关。倘若你从事某一事情 10 ~ 15 年之久,你便很可能形成强大的内部参考基准;倘若你是首次尝试某一事物,对其一知半解,你便很难形成强大的内部参考基准。因此,内部参考基准除了与个人性格相关外,还关乎时间等因素。就像即便你是个右撒子,在某些场合你仍能自如地运用你的左手一样,元程序也是如此。人并未固定在某一类型上,一切都存在调适的空间。

大多数英明的领导人又是采用的哪种参考基准呢？内部基准。一个英明的领导必须具有强大的内部判断基准。倘若他在下决断前总是在征求他人的意见,他很难树立起领导的权威。当然,此类元程序并不是教导人独断专行,二者之间需要有效的调和与权衡。很少有人是严格局限在某一标准中的。再英明的领导,也得学会采纳外部的信息,否则就会陷入到闭目塞听的境地,领导地位也将岌岌可危。

在我最近的一次课程结束后,一位学员陪同几个朋友走到讲台前,斩钉截铁地告诉我：“我决不会为这堂课买单的。”随后他便开始极尽所能攻击我课程中存在的漏洞。当然,我也很快就判断出他属于内部基准型。（外部基准型很少会走到他人面前,告知这样那样不对,应该怎样做。）而通过观察他与朋友之间的交谈,我又判断出他属于避害型。因此我告诉他：“我不能说服你做任何事情,只有你自己能说服你自己。”他显然未料到我会有这种反应,他一度认为我会气急败坏地让保安将他轰出去呢。我这句话也的的确确说中了他的心事,他不得不点头承认。我随后告诉他：“你也是惟一知道不参加这一课程谁会损失的人。”通常我是不会说此类话的,但这样的话却很合他的胃口,结果也验证了这一点。请注意我此处的表述,我并没有说不参加这项课程他将损失更大,而是说“你是惟一知道”（内部基准）如果不参加这一课程“谁将损失”（避害）的人。他点点头,承认我说的话很有道理,乖乖走到教室后排签字去了。在了解元程序之前,我肯定会采用他人的正面评价来说服他（外部基准）,或是列举出参加这一课程可获得的诸多好处。这种说服方法对我这种类型的人很有效,对他,则没有丝毫效果。

第三种元程序是对自身或他人的关注。人可归类为两种：关注自身的,关注他人的。当然人的构成远没有那么极端,期间存在着比例构成。仅关注自身,会自私自利;仅关注他人,会成为殉道者。

如果你是人事主管,你是否知道如何基于此分配下属的工作呢？不久之前,一家航空公司进行了一项调查,结果显示,其95%的投诉都是针对5%的员工的,而这5%的员工都是关注自身胜过他人的人。他们是不是合格的员工呢？可以说是,也可以说不是。他们的职位与其自身不适合,因而工作表现不佳,尽管他们不乏聪明、勤奋,做事也很用心。失职并非无能,而是职位不合。

航空公司接下来又是怎么做的呢？当然是辞退那些人，挑选那些关注他人的人选代替他们的工作。在挑选员工时，他们会首先询问对方为何选择在航空公司就职。很多人认为，航空公司的挑选标准是基于求职者对这一问题的回答，其实并非如此。其主要依据的是其在与他人交流时的行为表现，关注他人的人会面露微笑，与提问者进行眼神的交流或是向对方传达"我在关注你"的讯息。此类人理所当然会获得更高的得分。而那些关注自身的人则不会顾及自己的交流对象，自说自话，当然他们也很难获得这样的工作机会。经过这一人事变动之后，该航空公司的投诉率下降了80%以上。这一案例也说明了元程序在商业领域中的重要性。倘若你对如何激励一个人一无所知，你又怎能客观地评价他呢？你该如何为你的职位挑选合格的人选，确定其技术、学习能力以及个人天性均符合这一职位的要求呢？事实上，的确有很多很有天赋的人，工作做得一塌糊涂，并不是他们天资愚钝，而是因为他们的工作与自身的性格不合。或许此人在此岗位上一无是处，但换个合适的岗位谁能保证他不会成为不可多得的精英？

对于航空公司这样的服务性行业，关注他人的员工是最适合的。但倘若你需要的是审计员、稽核员这样的角色，则那些关注自身的人将会是不二人选。你肯定会迷惑，为什么有些人工作做得井井有条，情商则是一塌糊涂。这就像是一个关注自身的医生，具有惊人的医术才华，但倘若病人感觉不到他的关心，他也算不上是一个合格的医生。此类人更适合的角色是研究员，而非诊疗医生。如何为合适的岗位选择最合适的人选，仍是困扰美国业界的重大难题。倘若面试官能够判断出求职者处理信息的方式，这一问题将迎刃而解。

在这一点上，须谨记并非所有的元程序都具有同等的效力。是不是趋利就比避害好很多？可能是。是不是大家多关注他人，少关注自身，世界就会变得更美好？可能如此。但生活并非设想，我们必须面对现实。想要和他人进行有效的沟通，就需要采用对方更容易接受的方式，而不是想当然地认为对方理应接受。这其中的关键便是尽可能仔细地观察对方的言行举止，他说了些什么内容，从中可以看出他采用了哪些元程序，哪些东西会引起他的注意，哪些东西则会使其面露厌色。人的言行举止中可以直接、稳定地透露出其所采用的元程序，不用花费太多工夫即可分辨出来。想要判断出一个人是否关注他人，只需看看他在与人交流时的行为举止即可。在倾听他人讲话时，他是否身体前倾，脸上流露出关注对方讲话内容的表情？又或者身体后仰，脸上露出不耐烦的表情，或是压根不流露出表情？当然每个人都会在某些特定时刻过于关注自身，这也是人之常情。关键是你所关注的东西对你实现个人目标是否有帮助。

第四个元程序则涉及到求同和求异。在阅读本部分内容之前,我会要求你进行一项练习,看看下图的三个图形,告诉我他们之间的关系。

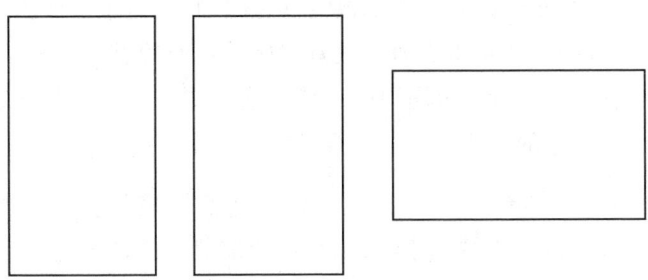

在表述以上三个图形的关系时,答案可能多种多样:都是矩形;都有四个边;两个图形是垂直的,一个图形是水平的;两个是立着的,一个是躺着的;或者任一图形和其他图形之间都没有直接联系;其中的两个图形很相像,而另一个则差异很大。

想到更多的表述也不是难事。对于同一个图形,各个人的表述差异却如此之大,原因何在? 这就是我要讲述的求同和求异。求同和求异的元程序决定了你观察事物的视角,以及关注的内容。有些人主要关注事物之间的相同点,他们往往会一眼就看出事物之间的相同或相似点,我称其为求同论者。当你要求他们描述一下上图时,他们很可能会说他们都是矩形。求同论者之中还存在一种不完全求同论者,他们会首先看到事物之间的相同或相似点,也能找到部分差异所在。他们在形容上图时,可能会说:"他们都是矩形,但其中的两个图形立着,一个图形躺着。"

另外一种人则是求异论者。求异论者也有两种:完全求异论者和不完全求异论者。其中前者仅仅注意事物之间的差异,他们会说以上三个图形完全不同,彼此之间没有任何联系;后者除了会发现三个图形之间的差异,也能找出个别相同之处,这一点和不完全求同论者很相似。想要判断出某人所属的类型,只要让他表述任意两个物体(两种事件)之间的关系,然后看看他表述的重点是在相同点还是不同点上。你能想象出求异论者和求同论者之间是如何相处的吗? 前者时刻关注着事物之间的相同点,因而觉得事事相同;后者则时刻将注意力集中在差异上,因而觉得没有任何两件事物是相同的。究竟谁的答案正确呢? 这要取决于理解事物的角度。固然无法明确断定对方是错误还是正确,二者之间仍然很难和谐相处。因为他们仅关心事物之间的差异，即便不存在差异也要创造出差异来。

看看我们公司的一个事例，你就知道其间差别的重要性了。在我的搭档之中，除一个人外，都是求同论者。大多数时候，这种状况是很恐怖的。我们都是求同论者，所以彼此相似，互相之间也很有好感。我们的思考方式相同，看到的事物相同，因而在讨论中仅需求同即可，很容易达到统一。我们彼此之间很容易理解对方的观点，整个的讨论气氛也因而十分热烈。

直到那个惟一的求异论者进来搅局。他总是能发现我们观点之中的差异所在，我们看来搭配得完美无缺的事物，到了他跟前莫名其妙地就开始不靠谱了。我们对某一工作充满信心时，他会跳出来告诉我们这纯粹是在挥霍时间和金钱。然后他一屁股瘫坐在椅子上，对我们统一的内容视而不见，却在我们认为不关大局的小差异上斤斤计较。当我们情绪高涨地进入到某个地方，他却想要退回来，嘴里嘟囔着这也不行、那也不行之类的话。

他是不是很令人不快？的确如此。他算不算得上一个绝佳的搭档？的确算得上。我们需要在设计过程的特定阶段用到他的才华，不能让他随时跳出来挑我们的刺，将我们齐心协力的研究结果一笔抹杀了。他的出现的确会给大家带来很多不快，但比起整个项目的成功，他挑刺带来的不快简直微不足道。当我们制定出大致的计划纲要后，就需要有人能找出其中的漏洞，从中发现不一致的地方，寻找出不搭配的环节及其成因，而这就是他所扮演的角色。他可以使我们摆脱自身视角的局限。

求异论者毕竟只占少数。据调查显示，仅有 35% 的人属于求异论者。然而求异论者的作用却非常重要，他们独特的视角总能看到我们看不到的东西。求异论者通常不会受到当时情绪的影响，即便他们有时也会表露出兴奋的情绪，但他们能够下意识地寻找出差异点，使自己回归平静。他们严谨，具有敏锐的洞察力，这一点在商战中尤为重要。想想《天堂之门》里泰坦尼克式的商业惨败，如果你看看幕后，你会发现大批以自我为中心、充满创造力的求同论者——他们全都是趋利型，都对目标极度渴望，却丝毫不考虑实现目标应该避免的问题。此时的他们需要一个求异论者站出来说一句："稍等片刻，这些问题该怎么处理呢……"然后以一种他们能够接受的方式传达给他们。

求同和求异元程序均十分重要，他们在各行各业都能发挥作用，甚至包括营养学领域。极端的求同论者不在乎吃着劣质的食物，因为他们觉得食物就是食物，并无太大差异。他们通常不会选择新鲜的水果这种容易受运输、保存日期等因素影响，味道、口感等存在太多变数的食物。相反，他们更乐于选择看起来并无太多差异的垃圾食物。尽管垃圾食物缺乏营养，但不存在太多变数，很迎合他们的口味。

如果你的职位要求进行大量的重复性工作，你会否雇用求异论者？当然不会。因为求同论者做起这样的工作来更得心应手。倘若你的工作需要较大的灵活性，且工作条件、工作方式需要时常变动，你还会雇用求同论者吗？显然不会。因为这样频繁的变动会让他无所适从，而求异论者却能从中寻找出无限的乐趣。这一区分方法，可以帮助你挖掘出最适合在特定岗位工作的人选。

在此不妨再举一个足球场的射手的事例。几年前，他刚出道，射术精准，表现十分成功。但他却是一个求异论者，他总觉得自己应该尝试一下不同的射门方法，结果他的进球数开始直线下降，于是教练指导他将注意力集中在球场外的差异上，例如场地、观众席等，而在球场上保持相同的表现。他听从后，进球数又开始飙升了。

求同论者和求异论者的说服技巧是否相同？求同论者是否可以和求异论者安排的岗位相同？对于求同和求异的孩子，你会采用相同方式对待吗？当然不行。这并不是说，人所属的类型是雷打不动的。人毕竟不是"巴甫洛夫的狗"，人的思维方式是可以在一定程度内有意识调节的，前提是事先有人用他们自身认可的交流方式告知他们。要想将一个求异论者彻底变成一个求同论者，几乎是不可能的。但你可以要求他不要太强烈地表现出求异的倾向，适当关注一下彼此的类似点。另一方面，求同者亦须多多发现事物之间的差异，才可以避免泛化的倾向。例如注意一下这周与上周之间的差异，这个城市和你所到的另一个城市之间的差异（千万别再说纽约和洛杉矶看起来没什么两样了）。差异性亦是我们的生活构成部分。

求同和求异者之间能否和谐共处呢？当然可以，前提是双方能够相互理解。即当双方产生分歧时，彼此应能够意识到，并非对方的观点不好或是错误，而是对方看待事物的视角和自己存在差异。人也并非一定要彼此相像才可和谐相处。和谐相处之道是谨记彼此看待事物可能存在的差异，尊重并理解对方的思维方式。

下一个元程序涉及到如何说服他人。说服策略由两部分内容构成：说服他人所用的材料，说服行为的频率。如果你想要找到说服他人的元程序，只需询问他如何评定一个人工作的好坏：a. 亲自去观察；b. 听听他人的评价；c. 与他一起工作一段时间；d. 阅读他的工作简历。可能他给出的答案不是单一的，而是上述几个选项的组合。可能除了要亲自观察外，还要听取他人的意见。接下来的问题就是："你需要多久核实一次，才可确定这个人一直工作良好？"其回答的选项也有四个：a. 不确定时便随即去核实；b. 随时；c. 每隔一周、一月或一段时间核实一次；d. 一直。最后一个选项表示你会一直监控对方的表现，方可确定。

如果你是一个组织的领导，对你而言，最为重要的事情便是和员工之间达成默契和信任。如果他们知道你关心他们，便会加倍卖力地工作。倘若他们不信任你，工作便只不过是应付差事，得过且过。若想建立这种信任机制，即要针对不同的员工需求投其所好。有些员工一旦和你建立起信任关系，在确知你做出背叛行为之前，他会一直对你忠心耿耿。

这并非对所有人都适用。对部分员工而言，仅仅一句赞许的话、一次绩效记录，或是一次公开表扬，甚至为其安排重要的职位都不一定会奏效。他们仅仅表现出了必要的忠诚和勤奋，并不会全心全力。他们或许需要更多、更频繁的赞许，以证明你对其足够重视。所有优秀的推销员都知道，某些顾客一旦被打动购买某一产品，他们便会成为该产品永远的拥趸；有些客户需要反复地看两三遍产品，才会下决心购买；有些客户的购买间隔可以达到半年之久。当然，有些客户还会有推销偏好，即尽管他们多年来一直使用某一产品，每次购买前仍需要推销员罗列出产品的优势特性。人际关系中也是如此，有些人只要你示爱一次，即已深知你的爱意；而另外一些则需要你每天将其拥在怀里，在耳边轻柔地说"我爱你"。了解此类元程序可以有助你制定相应的说服计划——预知了说服对方所需的方法、技巧，你便可以"投其所好"，不会再手足无措了。

而另一个元程序则是可能性与必要性之间的对比。倘若你询问一个人为何工作、为何购房或购车时，你会发现有些人仅仅是为了一种必备性而做这些事情，并非他们打心里愿意做这些事情。他们不会尝试一些充满可能性的事物，不会刻意追求过于新奇的人生体验。当他们需要工作、房子、汽车，乃至配偶时，他们就会欣然地从生活中获取。

而另外一些人则对充满可能性的事物十分好奇。他们更乐于去做他们自己想做，而非他人期望自己做的事情。新的生活、新的选择、新的方向以及新的可能性总能使他们异常兴奋。如果说前一种人(必需型)需求的是已知和稳定的话,受可能性驱使的后者则对未知的东西更感兴趣。他们迫切地想知道事物的演变方向,以及其中蕴含的机遇。

如果你是人事主管,你会雇用哪一类人? 有些人很可能回答:"那些追求可能性的人。"毕竟,对可能性充满好奇的人,亦有机会为大家带来丰富的人生体验。而我们之中的绝大多数人(包括很多必需型的人)也都拥护将全新领域的工作岗位赋予此类人。

然而,事情远没有那么绝对。有些工作需要员工注意细节,保持稳定、连贯。例如,倘若你需要一个自动车间的质检员,尽管求新奇者也有可能胜任,但这一岗位最需要的还是必需性意识。质检员需要清楚知道哪些环节、哪些材料是必需的。那些喜欢新奇的人,在这一岗位上很容易心生倦意;而必需型的员工则是如鱼得水。

必需型的人还具有诸多其他优良品性,在有些职位中这些品性是工作表现的决定性因素。若你在挑选员工时,你希望他能在该岗位上工作很长的一段时间,但那些喜欢追求可能性的员工对新机遇、新挑战充满了好奇,一旦他们寻到更有利于满足自己新奇欲的职业,他们会毅然决然地离职。必需型的人则相对踏实得多,他们工作是因为生活所需,做某些事情也是工作要求。也有很多工作充满了挑战,孕育着无限的可能性,也存在着很大的风险,这时候,那些追求可能性的员工将会是不二人选。如果贵公司刚刚跨入到某一行业或某一全新领域,你最好挑选那些喜欢新奇的人。如果你的职位要求员工勤恳、踏实、安分守己,则必需型的员工最适合此类工作。倘若你是一个求职者,了解自己的元程序也十分重要,因为这有助于你对自身定位,寻找适合自己发挥的工作。

同样可以用这种方法激励孩子。假定你想让自己的孩子将更多的精力用在学业上,以便将来能进入一所好的大学。如果你的孩子是必需型的人,你就要告诉他为何要用功学习:现在所有的工作都和学位挂钩;想要成为一个优秀的工程师,就必须要学好数学;想要成为一个优秀的教师,就必须有良好的写作和语言表达能力。如果你的孩子对可能性充满好奇,则需要采用一种全然不同的方法。上述你应该做这做那的说法很容易引起他的反感,往往会弄巧成拙。你必须向他展露出用功学习所能营造出的无限可能性;学识如同一把钥匙,为他开启了通往新机遇、新挑战的大门。针对不同的孩子,采用不同激励方法,可获得相同的激励效果。

还有一个元程序则是人的工作方式。每个人都有自己的工作方式,有些人喜欢单干,他们不喜欢团队合作,也不习惯在大量监督下工作,工作时喜欢独来独往。而另外一些人则喜欢团队合作,只有在团队中才能激发出最大的工作热情,我将此类人称作"协同型"。此类人的所有工作都需要和他人分担。也有一种人介于上述二者之间,他们喜欢和他人一块工作,亦能承担单独工作的责任。他们具有单独的决断能力,却也不至于离群。

如果你仔细观察过你的员工(孩子或是上司同样如此),你会发现有些人尽管很有天赋,但做起事来总是令人讨厌,他们总是喜欢单干。可能此类员工不适合做一名团队成员,他更适合独自经营公司。倘若你未能为他提供展示才华的平台,也许他就会离你而去,另立山头,开辟自己的新天地。倘若你的部属中有幸拥有这样有价值的员工,你应该为他提供展现自身天赋的平台,赋予他单独决策的自主权。把他强行纳入到某一个团队中,会使团队的其他成员抓狂。但倘若你赋予他更多自主空间,他就会展现他的价值。这也是新管理学理论中着重强调的一项内容。

你肯定已经听说过彼得原则(Peter Principle),即所有人都倾向于上升到自己不能胜任的高度。发生这种状况的原因是员工对领导的工作方式不敏感,但他们能够依靠大量的回馈和交互作用获得成长。你是否会将他们安排在具有更多自主权的工作岗位上,任其自由发挥呢? 显然不会。这么做并不是说你一定要让一个人待在某一职位,限定在某一高度上,而是说激励措施不可过当,应以使员工做好本职工作为前提。

与此类似,许多人虽然很乐于处在团队之中,但更乐于单独工作。任何具有完备架构的组织,上述三种类型的员工都不可或缺。重要的是如何判断出某人的工作方式,以及如何将他安排在最合适的岗位上以发挥出其最佳的才干。接下来我们将进行下一个练习。在阅读完本章内容后,不妨尝试一下诱发他人的元程序,询问他们想要怎样的人际关系(或工作、房子、车等),如何确定自己已经成功做成某事,以及本月所做的事情和上述所做事情之间的联系。倘若别人要说明一件事,他要多久向你证明一次? 要求他告诉你其最快乐的一段工作经历,以及他看重这段经历的原因。

在回答这些问题时,对方是在关注着你,对你的反应很好奇,还是漠不关心? 有时候仅需问一两个问题,即可判断出他的元程序;若未成功,不妨多问几个问题。

回想一下你之前所遇到的所有沟通问题，你可能会发现，其中的很多问题都可以利用元程序技巧避免。回想之前你被误解的经历——深爱对方，对方却感觉不到爱意；辛苦工作，却被老板批评工作方式不对；热心帮助他人，却换不来丝毫的感激。此时，你需要判断出对方所用的元程序。例如，你认为爱只需表白一次，而你的爱人则认为爱要经常表露给对方；或者你把案例中的相似点一一详尽地罗列出来，老板却只关心其间的区别；又或者你警告某人不要做某事，而这个人只知道该做什么，却不知道如何避免什么样的结果。

错误的契合点，会导致传达的效果也是错误的。无论是父母教育子女，还是领导教育员工，都会遭遇到这样的沟通难题。在过去，我们并未有意识地培养出识别他人沟通策略的能力，因而在与他人交流时，无法灵活地调节自己的沟通方式和沟通内容，导致沟通效果一团糟。

如果你能够将上述多种元程序结合在一起，沟通效果无疑会更好。我和我的搭档曾和一个为我们工作的人存在业务上的严重分歧。我和他坐在一块面谈，坦诚地告诉他我们希望和他创造双赢的结果。他立马说："我对这些东西没有兴趣，我不缺那点钱，在这一点上我也不会妥协。老子就是不想再被你们呼来喝去了。"他的开场白透露出，他实际上是在规避某些行为。我接着说："我们做这些事，是因为我们都致力于改善自己和他人的生活。只要我们能并肩携手，我们也一定能做到。"他则说："我们并未全心全意地致力于帮助他人，而我也不会和你们掺和在一起，我只知道离开这里我很快乐。"随后的会谈也没有丝毫进展。显然他属于避害型、关注自身的求异论者，判断基准来自于自身。除非他能亲眼看到、听到，他不会相信任何东西，即便这些东西，他也需要反复确认。

这些元程序都是完美沟通最难以攻克的东西，尤其是我自身也和他恰恰处处相反时。我们讨论了两个小时，没有取得丝毫进展，我几乎要绝望了的时候，突然就灵光一现，我开始做出了改变。我对他说"我能理解你内心的想法，其实我也是那样想的"，我一下就击中了要害。此时我采取了他的内部基准，从而通过语言操纵他；我使其外化，从而控制了他。我接下来告诉他"我在这里给你60秒的时间，你最好快点下决定，不然将会是你最大的损失。我一点也不会损失，而你则会失去你的全部"，而这些都是他要规避的。

我接着说："你（自身）将会损失（避害），因为你不相信存在解决这一问题的方案。"他是一个求异论者，因而他便开始反向思考，即存在解决方案。我随后接着说："你最好自己反思（内部基准）一下自己能否承受你的选择所承担的代价,你要知道你今天的决定将会伴随你一生。因为我将不停地告诉人们(他的说服策略)你在此处的所作所为。你有一分钟的时间做出决定,你可以决定自己继续在这干下去,否则你将失去一切,永远失去。不妨证明给我看看,看看你是不是有这个气魄。"

他大概思考了 20 秒钟,就立刻跳起来说:"伙计们,我过去一直希望和你们在一块工作,我知道我们一定能做出成就来。"他的表情没有一丝不情愿,整个表情都透露出真诚,就好像我们过去一直就是最佳搭档一般。他说:"我只是想确定,我们之间是否可以如此坦诚地对话。"为何两小时以后的反差是如此之大,恰恰是因为我使用了他的元程序来激励他。

这一段对话也对我有了很大启发。过去人们曾有过与我分歧的行为时,我都会很沮丧,至此我才明白这不过是因为不同的人的元程序和思维方式的差异所致。

我们此处讲到的元程序和关注原则都很重要,作用也十分强大。然而,关键要记住的是你能意识到的元程序数量受你个人的意识、认识及想象力的局限。任何成功的要诀都离不开另辟蹊径。此处所讲的元程序仅仅是本人总结出的部分内容,其余的东西还需你亲自挖掘开发。学会做一个善于开发可能性的人,从现在开始你就经常仔细且深入地观察在你周围的人,记录下他们独有的性格模式,认识他们独有的认知方式,分析他们独有的处事逻辑,相信你从其中得到的心得,将对你与各种人之间的沟通与相处有大大的帮助。

例如,有些人比较倾向感情用事,有些人比较倾向理智处事,如果你对这两类人都用同一种说服的方式会有效吗?当然不会。有些人基于事实和数据进行决策。首先,他们必须知道其中的各个部分是否合理——接下来才去思考整体的合理性。而另外一些人则会首先关注整体概念或想法,他们是从整体思考,首先要看到事物的全貌。只有他们感兴趣,他们才会考虑细节。还有些人则只在开始时保持热情,他们的乐趣来自于设想诞生的一刻,随后他们便失去了乐趣,开始尝试其他的新鲜事物。另外一些人所做的每件事都会坚持到底,看书要看完,工作不完成不休息。有些人的注意力都在食物上,几乎他们所有的活动都能和食物联系在一起。如果你问他们如何到达某处,他们会说:"沿着这条路一直往前走,直至到达汉堡王餐饮店,左转直走,直至到达麦当劳餐厅,右转直走,直至到达肯德基餐厅,随后左转在巧克力色的建筑旁。"如果你问他们对某部电影的感受,他们立即会告诉你电影院的食品小卖部的食品有多差。倘若问他们参加婚礼的感受,他们会告诉你婚礼蛋糕的口味。主要关注他人的人则会谈论出席婚礼的人,或者电影中的人物角色;而主要关注行为的人,则会谈论婚礼上进行的各项活动,以及电影的情节等。

执行这些元程序时另一个要点就是平衡。在使用元程序时,我们的方式方法并非是固定的,其间也会受各种条件的制约。某些元程序可能使我们偏爱于某一方式,而另一些元程序则会使我们偏重于其他方式。这一切固然有着很大联系,但并非坚如磐石、牢不可破。就如同我们可以创造积极的心态一样,你也可以选择那些有助于你(而非局限你)的元程序。元程序的作用便是向大脑传递删减的外部刺激信息。倘若你是一个趋利型的人,你会主动删除那些避害方面的信息。同样,如果你是一个避害倾向的人,趋利方面的信息也会被过滤掉。要想改变你的元程序,你所要做的便是意识到你通常会删除、过滤掉的信息,将注意力集中在这些信息上。

切勿因为你的行为或做着和他人相同的事情而困惑。你说"我认识乔,他做了什么什么",实际上这并不代表你认识他。你认识到的只是他的行为,而他的行为和他自身是两码事。如果你倾向于避开所有的事情,可能那只是你的行为方式。如果你对此感到厌烦,可以将这一行为随时改掉。你有做出改变的能力。惟一的难题在于,你是否能找到利用你所学内容进行改变的充足理由。

有两种改变元程序的方法。第一种是通过重大的情绪事件——"自身经历的事情"。如果你看到你的父母不停地追逐某一目标(趋利),最终也实现了这一目标,这很可能影响着你,使你倾向于趋利的方式。你仅仅关注必需性,而恰恰有家公司只会选择那些对可能性充满好奇的人选,由于这次的错失或许会刺激你做出改变。如果你一直倾向于避开某些事情(避害),却不幸被投资骗局戏耍,可能以后你看待事情的方式就会改变。

改变的另一种方法便是有意识、刻意地做此类事情。我们中的大多数人从未分析过自身的元程序。改变的第一个步骤便是认识到这一点。确切地认识到我们当前所做的事情,为我们提供了新的选择机遇,也为随后的改变提供了可能。假定已意识到你有很强烈的避害倾向,你是如何感觉到这一点的呢? 当然是你会有意识地避开某些事件。如果你将手放在一个灼热的烙铁上,你会尽可能快地将手移开,但是不是就没有你想要做的事情(趋利)? 难道你就没有刻意地追求过某些东西? 难道你就未曾以伟大的领袖和巨大的成就为目标么? 回答这些问题的同时,你自身多少也在改变。想想那些对你有吸引力的事物,你实际上已经开始有意识地改变。

当然你也可以将元程序上升到另一种境界。民族、国家是否有元程序呢？他们有着具体的行为，因而理应也有元程序。国家的集体性行为构成了行为方式，而这种方式是基于国家领导人的元程序的。美国文化中有着奋进（趋利）的传统。而像伊朗这样的国家又是采取的哪种参考基准呢（内部还是外部）？想想上一次选举（1983 年）就知道了。沃尔特·蒙代尔的基本元程序是什么？很多人认为他属于奋进型的。然而他传达出的前景却是黯淡、无望，他总是说里根是个大骗子，上台以后可能增加税收。他告诉我们："至少我能告诉你，我们现在不得不提高税率或必然存在灾难。"在此处我不想评论他说的内容的对错，仅就此观察他的行为方式。罗纳德·里根言之无物，但是传达出了正面的信息，而蒙代尔总是援引负面的问题。蒙代尔可能有一大堆理由，毕竟这个国家有几个主要问题需要直面。但在情感层面——这在政治中占有很大的比重——里根的元程序看起来和整个国家的精神无疑更匹配。

与本书中介绍的其他所有内容一样，元程序也应可分为两个层次。第一个层次是把它作为我们与人沟通时的调节和引导工具，就如同人的生理状态可以告诉你这个人的诸多东西一样，元程序也能够透露出能够激励和恐吓他的东西。第二个层次是拿它作为自我调节的参考基准。如果你想要摆脱所有阻碍你的行为方式，最好的办法便是彻底改变它。元程序为你提供了个人调节和改变的最有效工具。此处所涉及的所有秘诀都可在交流中用到。

在下一章里，我们将要看看探讨另外一种十分有价值的沟通工具，那就是——

人可在激流中屹立如山，却不可在人流中立如磐石。

——日本谚语

Unlimited

power

第十五章
如何应对困难解决问题

　　前文我们已经讲到如何模仿,如何诱发出他人取得某种结果的行为决策方式,以便指导你自身的行为,掌控你自己的人生。其主旨是你想要成为自身的国王,无须经受反复的失败和挫折,高效运转自己的大脑。

　　处理他人所遭遇的问题时,大量的失败和挫折就不可避免。毕竟,控制他人的行为远远达不到控制自己行为那样快速、精准、高效。但个人成功的一个关键要诀便是加速这一过程。你可以培养默契,了解对方的元程序,了解如何调节他们以便你能和他们产生默契。在人与人之间交互作用时会伴随着不可避免的失败和挫折,本章的内容便是教会你如何处理困难,解决问题。

　　如果要将本书的前半部分内容概括为一个关键词的话,那就是"模仿"。模仿卓越的行为是你快速取得你所期望结果的关键。如果为本书的后半部分也归纳一个关键词的话,那就是"灵活"——这也是高效沟通者共有的特征。他们知道如何调控某些人,然后不停调节自身的行为——语言和非语言行为——直至达到他们所期望的沟通结果。你不可能强制他人交流,你也不可能用棍棒强迫对方理解你的观点。你仅仅可以依靠稳定、机智以及整体灵活性说服对方。

　　灵活通常不是天生的。我们的行为方式都是大量重复的结果。部分人太过自信自己对某些事情的看法,以为不断地尝试总会获得自己所期望的结果。实际上自我和个人惯性同时影响着结果。很多时候,精确地重复之前所做的事情是最容易的,但最容易的事情往往带来的也是最坏的结果。在本章,我们讲探讨调节方向、改变方式、重建沟通以及从困惑中获益的方法。神秘主义诗人威廉·布莱克曾写道,"从未使自己的思想保持警觉的人,犹如思想静立于水中,任鳄鱼撕咬"。那些从未在自己的沟通方法上保持警觉的人,亦会陷入同样的处境之中。

　　生活中的经验告诉我们,具有的配件选择越多,机器就越灵活,功能就越强大。人也是如此。人生的真谛便是开辟出尽可能多的道路,尝试开启尽可能多的门,使用尽可能多的不同方法解决问题。如果你仅有一种解决方式,就如同一辆车只有一根齿轮,面临的处境可想而知。

我曾亲眼见一位朋友说服旅馆的值班服务员允许她在退房之后继续再逗留几个小时的过程。她丈夫在一次滑冰事故中受伤，她希望在救护车到来之前，不要打搅到丈夫的休息。值班服务员礼貌而坚定地拒绝了她的请求，并且告诉她所有的理由。我的那位朋友很有礼貌地听着，随后列出了更多让人难以拒绝的理由。

她尝试了从依靠个人魅力到理性、逻辑的各种说服方法。没有大吵大闹，没有面红耳赤，只是一直在原地坚持，不达目的不罢休。最终，服务员苦笑着说："好了，服了你了。"她为何取得自己所期望的结果的呢？她能够足够灵活地变换自己的说服行为和说服方法，直至服务员被最终说服。

大部分的人把争执看成口头上的拳击赛，每说一句话就是挥一次拳，最终以击倒对方收尾。诸如合气道或太极拳这样的东方武术，较拳击更优雅，却更有效。东方武术不强调以力抗力，而强调借力打力。这也恰恰是我的朋友所采用的方法，一流的沟通者必须深谙此道。

记住，世间并无交流阻碍，有的只是不懂得灵活变通的沟通者，因其不知灵活变通，便会将沟通推入到死胡同。和顶尖的合气道高手一样，顶尖的沟通大师并不会直斥对方的观点，而是求同存异，因势利导，使沟通按照自己所期望的方向发展。

善为士者不武，善战者不怒，善胜敌者不与，善用人者为之下。是谓不争之德，是谓用人之力，是谓配天古之极。

——老子《道德经》

须谨记特定的语词会造成沟通障碍和沟通问题。伟大的领袖和沟通者都深知这一点，因而他们都会相当在意自己的表达以及带来的沟通效果。本杰明·富兰克林曾在其自传中提及了自己传达个人观点和维护默契的技巧——"当我提出任何可能有争议的意见时，我从不用'一定'、'无疑地'或任何其他表示肯定意见的字眼。相反地，我猜想或料想某事是如此如此，为了什么什么理由，在我看来这件事好像是，或是我想是这么这么。或是说我想象这是这样，或是说：假如我没有弄错的话，这是如此。我相信这个习惯对我非常有益，因为我需要说服人，劝人接受我不时在努力提倡的各种措施。"

本杰明·富兰克林深谙说服之道，他深知某些肯定性语词可能会引起负面的反应，造成沟通障碍。在我们的生活里，还有其他具有同样效果的词语，例如，

"但是"这个词我们经常在无意识状态下脱口而出,可以算能最具杀伤力的词了。如果有人说:"你说的有道理,但是……"他强调的重点是什么? 是"但是"之后的成分? "但是"这一词语可以将之前的内容全部抹杀掉。如果有人在同意你的观点之后,再加上"但是……"你会有什么样的感觉呢? 如果你把"但是"这个词语替换成"而且"呢? 如果你这么说:"你说的有道理,而且我这里也有一个蛮有道理的看法……"或"那是个好主意,而且我这里也有一个蛮有意思的主意……"你猜会有什么结果呢? 这两句话都是以同意对方观点为开场白,却又能在不与对方产生分歧的前提下,引入了自己的观点。

记住,没有观点相左的人,只有不够变通的沟通者。某些词语容易造成对方反感的情绪和心态,同样有一些能使对方敞开心扉沟通的词语。

例如,如果你能掌握一种能精确传达自己的观点,无须对你的本意进行任何的扭曲、删减,同时又可以不与对方立场相左的沟通技巧,会是怎样的状况? 这种沟通技巧是不是相当强大? 的确如此。这种沟通技巧被称为"合一架构",其中包含了三个词组,任何沟通活动,你均可以使用这三个词组表达对交流对象的尊重,坦陈彼此间的默契,分享你的观点,而这些表达丝毫不会引起对方的反感或敌视,不会引发双方任何立场上的冲突。

这三个词组是:

"我欣赏你的意见,同时也……"

"我尊重你的观点,同时也……"

"我赞同你的看法,同时也……"

在任何沟通行为中,你都要做三件事。通过进入他人的世界建立彼此间的默契,承认他传达的内容,而非用"但是"、"然而"、"却"之类的词语否定或贬低他;创立连接彼此的合一架构;通过不与对方相左的方式,实现其观点的转变。

让我再讲一则例子。假定有人对你说,你对某些事情的理解是绝对错误的。如果你用同样强硬的口气告诉对方:"不,我一点也没错!"你们双方还能维持默契吗? 当然不会,相反,你们之间会引发冲突,引起彼此的反感。然而,如果你对对方说:"我尊重你对这件事情的看法,同时我想倘若你能听听我在这方面的想法,可能你的观点就不是这样了。"注意,此时你并不需要同意对方所说的内容。你可以随时说赞赏、尊重或同意某人的观点。你应该赞赏他的感觉,因为倘若你在同样的生理状态,拥有同样的世界观,你也会有同样的感觉。

你也可以赞赏别人的观点。例如,人们常说"道不同,不相与谋"。观点相左的人彼此之间有抵触情绪,对对方的观点也充耳不闻。但倘若你能善用合一架构,你就会将注意力集中在他的意图而非他所说的内容,从而得到了一种赏识他人的全新方法。假定你和对方讨论核武器问题,他主张发展核武力,而你主张冻结核武器。虽然你们的看法大相径庭,但是你们的根本意图却是相同的,即都希望借此保护自己和家人的安全,维护世界和平。因此,倘若对方说:"要想解决核武器问题,惟一的办法就是动武。"此时你权且不必驳斥他的观点,不妨站在他的立场上说,"我十分赏识你能如此关心下一代的安全,同时我也相信除了动武之外,必然还有其他的方法。"当你采用这个方法沟通时,对方必然觉得自己的观点赢得了尊重,彼此间也就不会相冲突了。有时即便双方并无分歧,沟通到新的内容时仍有可能创造出分歧。这套方法你可用之于任何人,不论对方怎么说,你总能找出他值得尊重、赏识、赞同的地方。你不会跟他有任何的争执,因为你根本就不打算争执。

夫惟不争,故天下莫能与之争。

——老子《道德经》

在我的课程上,我通过一项小练习,取得令人难忘的结果。我要求两名学员持对立的观点进行争辩,但不可用到"但是"、"却"、"然而"这样的转折词,而且不可否定或贬低对方的观点。这多少像是在用语言进行合气道的较量,学员们也从中获得了全新的体验。他们之所以能够从中获得更多东西,是因为他们欣赏对方的观点,而非将其完全抹杀掉;他们之间存在分歧,但不会咄咄逼人说服对方;他们可以寻找出新的差异点,还可在若干内容上达到一致。

不妨找一个人尝试一下,你们各持相反的观点,然后严格按上述方法进行争辩——就如同在玩一个寻找相同点的游戏,引导双方互相赏识对方的观点。这并不表示你要放弃自己的信念,我不希望你成为一个意志薄弱的人。但是你可以通过稍作调整的方法,使得双方更容易一致,而非咄咄逼人的言语相逼。通过接纳对方的视角,你能够得到一种更为丰富、更为平衡的观点。我们中的大多数人将论辩理解为一种非此即彼、你死我活的博弈。己方的观点不容辩驳,彼方的观点一无是处。我进行的研究一再证明,通过寻找合一架构,我能够了解到更多内容,也更容易达到我所期望的结果。还有另一个十分有意义的练习是对你一点都不相信的事物进行论辩,你会惊奇地发现其中居然蕴含着诸多可以信赖的理由。

最优秀的推销员和沟通者都知道,想要说服一个人去做他压根不想做的事情,非常困难。而说服一个人去做他确实想要做的事情,则十分简单。通过创建合一框架,引导其避开冲突,就能做到后者。有效沟通的关键是使他人觉得是自己想要做某事,而非你要求他做某事。想要消除沟通障碍十分困难,而通过营造一致性和默契感,则可以避开沟通障碍。这是一种将障碍转变为跳板的方法。

解决问题的一种方法是重新定义问题——即找寻一种能够统一而非对立的方法。另一种方法则是改变旧的方式。我们都曾有过进退两难的状态,我们的思想一直在这种混乱的状态中循环。这就有如点唱机的唱针卡在唱片上的某一条沟纹里,反复唱着那一句歌词。要想消除这个跳针现象,你不是在唱针头上轻压,使唱针越过卡住的那个部位,就是把唱针提起,再轻放到唱片的另一个部位。

当我在加州的家中对学员进行心理辅导时,他们身上发生的事情引起了我的好奇。我的家处在海边,四周有着极为优美的环境,当人们来到海边,周围的环境使其形成了积极的心态。我喜欢从我家的阳台上观察这些人。我可以看到他们驾车来到屋子旁边,跳出车门,一脸兴奋地环顾四周,随后走向屋前。显然周围看到的所有东西都使他们充满活力,心态积极。

接下来又发生了什么呢?他们来到楼上,我们简短聊了几句——此时他们仍然保持着积极、愉快的状态——然后我问了句:"你们因何来到这里?"几乎在片刻之间,他们的肩膀耷拉下来,脸上的肌肉紧张起来,呼吸也变得微弱,声音中也开始透露出自哀自怜的信息。他们开始回忆自己的心酸史,进入到自己麻烦重重的心态之中。

处理这种状况的最好方式是向他证明这种改变是何等的容易。此时,我通常会用一种威严,甚至有点愤怒的方式告诉他们:"不好意思,我们现在还没有开始课程!"随后又发生了什么?他们立即说,"哦,抱歉。"立刻挺直了腰板,呼吸、站姿以及面部表情重新回到之前的愉快状态。他们已经处在了极佳的状态,也知道如何轻易进入到坏的情绪中。他们掌握了改变自身生理状态、储忆认知以及心态的所有技巧,在当下即可开始改变自己的行为。这些改变需要多久呢?仅需片刻!

我发现困惑是影响力最大的干扰模式。人们陷入到这种模式之中是因为不知道如何去做其他的事情。他们整日浑浑噩噩,情绪低落,试图引起他人的同情,注意到那些困扰他们的难题。这种尽全力引起别人注意的方式,就是他们改变心情的最好方法。

如果你周围存在这样的人,你该如何帮助他呢? 你可以照他期望的那么做,坐下来与他进行一番交谈,对他的现状表示一下同情。这样或许会让他感觉舒服一点,但是他思维的旧有模式却与日俱增。这无异于告诉他,如果他情绪消沉,就会博得他人的关心。如果你和他谈论其他事情呢? 如果你奚落、羞辱甚至不理睬他呢? 他会茫然失措,无所适从。至少不会再沉溺于疑惑之中,能够学会找到其他认知方式。

我们都有需要找个知心朋友倾诉的时刻。我们的悲哀和痛苦需要有人呵护、同情。但这只是特定的时刻,并不是我此处讲述的自毁前程的沉溺状态和重复行为。这种状态你陷得越深,对你自身的伤害越大。正确的做法是向他人证明你可以改变这些模式和行为。如果你认为自己是地上任人踢来踢去的球,你便的的确确是那个可怜的皮球。倘若你认为自己可以改变自己所处的模式,你也的的确确可以做到。

当约翰·葛瑞德和理查德·班德勒进行私人心理治疗时,他们是公认的终止模式的大师。班德勒曾讲述过一则探访精神病研究所的经历。其中有一个精神病人坚持认为自己就是耶稣,不是隐喻,也不是精神附体,而是认为自己就是肉身的耶稣。班德勒有一天走到他跟前问他:"你是耶稣吗?""是的,我的孩子。"这个人坦然地回答道。班德勒说:"我稍后再来看你。"然后将一脸疑惑的病人落在那里,独自走了。大约三四分钟后,班德勒手里拿着皮尺回来了。要求病人伸开双臂,丈量完他的臂展及身高,又离开了。这时候那个自称是耶稣的病人开始注意起他的行为了。过了一会,班德勒手里拿着一个锤子、几根长钉、几根木头回来了。开始在地上叮叮当当地敲起来了。病人疑惑地问:"你在做什么?"当十字架敲成形后,班德勒问:

"你是耶稣吗?"

"是呀,我的孩子。"

"那你现在知道我要做什么了吧?"在这一瞬间,病人清醒地知道了自己是谁。他当然知道如果继续坚持沉溺于过去的状态会有什么后果。他开始尖叫:"我不是耶稣,我不是耶稣。"问题就此了结。

另外一个终止模式的例子,则是数年前举办的禁烟运动。其宗旨是建议当自己的亲人想要抽烟时,代之以一个吻。这一举动一方面可以打破其吸烟的模式,另一方面可让他怀疑过去的抽烟行为是否明智。

像这种终止模式的方式也可用在政界和商界,更可以用在日常生活中。经常我们会和自己周遭的人起争执,吵到最后大家都忘了争吵的原因,只想在这场争执中"赢得胜利",因为这是他们争执的目的。像这样的争执往往会破坏双方的友谊。有时候在吵完后,你回想起来,总会觉得奇怪,为何会变成这种结果?可是在争执的当时,你可不会想到这一层。你现在想想是否最近有过一次这样的争执,当时你可曾用了其中一种终止争执的方式? 另外也请你为这种情况想五种终止模式的方法吧!

模式终止也可用在商业活动中。一个主管曾用这种方法改变了其工厂内员工对工作的态度。当他首次接手这份工作时,他首先到达生产产品模型的车间。但在离开生产线时,他并没有选择当前生产出的模型进行抽查,而是选择了之前制作的另一个模型。这甚至只算一个小序幕,他随后又屡屡出怪招,让大家以为所有的产品都是他检查的对象,就如同是这些产品的最终用户都是他自己一样。他宣称自己会随时检查任意产品的质量。这一消息就如同野火一般在车间内散播开来,打断了过去松散的管理模式,使得多数员工开始重新检查自己所做的工作。做为一个默契感方面的专家,这个主管执行这一政策并未引起员工的仇视,因为他保留了他们的自尊(并未检查当前生产的模型)。

模式终止在政治活动中尤其有效。最近就在路易斯安那州发生这样一则事例,凯文·赖利在州立法委工作,工作职责便是游说各地的立法机构为本州的大学院校捐款。他的积极奔走并未带来效果——他并没有筹到更多的钱。当他走出州议会大厦时,有记者问他现在的想法。他开始长篇大论,宣称路易斯安那州只是一个大种植园,一无是处。他说:"我们现在要做的就是宣布破产,脱离工会,向国外慈善机构申请救助……我们引进的都是好员工——不识字的未婚妈妈。我们在教育上是倒数的。"

一开始,由于他的批评超出了通常政治对话的层次范围,很快招致了口诛笔伐。但不久后他便成了英雄,他通过一番激烈的抨击言辞(而非政治手腕)改变了州政府对于基础教育的看法。

模式终止也可以用在我们的日常生活之中。我们一直在争辩人是否应该承担自己的人生。争议背后的最初原因早已被人们遗忘,但我们仍然面红耳赤地争吵不休,气氛越来越疯狂,势必要分个高下长短来。此类争论可能是我们所面临的最具杀伤力的东西。当争论结束后,这些东西与我何异? 但是在进行争吵时,你丝毫不会意识到这一点。想想最近你或他人沉溺于某一状态时的经历,你本该采用哪些模式终止方法? 不妨就在此刻创建你将来可能在某些场合用到的五种模式中止方法。

图难于其易,为大于其细。天下难事,必作于易;天下大事,必作于细。是以圣人终不为大,故能成其大。

——老子《道德经》

如果你预先设定了一种模式终止方法,就像设定起床闹钟,以便在争论脱离正轨前及时中止呢? 我发现幽默是最好的模式终止方式。俗话说"伸手不打笑脸人",对方也就不好意思继续生气了。我妻子贝基就时常用到此法。你有没有留意《周六夜现场》(Saturday Night Live)①中的经典对白"我真讨厌这种事情发生",放在当时的语境中十分搞笑。演员们互相告诉对方自己最可怕的经历,如用砂纸磨破了嘴唇,然后再在上面抹上酒精;或者用胡萝卜挠鼻孔,然后再含一颗薄荷糖。这时候演员再一脸苦笑地说:"哦,我知道这是怎么一回事了,我真讨厌这种事情发生。"

因此我和贝基商量好,一旦我们其中一人感觉到我们的分歧存在杀伤力时,就需要对对方说"我真讨厌这种事情发生",另一方须就此打住。通过强迫自己回想一些能使双方哈哈一笑的事情,我们摆脱了负面心态。其同时也提醒了我们,我们也十分讨厌"此类"事情的发生。这也是摆脱双方剑拔弩张的状态最机智的办法。

凡能拓展人的潜能,使其做到之前从未认为能做的事情,这些东西便是无价的。

——本·琼森②

本章主要传达了两个观点,而这两个观点都与我们平日所知道内容背道而驰。第一,赞同远比驳斥更具说服力。美国是一个倡导竞争文化的民族,成王败

① NBC 的一档综艺节目。
② 本·琼森(Ben Jonson,约 1572~1637),英格兰文艺复兴剧作家、诗人和演员。他的作品以讽刺剧见长,《福尔蓬奈》(Volpone)和《炼金士》(The Alchemist)为其代表作。他的抒情诗也很出名。

寇,非此即彼。不知你是否记得几年前一则香烟广告上面的内容："我选择抗争,不会逃避。"他们塑造了一个无论发生何种状况,都会骄傲地瞪着双眼,聚精会神的人。

但我的生活阅历以及我所接触的事情一再证明,非要分出个高下的竞争毕竟是少数。前文已经提到过默契的魔力以及如何激发无限潜能。如果你将他人视为自己的竞争对手,视为自己征服的对象,你则与前文推崇的精神背道而驰。我所接触到的所有沟通技巧都教导人以赞同消除分歧;以调整、引导代替武力蛮横的征服。这可能说起来容易做起来难。然而,只要你能时刻有意识地进行控制,沟通模式的改变亦不属难事。

第二个观点是,行为模式并未根植在我们的大脑之中。如果我们重复地做一些限制我们的事情,并非我们的心理存在疾病,只不过是因为我们在重复糟糕的行为模式罢了。这些行为模式可能出现在我与他人之间,也可能出现在我们的思考上。解决的办法便是立即终止这种行为模式:终止你现在的行为,尝试一些全新的方式。我们毕竟不是机器人,凡事都受固定的程序模式支配。如果我们发现自己的所作所为并非所愿,我们就必须重新认识这些行为并做出改变。还记得《圣经》里怎么说的吗:"众人皆应变于须臾。"是否能够改变,仅取决于自身的意愿。

上述两种观点,都需要灵活性。当你拼图拼不出来,就无须再在同一解决方案上浪费时间。你不妨对其进行足够灵活的改变、调节和实验,或者尝试一些全新的方法。灵活度越高,创造的选择机会就越多,发展的空间就越大,成功的几率就越大。在下一章里,就让我们来看看使人"灵活"的技巧。我称其为——

人生并非一潭死水，不思观念变
通之人或为疯子，或已僵死。

——埃弗里特·德克森

第十六章

重构：认知的潜能

Unlimited
power

以脚步声为例,如果我问你:"脚步声有何意义?"你可能会回答:"我不认为脚步声具有什么明确的意义。"好吧,不妨将脚步声与场景联系在一起。假如你此刻正走在一条人声鼎沸的大街上,到处都是脚步声,你根本无暇听取。此时的脚步声对你不具任何意义。然而,如果你深夜独坐在家中,忽然听到楼下的脚步声,这时你又会作何感想呢?稍过片刻,脚步声越来越近,径直向你走来,此时的脚步声是否就有了意义呢?必定会有。相同的信号(脚步声)可能赋予你不同的意义,这取决于你过去相同或相似场景在你心中的意义。过去的经历可能决定了你对脚步声的认知,决定了你是身心放松还是心怀忐忑。例如,脚步声可能会让你意识到丈夫加班迟归,便欣然应门;若你以前曾有过遭人入室抢劫的经历,脚步声则会令你惴惴不安。因此,生活中的经验决定了我们对事物的认识框架。如果你能够重构这一框架,其意义也会在片刻之间改变。因而,改变个人最有效的手段之一,就是要懂得如何重构自己的经历。这就是我们所说的重构。

现在请看看下面的图形,告诉我你看到了什么?

你可能看见了很多东西:一个帽子,一个怪兽,一个向下的箭头,等等。不妨将你看到的东西表述出来。你有没有看到"FLY"这个单词?你可能立刻看出来了。毕竟在汽车贴纸和促销赠品上屡屡能用到此类图案。你之前的认识基准架构可以使你轻易识别出"FLY"这个单词。如果你未能看出来,为什么看不出来?你之前是否看到过?如果你不能看到这个单词,很可能是因为你过去的经历使你形成了按照纸上的黑色部分进行认知的习惯。如果你不能改变这种认知架构,你永远无法看到 FLY 这个单词,因为 FLY 出现在白色部分。想要看到这个单词,你就必须重新改变自己的认知架构。人生也是如此。我们都期望生活按照我们期望的方式发展,而我们一生也有无数次这样的机遇。但我们的认知架构却成了我们最大的拦路石,改变认知架构是我们把握机遇的惟一手段。

　　我在本书中反复强调，世界上一切事物和事件都没有任何固定含义。所谓的事物的意义、我们应如何处理某些事情，均取决于我们自身的认知。只有你亲自赋予其认知框架和内容，事物才有意义。所谓的不幸，只不过是你自己的一种观点而已。头痛对你是件难受的事，对药店老板而言却是件好事。人类总是倾向于根据自身经验为周遭的所有事情赋予特定的意义。而实际上，如果你能改变习惯性的认知方式，你会为自己的人生寻找到更多的选择机会。须谨记，认知是我们自己创建的。即倘若我们认为某事是个不祥的预兆，我们就会将这一信息传达给大脑，随后大脑便创造出对应的心态。如果我们能够换一个视角看待同一问题，改变我们的参考基准，我们对事物的认知也会因此改变。我们可改变任何事物带来的心理暗示或认知，从而在片刻之间改变自己的心态和行为，这就是重构的意义所在。

　　记住，我们不知道真实的世界，是因为对同一事件视角不同，所认知的内容也不同。实际上是我们自己，我们的基准框架，定义了我们的认知。

图A

图B

　　再举一个例子。看看图 A，图片中是什么内容？当然是一个又老又丑的女人。接着再看看图 B，你会看到一个和图 A 类似的女人，下巴包裹在外套中。仔细看看这个老女人，看看她是怎样的一个人。她是快乐还是悲伤？你猜她心中此刻在想着什么？而且，这个老女人也很奇特。据画家自己讲，他的这幅画画的是自己的小女儿，她年龄很小，而且十分漂亮。如果你现在改变自己的基准框架，相信你应该可以看到一个漂亮的女孩。不妨给你点提示，把老妇人的鼻子看成年轻女子的下巴线条，把老妇人的左眼看成年轻女子的左耳，把老妇人的嘴巴看成是年轻女子戴着项链的脖颈。如果你仍然看不到，我则为你提供一个提示图形。看看下图的图 C。

图C

　　此时你肯定会心存疑问,为何之前自己会把图 B 看成一个老妇人,而不是年轻漂亮的女子? 答案便是你预先看到了图 A,预先形成了老妇人的画面。我常在我的课堂上将学生分成两组,一组看到的是图 A 和图 B,而另一组看到的是图 C 和图 B。当两组学员开始交换彼此的看法时,分歧就产生了,各方均坚持己见。看到图 A 的看不到年轻漂亮的女子,而看到图 C 的同样看不到老妇人。

　　须谨记,我们过去的经历时常会蒙蔽我们,使我们无法客观地看待周围的事情。但相同的经历,却可以存在不同的认知。黄牛党会提早买进演唱会的门票,你认为其卑鄙;但对于那些买不到票或者不愿排队买票的人,则是救星。成功人生的秘诀便是将过去的经历以积极的形式传递给自己,支持自己走向成功。

　　见小曰明,守柔曰强。用其光,复归其明,无遗身殃,是为袭常。

——老子《道德经》

　　最简单的重构是改变过去的认知基准框架,从而将消极的表述转化为积极的表述。重构(或改变认知的方式)有两种类型:情境重构和转意式重构。两种方式均须经由内心痛苦或冲突转化,达到心理暗示的转变,从而形成积极、奋进的心态。

　　情境重构是选取过去不愉快、烦躁或讨厌的经历,将其置于另一情境之中,相同的经历和行为将带来更好的认知。驯鹿鲁道夫①的红鼻子是伙伴们嘲笑的对象,却在昏暗的雪夜里成为了圣诞英雄。丑小鸭也一度因为自己与他人差异如此之大承受了很多痛苦,但正是这种差异,使其最终成为了美丽的天鹅。情境重构在商业活动中可谓价值连城。求异论的搭档一度很令我们讨厌,但却能预先判断出我们制订方案的潜在问题,使我们能够未雨绸缪,不至于满盘皆输。

---

①　传说为圣诞老人拉车的一头驯鹿,因红鼻子受伙伴们嘲笑。后来在雪夜中,他的红鼻子帮助了圣诞老人。

"十份沙拉"

初见于《新女性》，转载时已获阿蒂马斯·科尔（漫画作者）授权。

那些创造出伟大的发明的人,往往也是知道如何将当前的活动和行为重构入其他情境的人。例如,过去人们认为石油只不过是有损农耕土壤使用价值的废物,现在大家都知道石油的价值了。几年前,锯木厂为大批的木屑如何处理而发愁,这时有位老兄想到了一种处理木屑的办法,他将木屑用胶水压缩在一起,制造出了一种压缩木板。通过和锯木厂签订合同,免费获得了"无用"的木屑,他在短短两年内发展出了数百万美元的规模,而他几乎不需要任何资源成本。这也是成为一个优秀企业家所应具有的能力:发掘出资源的新利用价值,化腐朽为神奇。换句话而言,就是懂得重构。

转意式重构就是为现有的情况赋予新的意义。例如,你对孩子的喋喋不休感到厌烦,通过转意式重构后,你可能认为你的孩子肯定十分聪明,不然不可能有那么多的话说。在这方面最经典的案例是发生在战争中,一位将军在遭遇对方猛攻后不得不撤退,他对士兵说:"我们并非撤退,我们只是在朝另一个方向前进。"当我们亲近的人逝去,多数人会感到悲伤。因何？原因有很多种,例如情感的缺失。然而有些人却感到高兴。因何？他们重构了死亡的意义,认为逝者与他们同在,周遭的事物并未缺失,仅是变了种形式。还有些人会认为死亡将是更高层次的存在,因而为逝者感到欣喜。

不久前,《巴尔的摩太阳报》刊登了一篇题为《视力非凡的男孩》的感人文章,后来在《读者文摘》上进行了转载。其中讲述了一位名为卡尔文·斯坦利的小孩的故事。这个小孩会打篮球,能够上学读书,几乎所有 11 岁孩子能做的事情他都能做到,但他却双目失明。

为何许多同样遭遇的人或者轻生,或者凄怨一生,而他却能像正常人一样生活？当我读到这篇文章时,我断定孩子的母亲必定是一个重构的专家。她把常人认为个人的缺陷转化为儿子心中自豪的优势。孩子所遭遇的不幸,成了孩子坚强生活的资本。以下是几则她与儿子沟通的事例。

卡尔文的母亲记得儿子曾有一次询问自己为何双目失明。"我告诉他一切生来如此,没有任何人的错。他接着问：'为何是我？'我告诉他,'我也不知道原因,孩子,可能是上帝对你有什么特殊的期许。'随后我坐在他身边,告诉他：'孩子,你并未失明,只是别人用眼睛看东西,而你是用自己的双手。记住,孩子,世界并不因为你的观察方式而变得不同或困难。'"

有一天,卡尔文十分悲伤,因为他意识到自己永远无法看到母亲的脸庞。文中写道,"但是斯坦利太太知道该怎么告诉自己的独子,'我告诉卡尔文：你可以看到我的脸,你可以通过你的双手看到我的脸庞,你可以比他人更清楚地倾听我的声音。孩子,你对我的了解比所有视力正常的人都要多!'"据文中记述,在母亲的支持下,卡尔文进入了一个自信、虔诚的世界,自信心从不动摇。卡尔文希望自己有朝一日能成为一个电脑编程人员,可以专门为失明人士写程序。

世界上到处都是像卡尔文这样的人,我们都需要像斯坦利夫人这样能够高效进行重构的人。幸运的是,最近又出现了一位新的重构大师,名为杰里·科菲。这个人十分神奇,他曾在越南战俘营中单独囚禁了七年之久,而他利用重构的方法始终保持清醒的神志。初次听到这些时,我们可能会有点恐惧。然而,世界上的任何事物都无好坏之分,除非我们自身赋予其特定的意义。杰里将这段经历视为一次伟大的机遇,一次使自己保持强悍的考验,一次使其更多了解自身的机遇,一次接近上帝的机遇。他可以借此完成一件使其终身自豪的事情。正是采用这一架构,他将监狱中所遭遇的一切看做个人发展经历的一部分。当他最终离开监狱时,他已经彻底改变了自己。他坦言,即便付百万美元,他也不愿放弃这样一段经历。

回想一下你去年犯下的一个重要错误,你可能至今仍心有余悸。但这些错误也是你之后成功不可或缺的财富。如果你仔细回想一下,你会发现失败教会你了很多东西,甚至可以说你一生的绝大多数知识、经验都来自于失败的经历。

你可以将过去的错误淡化为零、置于不顾,你也可以以一种超越自己固有观念的方式对其重构。任何经历都蕴含着多重意义,对你而言,就是你自身所赋予的意义。成功的一个要诀便是为任一经历创立一个最有用的架构,使之为你成事而非败事服务。

有什么经历是你不能改变的？有什么行为使你欲罢不能？你就注定是那些行为,还是可以将其改变？在本书的所有章节,我都强调了一点——一切掌控在你自己手中。你可以控制自己大脑的运转,你可以造就你所期望的结果。重构是改变你对自身经历认知的最强大手段。你已经为这些经历建立了架构,有些时候你会随着事件变化改变这些架构。

稍微花点时间重构下述状况:

1. 老板经常对我大声吼叫。

2. 今年要比去年多缴 4000 美元的所得税。

3. 今年我们没有多余的钱去买圣诞礼物。

4. 每次离成功仅有一步之遥时,就会自己搞砸。

以下为几种可能的重构:

1a. 他对你大吼大叫是为了告诉你他内心的真实感受,恰恰也说明他对你十分在意,否则,他本可以解雇你的。

2a. 这很不错啊,这表明你今年的收入要比去年多很多。

3a. 不错！这时候你有机会发挥自己的想象力,制作一份非同寻常的圣诞礼物,再也不用一窝蜂地买那些低俗的礼品了。你的礼品有着鲜明的个人色彩。

4a. 你能够如此清醒地审视自己失败的经历,这很不错。至少这能帮助你找到失败的原因,从而彻底根治！

重构对自身交流以及人际交流都至关重要。从个体层面而言,这表示我们应该如何赋予事件以意义;而从更广的层面而言,这是最有效的沟通工具之一。以推销为例,任何形式的说服活动,那些能够设立认知框架、限定他人认知区间的人,往往也是最具说服力的人。无论是广告领域还是政界的成功,都是巧妙重构的结果——改变他人的认知,在新认知的作用下,使其心态、行为都发生变化。我的一个朋友以高于其资产 167 倍的价格将自己的健康连锁餐厅出售给了通用磨坊①,这在业界几乎难以想象,他是如何做到的呢?他让通用磨坊一方考虑,如果不收购该公司,任其继续扩张,五年之后其市值又会值多少。他完全可以耐心等下一个买家,但通用磨坊却急需收购以实现自己的目标,最终他们很快成交。所有的说服技巧都是一次认知转变。

多数情况下,是重构支配了我们,而非我们支配了重构。其他人对我们进行了认知重构,我们也因而对其言听计从。何为广告?无非是一种依靠建构或重构大众认知,进而达到某种目的的方式。你不会真以为某一品牌的啤酒会使你有男子气概,某一品牌的香烟能使你威风八面吧?如果你递给土著人一根弗吉尼亚长条香烟,他绝对不会说"这烟很有男人味"。但是广告赋予了其特殊意义,我们被动接纳了这种意义,倘若他们感觉我们未完全接纳这种意义,他们就会建立一个新的框架,看看是否能产生作用。

最伟大的广告重构,莫过于百事可乐。打从我们记事起,可口可乐就把持着可乐类饮料行业,其深厚的历史和品牌积淀,使其市场地位难以撼动。从任何层面来看,百事都不是可口可乐的对手。如果你想击败一个最经典的品牌,你最好别说"我们要比他们更经典",因为那无异于扇自己耳光,没有人会相信这一点。

百事也深知这一点,他们换了一种游戏玩法,对人们现有的可乐观念进行了重构。当人们再谈论百事可乐的时候,开始谈论"百事可乐的挑战",其劣势转化为了强势。百事宣称:"的的确确,他们曾是这个行业的王者。但放眼现在,你是希望购买过去的产品,还是当前流行的产品?"这则广告将可口可乐的深厚积淀转化为了致命的劣势,意指其为过时的产品。正是这种重构的广告宣传,使其传统的二流地位成为了公司的优势。

可口可乐又是如何应对的呢?他们决定见招拆招,很快推出了"新"可口可乐的形象,在维持其历史积淀的同时,又加入了新潮的元素。现在我们尚且无法判断可口可乐这种"经典"与"新潮"并存的重构是否能够战胜百事的"新潮",但是双方斗智斗力的过程却是一场经典的重构案例,整个斗争都是在建构产品的形象。双方追求的效果都是哪种产品的形象更深入人心,丝毫未涉及饮料成分、

---

① 通用磨坊(General Mills)是一家世界 500 强企业,主要从事食品制作业务,为世界第六大食品公司,总部设于美国明尼苏达州明尼阿波利斯黄金谷。

口感等。百事可乐和可口可乐的口感本来就没有什么本质的差别,但是百事可乐能够改变公众对品牌的理解和认知框架,其市场份额也得到了扩展。

重构也在威廉·C·威斯特摩兰将军针对 CBS 的索赔案的宣判中起到了重要作用。进入法庭时,威斯特摩兰的索赔诉讼似乎得到了相当数量的公众支持。《电视指南》某一期的封面就是对这场冲突的分析。CBS 意识到自己在这场官司中的困境,最终他们决定聘用了一个名为约翰·斯坎伦的公关人。而这个公关人的职责便是扭转公众对威斯特摩兰观点的支持,使人们停止对《60 分钟》新闻策略的口诛笔伐,将注意力转向反对威斯特摩兰,而 CBS 只是为了执行客观公正的新闻立场。最终,威斯特摩兰放弃了索赔,只是要求 CBS 进行了一个简短的道歉声明。CBS 对约翰·斯坎伦的重构技巧真应该感激涕零。

再看看政界,随着推广人和咨询顾问大行其道,形象塑造(建构)亦已成为美国政界纷争的支配性工作,亦可以说是惟一的工作。自里根和蒙代尔的电视辩论起,双方阵营就在政绩、个人形象上大做文章,积极宣传,原因无他,形象要远比你的实际能力更重要。

在里根与蒙代尔第二次的电视辩论中,里根把自己的形象塑造得极为成功。在前一次的辩论里,他的年龄曾一度成为蒙代尔攻击的重点——当然,这也算是蒙代尔的成功重构。的确,所有人都深知里根年龄老迈,不过经媒体的凸显,老迈则会从一个简单的事实转化为其竞选连任的潜在危机。在第二次辩论中,蒙代尔又故伎重施,观众们都屏息以待看里根如何绝地反击。里根当时从容不迫,以他那富有磁性的声音说道,他之所以不愿拿年龄作为竞选的话题,乃是不希望选民认为他借年龄之便来欺负对方年幼、缺乏经验。单单这一句话,他就把原先处于劣势的年龄问题打发掉,扫除了其竞选道路上的一道硬伤。

很多人发现与他人交流时,重构十分简单,而与自身交流时,重构则难如登天。如果我们想向他人推销自己的老爷车,我们知道如何重构对方对车子的认知,我们会尽量突出车子的优点,淡化车子的缺点。如果你的潜在客户采用另一认知框架,你则需要对其进行重构。但是用到我们自身时,很少有人知道如何入手。当我们对周遭发生的事情形成储忆认知,便会理所当然地认为这就是我们的生活。你知道这种想法有多可悲么? 这就像是点火启动你的汽车,然后把双手放在脑后任其自由行驶。

相反,在和自身交流时,你要学会像业务活动中呼风唤雨的表现一样,表现出更强的目的性和方向性。你需要建构或者重构自己的经历,使其为你服务,其中一种方法便是有意识地进行操控。

我们都曾见过失恋之后的人变得害羞、敏感。恋爱带给他们的伤害使他们望而却步,在之后的恋爱中也畏畏缩缩,缺乏主动。事实上,恋爱带给他们的快乐要远多于痛苦,这恰恰也是他们难以释怀的原因所在。但他们深藏美好的回忆,却对苦痛的经历念念不忘,无疑是在为这段经历创建最坏的一种认知架构。对此最好的办法便是重新建构对这段经历的认知,认识到你从中获取的快乐、收获,以及成长。这样才可能将负面的框架消隐掉,创建出积极的认知框架,使你自信地迎接下一段恋情。

不妨花片刻时间回想一下自己一生所遇到的最具挑战性的三段经历。对于每一段经历,可以有多少种不同的认知视角?你可以为各段经历赋予多少种认知框架?通过观察认知框架之间的差异,你了解到了什么?这对你之后的行为有什么不同影响?

我想此时肯定会有部分人说:"说起来容易,做起来太难了。有些时候我太沮丧了,根本无法控制自己的心情。"何不问问自己,何为沮丧?沮丧是一种心态。还记得本书之前(关乎自身/不关乎自身)介绍的内容么?重构自身的前提,便是须具备可将自身从沮丧的经历中分离,以全新视角看待这段经历的能力。随后你便可以改变自己的心理暗示和生理状态。如果你处在消沉的心理状态,现在你也已经掌握了改变的方法。如果你将某些事情置于一种与你无益的框架之中,那么立刻重构这一框架。

为经历和行为赋予另一种含义,是一种有效的重构方法。试想某人对你做了一件令你不快的事,而你觉得他是刻意为之。假定有一对夫妻,丈夫痴迷于烹饪,自己的厨艺能否得到赏识对其很重要,而妻子在吃饭时却默不作声。丈夫此时心里就十分不安,倘若她喜欢自己的饭菜,就应该多少表扬一下,如果她默不作声,那肯定是对自己的手艺不满意。你该如何重构其对妻子行为的认知呢?

记住,对他而言,他人的赞赏最为重要。重构其认知的方式,便是使其能够从一个全新的角度来理解妻子的行为。我们可以告诉这位先生,他的妻子是因为太喜爱这顿饭菜了,以至于无暇在席间浪费时间讲话。毕竟,行动要远胜语言,不是吗?

另一种方法则是让这位先生重新为自己的行为认知进行重构。我们可以问他："你一定曾经吃过几次佳肴，难道你没有过沉默着享用的经历？"他之所以感到不快，是因为其将自己的认知框架赋予在妻子的行为上。倘若能换一个认知框架，心情就会变得大好。

重构的第二种方法，则是针对你所不喜欢的行为。通常，你讨厌这些行为的原因是因为你不喜欢被人把你说成某类人，或者因为你不喜欢自己从中得到的东西。重构的方法便是将这一行为置于另一场合或另一情境中，从而使你能够认识到这些行为的价值所在。

假定你是一名推销员，你对你所推介的产品了如指掌。然而一遇到潜在的顾客，你就一股脑地将大量的信息传达给对方，令其哭笑不得，有时他们甚至因为你的一席话打消了原本的购买念头。现在面临的主要问题就是，在何种场合下，这一行为会十分有效呢？如果是写成产品的广告副本，或是技术资料呢？掌握大量的信息且能够随时调用，在测试研究或帮助孩子做家庭作业时，将会很有帮助。因此，并不是行为本身存在问题，而是用在了不合适的情境之中。你自身是否也曾有过同样的经历？人类所有的行为都有其适用的情境。拖延的毛病看来一无是处，然而倘若你能把愤怒或悲伤拖延到明天，是否会又多了一个美好的日子——或许可以将其无限期的往后延推。

你可以练习着重构那些困扰你的情景和经历。例如，回想一下令你头疼的人或某些经历。你结束了一天恶心的工作，满脑子都回想着主管在你下班前一刻分配给你的可恶的项目。即便下班回家，你仍对此念念不忘，并将沮丧的情绪带至家中。你陪着孩子心不在焉地看着电视，脑子里却不断地闪现那个可恶的主管，以及他那见鬼的项目。

如果你不想让这种情绪毁掉你的家庭周末，你最好学着重构自己对这一事件的认知方式，从而使自己的心情好起来。首先试着将自己置身事外，脑子里想象一下主管那张脸，配上大鼻子，两撇搞笑的胡子；把他的声音想象成动画片里怪里怪气的有趣声音；想象他一副哀怜、无助的表情看着你，求你在这个项目上为他提供帮助。此时，或许你能体谅他所承受的巨大压力，也许他只是忘了提早告诉你这个项目；也许你可以记起自己曾经对他人做过同样的事情，询问一下这件事是不是就那么重要，以至于能够毁掉你一周的心情，你是否有足够的理由呆在家里生闷气。

我并不是要让你逃避问题。此时，或许你可以选择换一份新的工作，也可以选择和对方坦诚地表达一下你现在的工作问题。如果真的存在问题，你就要处理问题，而不是一味地沉溺在迷茫、消极的心态中，因为这于事无补。尝试多做几次这样的练习，下次见到主管时你可能就会想到他大鼻子上架着眼镜的可笑表情，当他和你交谈时，你的感觉也会截然不同——你满脸笑容地看着他，营造了彼此间新的交流氛围，过去的不友好、沉闷的交流体验也会得到彻底改观。

我过去经常用这种方法将他人认为很大的问题重构为小问题。在有些较为复杂的场合，你可能需要进行一系列的小的重构，才能逐渐达到你所期望的状态。

由此可见，重构几乎可以消除任何事物带来的负面感受。最为有效的方式莫过于想象自己待在剧院里看电影了。将困扰你的经历呈现在银幕上，可能一开始你希望不停地快进，就像看卡通片一样。你可能希望能配上马戏团的欢快音乐，如风琴声。随后你可能希望能够回放这些镜头，看着这些图像你会忍不住地想发笑。不妨用这种方法处理一些困扰你的事物，你会很快发现这些事物已经失去了负面效力。

这种方法也可用来治疗恐惧症，不过你需要稍微多耗费点精力。以下即为具体的执行方法。恐惧症通常根植于触觉层面，因此，倘若你想要高效的重构，就需要使自己远离这种感觉。恐惧症的反应十分强烈，以至于人们一想到某些事情就立马会做出反应。对此类人的处理方法是使其几倍脱离这种心理暗示。我将其称为双重脱离。例如，如果你对某件事心存恐惧，尝试一下下述练习。回想一下自己感到斗志满满、活力四射的时刻，然后保持那种心态，感觉自己强壮、自信。现在你想像自己包在一个五彩的防护罩里，想象自己走进一间剧院，选择了一个最佳的观影座位。接着假想自己脱离了身体，但仍罩着那层防护罩，飘进放映室中。以第三者的角度看着自己的身体坐在观众席上，盯着空荡荡的屏幕。

随后，抬头看看屏幕上静止、黑白的画面，正在呈现着过去困扰你的恐惧或可怕的经历。然后再低头看看坐在观众席看电影的自己，你实际上已经和你过去的经历实现了双重脱离。此时，快速回放那场黑白画面的电影，就如同你在看一个廉价的家庭剧或是过时的滑稽剧一样。注意一下观众席上的你在看电影时的滑稽反应。

不妨再进一步，你要让在放映室中充满勇气的你再度飘回到观众席上，自信满满地看着屏幕上，亦用坚强、勇敢的口吻告诉银幕中的先前的自己，你一直在看着他,你找到了两三种有助于改变这种经历的方法,两三种重构这种经历的认知的方法。从今往后,这段经历再也不会是你挥之不去的阴云,你已经可以自信、坦然地面对了。你无须畏惧过去所有的痛苦和恐惧,此时的你斗志满满,早已不是年少时胆小的样子,过去的经历自此已经化为烟云。帮助年幼的自己处理完当初未能处理的事情后,再度返回到自己的座位上,观看自己的电影。再次播放同一场景,但是这一次的你已经可以自信满满地处理掉当初的困境。随后,走到银幕后,与浴火重生的自己握手、拥抱,祝贺他战胜了自己内心的恐惧。然后再将其拉到你的体内,使其成为强大、自信、勇敢的你的一部分。用这种方法处理你所恐惧的事情,然后再施加于他人。

相信上述练习将使你获得一生难忘的人生体验。我也曾运用这个方式帮助过许多身患恐惧症的人,在短短的几分钟里,便消除了困扰其一生的恐惧病症。为何这种方法的效果如此明显? 这是因为想要进入恐惧的心理状态,需要特定的心理暗示,如果你能够改变这些心理暗示,你也就改变了回想这些经历时的心态。

对有些人而言,此类的练习需要耗费大量的脑子和想象力,在经过特殊的训练之前,他们很难做到这一点。因此,刚开始进行我所说的练习方法时,可能很不适应。然而人的大脑具有极强的适应能力,只要你能仔细地运用上述方法,你很快便能适应。

重构时须谨记,人类的所有行为都有着特定情境下的目的。譬如说抽烟,你并不是因为喜欢将烟吸到肺里而抽烟,而是因为在特定的场合,抽烟可以使你感到放松、舒适。你采取这些行为,是因为你能够从中有收获。因此,在某些状况下,若无潜在的目的需要,你根本不可能重构你的行为。这也是电休克疗法戒烟过程中出现的一个问题。很可能因为电休克形成其他的坏习惯,例如整日焦虑不安或者暴饮暴食。我并不是说上述疗法不好,我只是想表明发现自己潜意识的目的,对我们从容地满足自己的需求很有用。

人类所有的行为都以这样或那样的方式自行适应;所有的行为都是为了满足某一特定目的。让人讨厌抽烟并不是什么难事,但必须能为他们提供抽烟之外的行为选择,以填补他们因抽烟获得的心理满足,同时又不会带来抽烟的副作用。如果抽烟能使他们感到放松、自信或精力集中,就应该提供一种既能满足此种心理,又能更健康、从容的行为方式。

六步重构

① 访问人体中负责执行此类行为的部分。

② 设定一个信号系统。

③ 发现优势好处。

④ 让自己的创造性部分偕同行为执行部分，一同创造出三种可获得上述优势的行为。

⑤ 一致性核查：是否有反对的部分？

⑥ 让行为执行部分负责生成有效的替代行为，体会新行为所带来的变化。

发现优势好处（仅在无意识状态下可用的）。

在此我所教的,都是以会产生正面效果的方式使你重构,而不像某些治疗方式,例如电击方式,使人因畏惧而放弃那些不好的行为。

为改变人们不喜欢的行为,约翰·葛瑞德和理查德·班德勒设计了一种六步式重构过程,使你进入到理想的行为模式,同时又能保有原有行为所具有的重要优势:

1. 确定你想要改变的行为模式。

2. 与产生这种行为的无意识部分建立沟通联系。进入这一部分,向自己询问下述问题;在此期间保持足够警觉,以便检测、报告与这一问题相对应的身体感觉、视觉画面或声音。这个问题就是:"产生 X 行为的观念部分是否愿意有意识地与我交流?"

现在向我们那一观念部分(姑且称为 X 部分)提问,其同意时增强信号,其否定时减弱信号。现在测试一下其响应情况,同意……否定……区别相应的响应状况。

3. 将意图从行为中分离开来。首先感谢 X 部分愿意与你合作。现在询问它是否愿意让你获知怎样做才能产生 X 行为。在问问题时,再次保持警觉,检测"同意"或"否定"的响应。记下这些行为过去曾带给你的好处,对其继续为你提供此类好处表示致谢。

4. 创建替代行为以满足该目的。现在进入到你最具创意的观念部分,询问它是否能生成三种具有同样良好效果,或者比 X 更好的行为。当它生成三种行为后,让你的创意部分发送"同意"信号……现在询问你的创意部分是否愿意告诉你这三种行为是什么。

5. 让观念的 X 部分接受新的选择,并在需要时生成行为。现在询问 X 部分这三种行为是否与 X 行为至少等效。

现在询问 X 部分是否愿意在适当的条件下,针对特定的目的需要生成新行为。

6. 进行一次生态学的核实。进入其中,询问是否有任何部分对刚刚产生的结果存在异议,是否所有部分都愿意支持你。随后设想将来可能激发旧行为的场合,采用新选择,仍能获得你期望的优势。进入到将来可能触发不良行为的场合,体验一下采用新行为的效果。

如果你获得其他部分反对新选择的信号,你必须从头开始确认哪一部分反对,它过去曾带给你哪些好处,让它和 X 部分协同作用生成一系列可以保持这些好处的新行为。与你自身的各个部分谈话可能听起来有点怪异,但这却是最基本的催眠方式,米尔顿·艾克森博士、约翰·葛瑞德以及理查德·班德勒等人均发现这个方法十分有用。

假定你十分喜欢暴饮暴食,你可以采用飚换模式创造出新的行为;也可以将其认作一个想要改变的行为对象;也可能你无意识提供的这些行为过去曾带给你好处,可能你会发现吃饭会使你摆脱孤单的感觉,或者能营造出一种安全感,可以使你身心放松。随后你可以创建能为你营造归属感、安全感,放松自己心情的行为。也许你可以加入到一个健身俱乐部,那里的氛围可以使你很快结识到新朋友,与朋友在一起时你觉得安全,而且彼此间的关系也走得更近。由于你觉得自己的状态很好,也进一步增强了自己的安全感。

你一旦找到这些替代行为,还需揣摩一下这些行为是否一致——即须确保所有部分均愿意支持你在今后使用新选择。如果你察觉到这些选择将一致产生支持你实现心态的行为,你就再也无需通过暴饮暴食寻求解脱。随后想想自己将来高效地使用这些新选择的场景,记下你所取得的结果。为你的无意识提供的新选择表示致谢,享受新的行为方式带来的好处。一旦你能发现新行为相对于过去不良行为的好处,你可能甚至想立即用飚换模式代替旧的行为模式。此时,自己就为自己提供了新的选择。

几乎所有看似消极的经历都可以重构为积极的。你是不是经常说"总有一天,当我回首这段经历时,会喜不自禁"? 何不索性现在就哈哈一笑? 这也是我们所说的认知。

须注意的一点是,你可以通过飚换模式和其他技巧重新组织他人的心理暗示,但倘若相对旧的行为模式,新的选择并未能提供更多选择时,他就会回归到旧的行为模式中去。例如,如果我想要解决一位女士莫名其妙脚麻的毛病,我就需要找出产生这种行为的大脑和心理活动,随后要求她不再向大脑传达脚麻的信号,她的脚麻问题立即迎刃而解。但反过来,当她回到家中她可能就无法享受到因脚麻衍生出而来的其他好处——例如,当丈夫在洗盘子时,看到她脚麻了,就为她轻揉一会。在前几周或几个月内,他会为妻子不再脚麻而欣喜若狂。然而时间一长,他会觉得既然你的脚没有毛病了,理应也帮忙洗洗盘子,他就再也不会为妻子揉脚,甚至对妻子的关注也越来越少。在她的潜意识里,旧的行为要比新行为的好处更多,不知不觉她的脚又开始麻了。

此时,她就必须寻找到能够与丈夫关怀相匹敌的行为。新行为必须要比旧行为带来的好处更多。在我的培训课程上,一位失明八年之久的妇女看起来生活并无任何大碍,随后我也确实发现她压根就没有失明。然而她就像一个双目失明的人一样生活,原因何在? 她早年遭遇了一次事故,导致视力很差。当时周围的人为她提供了大量的关爱和支持,她一生从未体会到如此多的关爱。此外,即便她每天做些稀松平常的事情,别人也会因她是个盲人而给予很高的评价。她之前未能寻到比双目失明更能获得关爱的行为,而现在即便陌生人也会对她特别关照。要想改变她的这种行为,惟一的方法就是找到一种比当前行为更能获得心理满足的行为。

迄今,我们已经集中讲述了将消极认知重构为积极认知的方法。但我不希望你将重构看作一种诊疗方法,看作一种将你从不良状态进入到好的状态的救命良药。重构仅仅是潜能和可能性的一种隐喻,实际很少有通过重构就能变好的事情。

最重要的认知框架就是意识到无限的可能性。我们经常会受定势思维的局限。或许现在的结果也能勉强合你的心意,但你并未意识到自己可能取得更为惊人的成就。因此,请尝试以下练习:列出你现在所做的五件令你十分满意的事情——可以是良好、融洽的人际关系,也可以是工作状态,也可以是和你的孩子之间的关系或个人经济状况。

稍稍花费几分钟的时间,开始想象其变得更好的状况。你很可能会找到使你的生活质量大幅度提升的方法。人人都可以做到可能性重构,其惟一需要的就是精神的灵活变通——警觉地激发出个人潜能,采取行动。

在此,请允许我为本书讲的所有内容做一个总结。重构是激发你的精神工具取得更高成就的高效手段。不妨从更广的层面思考一下,将其看做一个持续进行的过程——探索新的可能性及寻找对你更有利的情境的过程。

优秀的领导和沟通者都深谙重构之道。他们知道如何以周遭发生的任何事情为契机,营造出可能性,激励和驱使周围的人。

有一则关于 IBM 的创始人汤姆·沃特森的著名故事。他的一个子公司负责人犯了一个很严重的错误,致使公司损失了 1000 万美元。当他被叫到沃特森的办公室时,他说:"我想你会辞退我。"沃特森一脸笑容地看着他说:"开什么玩笑! 我们为你付了 1000 万美元的学费,怎么可能就此让你走人。"

我们都认识一些抵制重构的人,他们总能从鸡蛋中挑出骨头。但是所有病态的态度、所有产生负面效果的行为,其背后都有一个高效作用的认知框架。倘若你不喜欢,索性就此改变;倘若你现在正采用着未能支持你的行为方式,索性尝试一下其他方式。改变时,不仅要确保产生高效的行为,还需确保其在需要时随时可用。在下一章,我们将学习在需要某一行为的特定时刻,如何重新触发。我将之称为——

无论你身处何地，用你所有，尽力而为。

——西奥多·罗斯福

第十七章

Unlimited
power

锚定成功

　　的的确确很多人一看到国旗就肃然起敬,我是,可能你也是如此。如果仔细分析这种反应,你可能会觉得这种做法十分怪异。国旗不过是一块花花绿绿的布片而已。布片本身并无任何固有的魔力,我们并非单单因一片布、一个图案而肃然。但是这一片布同时代表了国家的美德和品行。因此,看到国旗时,我们看到的是其背后一个国家、一个民族的所有美好特征。

　　旗帜和其他诸多事物一样,是一个锚标,一个与特定心态相联系的感官刺激物。锚标可以是一个词、一个短语、一种触觉,抑或是一个可见、可听、可触、可感的实物。锚标的作用效果十分强烈,因为其可以使我们迅速进入到一种强大的心态之中。这也是我们目视国旗时,神情肃然的原因所在。看到国旗时,你能立即体会到对整个国家的强烈情感和感官体验,因为你对国家的情感和这块布上的这种图案联系在了一起。

　　我们生活的世界到处都是锚标,有的深邃,有的则是鸡毛蒜皮的小事情。如果我一开始问你:"温斯顿听起来像是……"很可能你会立即回答:"应该是香烟品牌。"如果我问你:"放松应该怎么拼?"很多人会立即回答"R－O－L－A－I－D－S"。即便你不喜欢抽烟,你也知道放松应该是 R－E－L－I－E－F,你仍然会做出上述反应。即便你对其讲述的内容不以为然,广告商们仍能使你形成这样的条件反射。相同类型的反应在我们身上时刻发生着,你可以一看到某个人就立即进入与其相关联的心态(好坏依赖于关联的情感)之中。这一切都得益于锚标的强大作用。

　　本书第二部分的最后一章着重讲述锚定是有充分的理由的。锚定是一种赋予特定经历恒久性认知的方法。我们可以在片刻之间改变自己的储忆认知或生理状态,以便创造新结果,这些改变方法需要有意识的思考。然而,锚定则是一个自动应激触发的机制,无需主观的思考过程。当你将某些事物锚定在一起时,一遇到刺激的锚标,与其关联的心态或情感就会同时应激而生。至此,你已经学习了大量很有价值的方法和技巧。我认为锚定则是其中最有效的无意识应激通道建构方法,它对我们所有人都适用。不妨再回顾一下本章开头摘录自西奥多·罗斯福的那句话,我们都想无论身处何地,用尽所有,尽力而为。锚定的方法可以使我们最大限度地开发出自身拥有的资源,确保我们时刻避免"无米之炊"的尴尬。

　　我们的生活处处都在进行着锚定。事实上,没有锚定的人生几乎不存在。所谓锚定,即创造思想、观念、感觉或心态与特定刺激之间的联系。还记得上文讲述的伊万·巴甫洛夫博士的实验么?他将一块肉放在饥饿的狗面前,使其能够看到、闻到,却不能得到。这块肉会使这条狗受到强烈的饥饿感刺激。很快这条狗便开始本能地分泌唾液。而在其分泌唾液时,巴甫洛夫同时不停地摇动铃铛。不久之后,他便可以仅靠摇动手里的铃铛让这条狗分泌唾液了。他通过这种方式,建立了狗的饥饿感(或分泌唾液行为)与铃声之间的神经联系。自此以后,他一摇铃铛,狗便立即开始分泌唾液。这便是我们所说的条件反射。

叫我们的猫吃饭,哈里!

版权所有©1981,根据比尔·豪格斯特漫画改编。

　　不仅动物如此,人也同样存在条件反射。人类的大多数行为都来自无意识状态下的条件发射。例如,很多人在承受压力时,会抽烟、喝酒,有些人还会吸食毒品。他们的这一反应并未经过有意的思考,而更像是"巴甫洛夫的狗"一样,是直接的生理反射。事实上,他们之中的多数都很想摒弃这种行为,但是他们认为此类行为是无意识的,根本无法控制。解决这些问题的关键便是有意识地认识到这一过程,当你建构的锚标无法为你的成功提供支持,就立即果断地删除,代之以全新的锚定联系,使其能够自动激发你进入到自己期望的状态。

而锚标又是如何形成的呢？当人处在一种强烈心态之中时,其观念和身体紧密地连接在一起,若在心态表现最为强烈的时候,提供稳定的同步刺激,就可建立刺激与心态之间的神经联系。此后只要提供相同的刺激,即可自动产生相同的强烈心态。当我们唱国歌时,会形成特定的情感,如果在情感最强烈时,我们紧盯着国旗,就可以建立国旗与情感之间的联系。同样,我们在做效忠宣誓时,如果盯着国旗,也会形成锚定联系。此后,我们一看到国旗,便会自动触发这种情感。

然而锚标有好有坏,有些锚标是负面、消极的。在你收到超速罚单后,你每次经过公路的测速点都会感觉不快。当你在后视镜里看到了闪烁的红灯时,你会有何种感觉？是不是立刻自动触发你不快的情绪？

影响锚定效果的一个因素是原始状态的强烈程度。有时人们的不愉快情绪是如此强烈(例如,和配偶或上司之间的激烈争吵),以至于他们一看到对方的脸,就立刻怒火中烧,从而断送了幸福的婚姻,或是被老板炒鱿鱼。如果你也存在这样的锚标,本章将教会你如何代之以积极、正面的锚标。而这一过程亦无须刻意为之,一切均是自动发生。

很多锚标都是十分愉快的。如果你能将披头士的某一首歌与一个精彩的假期联系在一起,此后你一听到这首歌,便立马会回想起那段美妙的夏日时光。在一次完美的约会上,你吃了带巧克力的苹果派,自此以后你会觉得这是天底下最美味的食物。或许你认为这不比"巴甫洛夫的狗"高明到哪去,但你的的确确每天都在进行着特定的锚定反射。

我们的大多数锚定行为都是完全随意的。我们从电视、收音机以及日常生活中接触到了大量的信息,其中的部分内容成为了我们的锚标,而另外一些内容则未起到作用。多数情况下,这一过程的发生极具偶然性。如果你当时的心态十分强烈——无论好坏——一旦你接触到特定的刺激,很可能会形成锚定。刺激的一致性是一个强大的锚定手段(或联系)。如果你时常听到某些声音(如广告语),很可能会在你脑中形成锚定联系。值得欣慰的是,这一过程是可控的,你完全可以自己建立积极的锚标,消除负面的锚标。

纵观整个历史进程,你会发现成功的领袖都是利用锚定方法的高手。当一位政客"身披国旗"时,他便是在利用国旗这一锚标背后所蕴含的强大魔力。他试图将民众对国旗的所有正面情感转嫁到自己身上。这一方法用到极致时,他可以引起民众强烈的情感共鸣。不妨回想一下自己在观看独立纪念日游行时的感受,你是不是认为只有极其不自重的政府议员才会缺席独立纪念日的游行?最为糟糕的是,锚定也会造成集体的丑陋行为。希特勒是一个锚定天才,他可以通过大规模的集会、演说将特定的精神状态和情感与纳粹图标联系在一起。他使民众进入并维持一种疯狂的心态,不停地提供特殊的刺激,直至最后只需一个简单的手势(纳粹礼)即可激起民众强烈的情感。他不断地运用这种手段操控着民众的情感,进而控制了整个国家的心态和行为。

在重构一章,我们知道了相同的刺激可以具有不同的含义,这取决于我们在其周围设立的认知框架。锚定同样有着积极或消极的作用。希特勒将纳粹成员正面、强悍、骄傲的情绪与纳粹标志联系在一起,同时还蕴含了仇视敌对方的情绪。纳粹标记在纳粹党和犹太人心中是否具有相同含义? 显然不是。然而,犹太人却能以此自勉,自立自强,建立了自己的主权国家,使其信条不受任何侵害。"绝不要妄想再发生"是许多犹太人的听觉锚标,他们以此为民族安身立命之本,誓死捍卫自己的主权。

很多政治家认为吉米·卡特将总统工作透明化是一个天大的错误。在他上任伊始,他取消了总统这一称呼的锚标——隆重的礼节,其中的一项措施便是出售总统专用的"红杉号游艇"①。或许其初衷值得敬重,可从政治手腕上来讲,不得不说是最大的败笔。当领袖能够使用强大的锚标赢取支持时,他们就是英明的。很少有总统像罗纳德·里根那样时常身披国旗,无论你对他的政治观点赞同有否,你都不得不钦佩他(或他的智囊团)利用政治符号(锚标)的手腕。

锚定并不局限于深刻的情感和经历,事实上喜剧演员也是锚定专家。好的喜剧演员知道如何通过特定的音调、句式或行为举止使人发笑。他们如何做到这一点的呢? 他们首先做一些使你发笑的事情,当你处在特定的情绪状态时,他们通过特定的微小的面部表情或特定语调的声音向你提供刺激。他们会在你每次发笑时对你提供刺激,直至你的笑声与他们的这些行为联系在一起。不久之后,他们只需做一次这样的面部表情,你就会喜不自禁了。著名相声演员理查

---

① 吉米·卡特(Jimmy Carter)是美国第 39 任总统。在其任职期间,为表彰自己不尚奢华的作风,将总统专用的"红杉号游艇"出售了。

德·普莱尔尤其精于此道。约翰尼·卡尔森①则将整个国家都锚定了。他只需露出那招牌式的假笑，即便笑料包袱尚未抖出来，观众们也早已笑做一团了——观众之前已经看过他的很多次表演，他们很清楚即将发生可笑的事情，他们的头脑也引发出了相同的状态。当罗德尼·丹泽菲尔德说那句"带走我妻子"②时，这句话本身并没有任何值得发笑的成分。但是当这句话锚定在剧中一个如此广为人知笑话之中时，任何人一提到这个词，立刻喜不自禁。

我再介绍一个我本人最大化地利用锚标的事例。当时我和约翰·葛瑞德正与美国陆军洽谈一项促进训练成效的培训计划。负责这个项目的将军让我们和相应的军官商讨时限、价格、培训地点等一系列内容。会议安排在一个大的 U 型会议室内进行，而正中央的位子是保留给那位将军的。很明显，即便将军不在，那个位子仍能透露出威严、不容置疑的地位，每位军官都对那个位子本能地敬畏。我和葛瑞德刻意地从那个椅子旁走过，摸了摸椅子，甚至干脆一屁股坐在了上面。我们一直刻意地这么做，直至将军官们对于座位的敬重转嫁到我们的身上。当我和军官们就这个项目讨价还价时，我径直地站在将军椅子旁边的位子上，用不容置疑的语气和神情一口说出了我们期望的价格。之前我们在价格上曾经存在严重的分歧，但此刻没有任何人提出异议。在这个谈判过程里，我没费吹灰之力便获得了我期望的合理价钱，其秘诀就在于我善用了将军座椅的锚标作用，谈判的过程更像是我们在向他们发号施令。最高层面的谈判都需要充分利用高效的锚标。

许多职业运动员也常使用锚定这一手段，只是他们可能不将其称作"锚定"，或者压根未意识到这一过程。那些称作"关键先生"的运动员都会在生死悬于一线的状况刺激下，进入到最兴奋的状态，获得超常的发挥。有些运动员是通过特定行为触发这种状态，例如，网球运动员便采用特定的击球节奏或者采用特定的呼吸方式使自己达到最佳的状态。

我过去曾帮助奥运会 1500 米自由泳金牌的获得者迈克尔·奥布莱恩进行了锚定和重构。我重构了那些局限他的信念，我使他锚定出了自己最佳的表现（通过让他回顾最佳表现时所接受的外界刺激，如所听的音乐等），从发令枪响的那一刻直至冲到终点。结果就是他取得了自己所期望的最佳表现。

① NBC 电视台节目支持人，主持晚间节目长达 30 年，号称晚间节目之王。
② 出自于喜剧电影《我的 5 个妻子》里的一句台词。该电影由罗德尼·丹泽菲尔德（Rodney Dangerfield）主演。

　　接下来我们将更具体地回顾一下如何有意识地为自己或他人创建锚标。其基本上分为两个简单步骤：首先你必须使自己，或者你想要帮助的对象进入到待锚定的特定状态之中；随后你需要在这种状态最强烈时，连续提供具体、独特的刺激。例如，当某个人正在发笑时，他便进入到了特定的一致性状态——他的整个机体都参与其中。如果你在他发笑时，按照特定、独特的压力按压他的耳朵并发出特定的声音，如此反复地刺激若干次；当你再次进行这一过程时，仅需提供这些刺激（按压耳朵和发出声音）即可使他笑出声来。

　　对某些人而言，创建自信锚标的另一方法是让他回忆一下自己过去曾经自信满满的特定时刻，随后让他进入到当时经历之中，以便他能够完全感受到这种感觉，并和身体形成联系。在他进行这一过程时，观察他的生理状态（面部表情、站姿、呼吸）变化。当你观察到这些生理特征表现到了最为强烈的时刻，立即进行具体、独特的刺激。如此反复若干次。

　　为了使他人更快地进入到自信的心态，你可以增强锚标作用。例如，让他展示自信时的站姿，在站姿发生变化时进行刺激；随后可以要求他展示出自信时的呼吸方式，在这一过程中提供相同的刺激；随后再要求他回顾一下自信时的内心独白，然后要求他用相同的声音、语调重复一遍，在此过程中，提供和上述两条一模一样的刺激（如轻拍他肩膀的某一部位）。

　　一旦你认为他已建立锚标，你需要测试这是否有效。首先使其进入与建立锚标时相反或中立的最简单有效的方法是让他改变自己的生理状态，或者让他回想一些与上述内容完全不同的东西。随后提供与建立锚标时相同的刺激，观察他的反应，看看他的生理特征是否和处于自信心态时完全一样。如果是，则表示锚定成功；若非，则很有可能你遗漏了下述锚定要点中的一条或多条。

锚定要点

状态强烈程度

时机（状态最强烈时）

刺激不独特

未重复刺激

---

　　1. 若要有效地建立锚标，提供刺激时须确保其全身心均处于一致的状态之中。我将这种状态称作强烈性状态。此种状态越强烈，越容易建立锚标，其锚标作用持续时间越长。如果你在为那人建立锚标时，他处于三心二意的状态，刺激

将会和若干个不同的信号联系在一起,很难取得明显效果。此外,正如上文所讲,倘若在一个人注意力集中过去某刻的视觉画面时建立锚标,那么当你提供刺激时,那个人只能看到画面,但无法将整个身体和情绪联系在一起。

2. 必须要在状态表现最为强烈的特定时刻提供刺激。如果刺激得太早或太晚,都不能捕捉到其最强烈的一面。你可以预先观察此人情感最为强烈时的状态,注意其状态开始消失时的行为表现,从而判断他何时进入到最强烈的状态;你也可要求对方在他接近最佳状态时告诉你,从而使你能够在关键时刻调整刺激。

3. 你选择的刺激必须独特。你必须确保该刺激可以向大脑传达清晰无误的信号。如果某人进入到最强烈的状态时,你提供的刺激和平时所说的话并无二异,这些刺激就很难形成高效的锚标。因为其缺乏独特性,大脑很难接收到清晰、具体的信号。就如同你以握手做为刺激时,就很难起到高效的锚标作用。因为握手实在是一件稀松平常的事情,除非你的握手方法十分独特(如独特的指力,发生的地点,等等)。最好的锚标融合了若干种感知元素——视觉、听觉、触觉,等等——一旦形成独特的刺激,大脑即可轻松地与特定含义联系在一起。因此,倘若锚定某人的同时使用到身体接触和特定的语调,要比单单的身体接触有效得多。

4. 若想使锚标发挥作用,提供的刺激必须完全一致。如果你是通过特定的力度轻拍肩膀的某一部位诱发某人进入到特定状态,那么必须保持每次所用的力度和位置均完全一致。力度和接触部位的改变,都会使锚定失效。

如果你遵循上述的锚定步骤,锚标效果也就必然有效。在"跨越火炭"课程上我教导学生如何建立自信、强大的锚标。我使他们进入到特定的心态之中,每次其感受最强烈时,都用力挥一下拳头。在当晚的课程结束时,他们只需挥一下拳头即可感觉自己浑身充满能量。

现在让我们来做个简单的锚定练习。首先请你站起来,回想一下自己过去绝对自信、认为自己无所不能的某一特定时刻。随后使自己保持自信时的生理状态,保持你绝对自信时的站姿。在这种感受最强烈的时候,用力地挥动一下拳头,嘴里以坚定有力的语调说"耶"!保持绝对自信时的呼吸方式,再次用力地挥动拳头,嘴里坚定、有力地说"耶"!保持绝对自信时的说话语调,同时像上述做法一样,用力地挥动拳头,嘴里说"耶"!

若你无法记起此类时刻,那就不妨设想一下自己倘若已经做到这一点时的状态。假想一下自己感到绝对自信时你的生理状态如何。按照你设想的绝对自信时的方式进行呼吸。我希望你能够像对待本书的其他练习一样,认真地进行这项练习。

现在,随着你已按心态绝对自信时的姿势站立,在感受最强烈的时候,用力挥一下拳头,以坚定的语气说"耶"。要意识到一切均在自己的掌控之中,你现在明显具有极佳的生理和心理状态,感觉自己注意力集中,浑身充满了能量。如此反复进行五六次,每次的感受都要更强烈,将这种心态和挥动拳头、嘴里说"耶"之间建立神经联系。随后变换自己所处的心理和生理状态,挥动一下拳头,按照上述方式嘴里说"耶",注意一下自己此时的感受。在随后的几天内反复进行此项练习,使自己进入到最自信、感觉自己最强大的状态,在感受最为强烈时用力挥动一下拳头。

不久之后,你就会发现只要自己挥动一下拳头(注意挥拳的方式),便可一步到位,进入到自信满满的状态。最初的几次可能效果没有那么明显,但只要你坚持练习,很快就能到你所期望的效果。如果你能在感受最强烈时提供足够独特的刺激,仅需一两次重复即可建立牢固的锚标。

一旦建立起这种锚定关系,你便可以在自己陷入困境的时候利用到。只需挥动一下拳头,即会感觉自己自信满满。锚定之所以具有如此惊人的效果,是因为它可以在片刻之间调整你的神经联系。传统的积极思考方式则需要停下来,主动地思考,随后才能实现改观。这种方法,即便是使自己进入到自信的生理状态也需要花费时间和主观的努力。而锚定则无需主观思考的参与,完全是自发进行,因而与接受的外部刺激几乎是同步的。

如何锚定

1. 清晰地界定你想要通过锚标获得的结果和影响力最大的状态,可支持你或他人能够实现自己的目标。

2. 调整基准经历。

3. 通过语言或非语言的沟通方式,诱发、促使个体进入到期望的状态。

4. 利用你的敏锐感官,判断此人何时具有最强的生理感受,在其感受最强烈时提供刺激(锚标)。

5. 通过下述步骤测试其效果:

    a. 改变生理状态,打乱之前的状态。

    b. 提供刺激(锚标),观察其是否达到自己期望的状态。

你必须知道,锚标重叠时具有无比强大的效力——即相同或极其类似的感受叠加在一起时,会使这种感受空前强烈。以我自身为例,通过空手道的训练,我使自己进入到自信、注意力集中的状态;而我也曾参加过高空跳伞、跨越火炭等各种极富挑战性的训练,我也战胜了众多此类的挑战。在每一次我感到自己无比强大时,我都会以一种独特的方式挥动一下拳头。而到现在,当我挥动拳头时,所有强大的心理感受和生理状态均接踵而至。这种经历要比任何药物都有效。我将在夏威夷跳伞、夜潜,在伟大的金字塔旁边入睡,与海豚一同畅游,跨越火炭,突破局限,与赢得体育比赛等所获得的心理感受融为一体。此后我越多地进入到这种状态,感受越强大,取得成功的机会就越高,而成功的经历越多,又反过来带来更多心理感受的积累,我的感受较之先前又更为强烈。成功衍生出成功,能量和自信激发出更多的能量和自信,这便是成功的良性循环。

接下来再进行一项练习:找三个人,为他们建立锚标。首先要求他们回忆过去感觉非凡的时刻,在确定他们完全进入到这一状态时,施以特定的刺激。如此反复若干次。随后先使他们脱离这种状态,再通过锚标进行刺激,看看其能否再次进入到这种状态,若未能进入,则表明上述四个要点中的某一或多个环节出错,依次进行核实。

如果你未能触发自己所期望的状态,则表示你遗漏了其中的一个或多个要点。可能是因为刺激时,对方尚未完全进入到那种状态,也可能是因为刺激的方式不够独特,或者在你试图诱发状态时,未能采用完全相同的刺激方式。解决上述问题的最有效方法,便是发挥你的敏锐感官判断其是否进入到最强烈的状态,再次锚定时,对你的方法进行适当的调节,直至其能够完全发挥作用。

接下来进行另一项练习:选择三到五种你期望拥有的心态或感受,将其与你特定的行为之间建立锚定联系,以便你轻松进入到这种状态。假定你是一个难以决断的人,但是你希望改变自己当前的现状,即你希望自己更为果断。为了锚定可以快速、高效、轻松、决断的心态,你可以选择自己的食指关节作为锚标。随后,回想一下之前绝对果断的特定时刻,进入并体会一下这种感受,调动自己的全部感官,使你所有的感受均和之前一致。开始体会自己正在进行果断的决策,在感受最为强烈时,轻压一下指关节,心里暗暗地说一句"耶"。再回想自己果断做出决策的另一次经历,在感受最为强烈时再次轻压一下指关节,心里暗暗地说一句"耶"。如此反复五至六次,形成强大、重合的锚标。现在则想一下你目前要做出的决策——考虑到所有使你难以决策的因素。随后轻压一下自己的食指指关节,心里暗暗地说一句"耶",是不是可以很轻松地做出决断? 你也可以利用另一根手指锚定放松的感觉。我将自己的一个指关节作为创造性感觉的锚标,轻压一下这个指关节,我很快就会感觉自己创意无限。不妨花点时间为你的各种感觉、心态创建对应的锚标,你会享受到由其精确指导你的行为所带来的无限乐趣,不妨就从现在开始尝试。

锚定效果最明显的时候,往往是在无意识的锚定时。在其《忠于信仰:一位美国总统的回忆录》一书中,吉米·卡特举了一个特殊的事例。那件事发生在一次军备控制会谈上,当时勃列日涅夫突然将手搭在卡特的肩膀上,用流利的英语说:"吉米,如果我们谈判不成功,上帝必不赦免我们的罪。"几年以后,吉米·卡特在接受电视采访时回顾了这次面谈,一直认为"勃列日涅夫是一个爱好和平的人"。当卡特说这些话,站起身,按着自己的肩膀说,"至今我仍能感觉到肩膀上他手指的余温"。卡特之所以印象如此深刻,是因为对方按住了自己的肩膀,用流利的英语和他交谈,而谈话中涉及到了上帝。作为一个虔诚的教徒,卡特显然会被勃列日涅夫的话深深打动,而最为敏感的就是对方轻拍自己肩膀的时刻。卡特坦言,这段经历所诱发的情感至今仍历历在目,使其终身难忘。

调整(识别)状态变化方法

注意以下方面的变化:

呼吸

呼吸位置
呼吸停顿
呼吸频率
呼吸深度

眼球运动
下嘴唇大小
站姿
肌肉紧度
瞳孔
皮肤的颜色/反射
声音
语气
节奏
音色
音调
音量

锚定在克服恐惧、改变行为方式方面也具有惊人的效果,我的一次课程就印证了这一点。在课堂上,我经常会征求一位不善与异性交往的学员做示范练习。在最近的一次,示范者是一位生性腼腆的小伙子,当我问及他对某一位陌生女士的感觉,或者让他向陌生女子搭讪时,我能立即觉察到他的不自然。他的头低了下来,眼睛盯着地面,口里嗫嚅地说:"我想我很难从容地做到这一点。"其实即便他不说出来,我也能从他的行为举止一眼看出来。为了消除他腼腆的毛病,我就问他过去可曾有过十分自信、骄傲,相信一定会成功的时刻。他点了点头,于是我便引导他进入那种状态,要求他的站姿、呼吸方式等都要保持在那种自信、骄傲的状态,并回忆一下当时自己对自己所说的内容。当他的感受最为强烈时,我在他的肩膀上轻拍了一下。

随后我又要求他重复感受了这一心态若干次,每次均要求其所感、所听的是相同内容。在每次感受最为强烈的时候,我都会在他肩膀上轻拍一下。记住,成功的锚定取决于是否精确地重复,因此我轻拍他肩膀的部位、力度都与之前一模一样。

至此,我已经帮他建立了锚标,接下来我要开始测试其效果如何。首先我打乱了他的自信状态,并再次问他对异性的看法。他立刻开始低头、羞涩起来。他的肩膀低了下来,呼吸也顿顿挫挫。当我按照上述锚标轻拍他的肩膀时,他的身体立刻自动转变成自信的状态。通过锚定方法,他竟然可以如此快速地从腼腆、畏惧的状态摇身一变,变得惊人的自信。

这一方法是轻拍他人的肩膀(或者其他锚标),触发某人进入到期望的状态。我们也可以就此深入一步,将过去创造不自信感觉的刺激物或刺激事件,转化为自信的刺激锚标。具体步骤如下:我要求这名学员从观众席中挑选一位极具魅力的女性,一位自己从未敢奢望接近的女性。他一直迟疑不定,直到我再次轻拍了一下他的肩膀。在轻拍他肩膀的那一刻,他的站姿立即发生变化,立即从观众席中挑选了一位极具魅力的女性。我要求那位女士来到讲台前,然后告诉她这个家伙想要和她约会,她一口回绝了邀请。

我再次拍了拍他的肩膀,他立刻进入到了自信的生理状态,昂头挺胸,抬起了眼睛,呼吸也深沉自然起来。他径直走到那位女士跟前,自信地问道:"再考虑一下如何?"

她说"别烦我",这并未使他就此罢手。之前,甚至连看女人一眼都会心神不宁的他,现在脸上露着自信的微笑。我继续拍了拍他的肩膀,他也更为大胆地向那位女士搭讪。尽管那位女士多次口头拒绝了他,但他愈挫愈勇。甚至在我的手离开他的肩膀之后很长一段时间,他仍能感觉自信满满。这时候我创建了一种美丽女子(或遭遇拒绝)与自信心态之间的神经联系。在他的坚持不懈下,那位女士终于说了一句:"请你不要烦我好吗?"而他则继续用低沉的声音说:"难道你不知道一见钟情是难以自抑的吗?"顿时举座哗然。

现在他通过自己的方式进入到强大的心理状态,而刺激来自美丽的女性或者所受的冷遇——之前这些情况可能会使他手足无措。即我创造了一种锚标,而他造成了锚标的转嫁,使他在遭遇拒绝时,依然保持在自信的状态,他的大脑立即将女性的拒绝和自信、冷静的心态联系在一起。被拒绝的次数越多,他越放松、自信、冷静。这一过程均在一瞬间发生,实在让人惊奇。

可能此时就有人说了:"这是在课堂之上,谁又能保证在真实世界中会发生何种效果呢?"该条件的反射模式同样适用。事实上,在课程结束之后的当晚,我就要求学员们寻找陌生异性搭讪。结果惊人地验证了这一点。由于不再恐惧,他们开始主动和之前没有勇气接触的异性搭讪,并且彼此间形成了十分融洽的私人关系。仔细想想,能取得这样的效果可以说一点也不奇怪。毕竟我们从小到大就屡屡对拒绝做出过回应,我们有足够多的参考原型。现在你已有了足够多的神经反应选择。一个过去一见到女性就手足无措的男士两年前参加了我的培训课程,现在他已成了一名歌手,并能坦然应对众多的女性拥趸。在我的每次"观念革命"课程上我都要从多个角度使用这一材料,而各个案例所取得的成就也极为显著。我采用这一锚定方法的变种改变了人的恐惧反应。

如果你老是做同样的事,当然只会得到同样的结果!

——无名氏

意识到锚定的作用十分重要,因为它时时刻刻在我们周围发生。如果你知道它形成的过程,你就可以掌控并且做出改变;如果你不知道,则只能在心态产生时惊叹其神力,然后又任其不知所终。在此我列举一个极为常见的例子,假定某人的家人离世,他处在极度悲伤的状态。在丧礼中,许多人会到他的面前拍拍他的左上臂,表示哀悼和同情。如果这个动作做得够多,就会和他的悲伤连成神经联系,成为他的锚标。在过了几个月后,当有人在无意中用手碰了一下他的左上臂时,如果恰巧压力和位置都拿捏得正确的话,他便会莫名地兴起悲哀之情。

不知你是否也有过上述经验,你会不会有时莫名其妙地感觉情绪低落? 你很可能有过这样的经历。也许你并未意识到,正是背景里所播放的歌曲产生了这种情绪——那样一首歌使你意识到一个你过去深爱的人再也不会在你的生活中出现。也许你并不知道,正是别人脸上特定的表情使你产生了这种感觉。别忘了,锚定作用都是无意识进行的。

接下来我将为你讲述几个处理负面锚标的技巧。其中一种方法是建立一个与其相反的锚标。还以葬礼上建立的悲哀情绪锚标为例。如果你左手的上臂是悲哀的锚标,消除这种锚标的最好办法是在你的右手的相同位置(即右上臂)建立与之截然相反的锚标,其对应着欢乐、自信的心态。如果你同时触发两个锚标,你就会发现一些明显的事情发生了:大脑同时连接着两种神经系统,因此无论哪种锚标被触发,都会形成两种反应选择。大脑总是优先选择积极的反应。因而你或者进入到积极的状态,或者依然维持在中性状态,不会情绪低落。

如果你想建立一个持久且亲密的关系,锚标可谓至关重要。例如,我的太太贝基和我经常各地奔波,与全国各地的人分享我们的心得。我们不停地进入到强大的积极状态之中,并时常在这种心态最强烈时相互看着对方,或彼此身体接触。因而,我们的关系中充满了积极的锚标——无论何时只要我们相互看着对方,所有强大的彼此关爱的幸福感觉就会涌来。相反,当一对夫妻到了彼此难以容忍的地步,负面的锚标就是其中的原因,必然存在夫妻间彼此的相互厌恶多于好感的时刻。如果他们在这种状态下相互看着对方,就把这种感觉与行为之间建立了联系;有时候,仅仅是对望一眼,即可断送双方的关系。倘若夫妻间经常争吵,这种事情发生的几率尤其大。争吵之时,彼此间的愤怒情绪与他们的对望之间形成了锚定关系,下次一旦看到对方的脸,愤怒的情绪立刻涌现。不久之后,双方都会想在其他人身上寻求慰藉,期望其他人能够带来积极的情绪。

我和贝基也曾有过这样的经历。当时我们在很晚的时候到一家小旅馆下榻,前台并没有任何行李员和代客停车的人员。因此我便要求前台的人员找人停车并要求行李员将我们的行李带至我们的房间,前台人员爽快地答应了。一小时过后,行李仍未送至我们的房间,我们就到楼下询问原因。长话短说,我们所有的行李都被盗了——信用卡、护照以及我刚刚签署的大笔支票。为了这次旅行,我们整整酝酿了两周,你可以想见我当时的心情。当我愤怒、急躁的时候,我仍然在看着贝基,她的脸上同样焦躁。大约过了15分钟后,我意识到急躁丝毫于事无补。我知道万事万物皆事出有因,祸兮福之所倚,这未尝不是好事。因此我改变了自己的心态,不再烦恼了。但是大约 10 分钟过后,当我抬头再次看到贝基的脸时,我又开始为她没有早点提醒我满腔怒火,此时我当然不会觉得她很有魅力。随后我冷静下来,开始质问自己这究竟是怎么回事。我认识到我把丢失财物所产生的负面情绪都和贝基联系在一起,即使她与这一过失完全无关。看到她的脸就使我感觉愤怒,当我告诉她时,发现她居然和我有着相同的感受。当时我们怎么做的呢?我们只是改变了锚标。我们开始一块做一些积极、愉快的事情,短短 10 分钟过后,再次看到对方时,彼此的心情就很愉快了。

维吉尼亚·萨提亚是婚姻与家庭问题的咨询专家,在她解决家庭问题时,时常要用到锚标,其收效亦十分明显。在对她进行模仿时,班德勒和葛瑞德注意到了其工作方式与传统的家庭心理师的不同。当一对夫妻就家庭矛盾向心理师求助时,多数心理师认为其根本原因是双方压抑的情感和愤怒无从发泄。因而,解决问题的惟一方式便是夫妻双方开诚布公,互相表达彼此间的不满和愤怒情绪。你可以想见当夫妻双方彼此抱怨、面红耳赤地谴责对方时的场景。如果心理师鼓励双方倾泻出自身的愤怒,他们甚至可以一看到对方的脸,愤怒情绪就立即涌现出来。

我当然也知道表达自己内心压抑已久的想法会对双方起到帮助。同时我也相信坦诚是维持成功的婚姻所必备的条件,我质疑的只是这一过程中负面锚标的效果。我们都有过争吵时脱离争吵主题的经历,往往失去了就事论事的前提,变成了没有丝毫理由的撒泼对骂。此时我们讲得越多,夫妻双方的裂痕越大。因此,一个人何时才能知道自己"真实"的感觉呢?在你和爱人进行沟通之前,先使自己进入到糟糕的负面情绪之中,我看不出这有什么一丁点的好处。维吉尼亚·萨提亚并不鼓励夫妻双方互相指责,相反,她要求夫妻双方像初次相爱时那样互相盯着对方。她要求他们像首次坠入爱河时那样交谈。她继续通过自己的疗法,积累夫妻双方的正面锚标,使得夫妻双方一看到对方的脸庞,眼里都是浓情蜜意。而在这种心态下,夫妻双方的心结也可以通过坦诚的交流解决,无需彼此刺激、伤害对方的情感。事实上,他们学会了彼此关爱、体谅对方,从而寻到了解决夫妻矛盾的金钥匙。

我再为你讲一讲消除负面锚标的另一种方法。首先创建一个强大的正面锚标。从正面入手往往要比从负面入手容易很多,倘若负面的东西难以消除,你可以用这种方法使自己快速、轻松地摆脱这种状态。

我希望你回想一下一生中感觉自己最强大时的积极经历,将这种经历及其感受放在你的右手中。这一切要靠你的想象力来完成,要像实物一样感觉到其存在于你的右手中。回想一下曾为自己所做的某一事情感到骄傲的时刻,将这段经历和感受也置于你的右手之中。接下来再回想一下自己感到强大、积极、爱恋感的时刻,也将其置于右手之中。回想一下自己开怀大笑的时刻,也将这段经历放在你的右手之中。体会一下这些自信、爱恋、积极的情感融合在一起的感觉。感受一下这些情感在你的右手之中融合之后的色彩。如果你能够为这种感觉配上声音,应该是何种声音? 这些感觉在你手中融合之后又是何种质感? 如果你可以将这些感觉综合成一句话,应该是什么? 体会一下所有感觉,随后合上你的右手,将那些感觉紧握在手中。

现在摊开左手,将令你消极、沮丧、失落、愤怒的经历,一些曾经困扰或正在困扰你的事情置于左手中。也可以是那些令你恐惧、令你担心的事情。不必感受它们在手里的感觉。只需将一些像与己无关的事物一样放在掌心。现在我要求你认识一下其中包含的次感元,你左手中的情感、经历融合在一块时是什么颜色? 如果你无法看到其颜色,或者立即体会到,不妨假装自己能够体会到。假使其的的确确存在于你的手中,你认为这是何种颜色? 再联想一下其他的次感元是何种形状、轻重如何、何种质感、发出什么样的声音? 如果它可以向你讲话,你认为它会向你讲怎样的内容、说话的声音如何、何种音质?

接下来,我们将学习如何"瓦解锚定"。你可以选择你认为合适的任何方式。一种方式是取右手里的颜色,使其快速流动、倾倒进左手之中,此过程可以配上滑稽的声音,总之使你心情越愉快越好。继续进行这一过程,直至左手中的颜色完全被右手中的颜色覆盖。

随后将左手中的声音放入右手,体会一下右手的变化。现在感受一下右手内的感觉,再将其倒入左手,体会一下其进入时左手的感觉。双手合十,将其锁在手中一段时间,直至混合均匀。此时左右手中的颜色应该已经混在一起,不分彼此了。

当你做完这一切,你对左手中的经历带给你的又是怎样的感觉呢? 很可能之前的效力至此已荡然无存。倘若未体会到这种感觉,不妨再重头进行一下这一项练习。进行完颜色的练习后,再进行其他的感元。如此进行一两次之后,几乎过去觉得十分强大的负面锚标,此时的效力已全然消逝。此时即便你不会感到心情十分舒畅,至少也不会存在负面的情绪了。

如果你对一个人没有好感,而又不得不改变现状,你也可以采用这一方法。你可以想象你所喜欢的人,将他的画面置于右手之中,而将你讨厌的人的画面置于左手。先看那张讨厌的面孔,再转头看那张喜欢的面孔,转头看讨厌的面孔,转头看喜欢的面孔,讨厌的面孔,喜欢的面孔……转头的速度越来越快,直至你无法分辨两个人的面孔,合上双手,深吸一口气,等待片刻。现在你对那个讨厌家伙,有什么感觉呢?八成现在你已经开始喜欢他了,即便没达到喜欢的程度,至少你不再讨厌他了。这个练习的可贵之处在于其花费的时间极短,而且你几乎可以改变自己对一切事物的情感。我不久之前曾指导一个小组进行了时长为三分钟的这种练习,一位女士将喜欢的人置于左手,而置于右手的竟然是和她有十年未曾说过一句话的父亲。当她做完这套练习后,她对父亲的厌恶感完全消失了。当晚她就和父亲通了电话,父女二人一直畅谈到凌晨四点,现在父女双方的关系十分亲密。

我们应该认识到我们的行为在孩子心中同样具有锚标作用。以我的儿子约书亚为例。有天在上学的途中,一个社会组织的人士告诉我的孩子不要听信来自陌生人的信息。我很赞赏我的儿子能够理解这一想法。但是问题出在这些人在表述这一内容时所采取的方式,他们还播放了一组幻灯片,都是讲述可怕的成人闯入到儿童学校,他们张贴孩子失踪的信息,甚至播放孩子尸体遗弃在沟渠中的画面。他们说,孩子们,听信来自陌生人的信息,下场就会和这些孩子一样。显然,这是一种典型的"避害"警示方式。

结果这一内容很具恐吓力,至少对我的儿子如此,我想其他孩子也好不到哪去。这些人的所作所为无疑是将一种恐惧感植入到孩子们的心中。现在我儿子满脑子都是那些清晰、明亮的血腥谋杀画面,而这又和他单独步行回家联系在了一起。当天他无论如何都不愿步行上学,放学回家时也要求我们接送。随后的三四天内,他时常从噩梦中惊醒。即便有姐姐作陪,他也不愿步行上学。幸运的是,我发现了他产生这种恐惧行为的根源。当时我恰好不在家中,在对情况进行了认真分析以后,我与儿子通了电话,在电话中我消除了那些令其感到恐惧的锚标,第二天他便乖乖地单独步行去学校了,上学时十分自信,感觉自己十分强壮。当然他也没有沿着沟渠去上学——他知道如何避开麻烦,保护自己。至今,他仍然朝着自己期望的生活奋斗,并未生活在恐惧之中。

显然这些人的初衷是好的,但是好的初衷并不能保证其不会带来伤害性的后果,原因就是他们对锚标的作用缺乏理解。多多关注你的行为对他人的影响,尤其是那些弱小的孩子。

我们接着进行最后一项练习。将自己置于强大、自信的状态,挑选出令你最感自信的颜色。同样挑选出能使你和强大、自信的心态联系在一起的形状、声音和感觉。然后想一想感到自己较之前更幸福、更专注、更强壮的特定时刻,想一想自己所说的话。接下来,回想一下不愉快的经历、没有好感的人,或是令你感到恐惧的某些事物。在你的想象之中,用积极的内容包裹住负面的经历。在实施这一过程时,你要绝对相信其能够完全包裹住负面的经历。随后,使用你自信的颜色涂抹在负面的锚标之上,直至负面的锚标全部被覆盖。然后再听一下自信时的声音,体会一下自信时的感觉。最终说说自己感到幸福、专注、强壮时所说的那句话。随着负面的锚标被自信的颜色覆盖,说出一些能激发你的能量的事物。此时你对负面事件的感受如何?很可能你会难以理解其为何能困扰你如此之久。不妨将这一方法运用到其他经历、其他人身上。

上述内容如果你仅仅是读读看,你会觉得其古里古怪,甚至有点傻气。但是倘若你亲身去练习,你就会发现它具有难以置信的效果。这就是成功的关键组成部分:能够消除自身环境中使你感到无助的元素,发现并创造出使你积极奋进的元素。请记住,这些锚标的触发作用都离不开视觉、听觉和触觉刺激,一旦你清楚了具体的锚标,你便可以消除负面的锚标,充分利用积极、正面的锚标。

不妨试想一下,如果你能有效地为自己及他人建立积极的锚标,那该有多好呢?假定你在和自己的伙伴们交谈时,使他们形成积极、乐观的心态,并通过触摸、表达或是特定语调的声音与其建立锚定联系,又会怎样?不久之后,这些锚定的积极心态,可以引发更强的激励感。他们收入将更高,公司赢利更多,每个人会更加快乐。你也可以在自己的生活中运用本书中所述的方法,改变那些困扰你的事情,使其变得更好或者将其彻底根除。而这一切的潜能都掌握在你自己手中。

接下来进行一下总结,不仅仅在锚定方面,本书前文所提到的所有知识均适用。本书学到的技术,具有惊人的协同作用。就像一颗石子掷入平静的水面,激起层层的涟漪,这些成功的技巧也会衍生出更多、更大的成功。现在你应该对本书中所学的技巧的强大作用有了清晰、强烈的认识。我希望你能够将其付诸实践,不仅仅在此刻,我更希望其能够成为你一生的信条。练习空手道时建立的重复锚标使我越发感觉到自己的强大,你同样可以通过学习、掌握、运用这些技能,激发出你自身最大的潜能。

人的经历存在着一个过滤器,影响着我们对生活的认知,以及我们的所为及所不为。这个过滤器影响着锚定过程以及本书所涉及的所有内容。我接下来谈论的内容是——

第三部分

领导力：卓越成就的挑战

音乐家必须演奏音乐，画家必须绘画，诗人必须写诗，这样才会使他们感到最大的快乐。

——亚伯拉罕·马斯洛

第十八章

Unlimited
power

价值等级：成功的终极判断标准

　　每个复杂的体系,不论它是一部机器,或是一台电脑,体系内各构成部分都应表现出功能的一致性。各个部件偕同工作,各种动作之间相互支持,方能发挥出最佳的性能。如果各个部件各行其是,整个机器就不能高效运转。

　　人也不例外。我们可以学会做出最高效的行为方式,但倘若这些行为不能够支持内心最深的需要与渴求,倘若这些行为与我们所倚重的其他东西相违背,便会在我们内心引发冲突。缺乏一致性是追求成功的大忌。如果一个人正在追求某件东西,但是心中却三心二意,顾念着其他东西,他的生活便很难幸福、充实。又或者某人虽然实现了自己的目标,但为了实现目标,摒弃了自己的是非标准,仍只能算是混乱的结果。因此,若想真正地改变、成长、兴盛,就需要有意识地进行原则判断,对成功和失败的标准亦应有清醒的认识。否则即便我们拥有一切,到头来也不过是一场空。这个最终且最重要的因素,我们称之为价值观。

　　何为价值观? 简而言之,即是你个人对于某些事物重要性的判断。你的价值观就是你的是非、黑白判断的信念体系。马斯洛主要从艺术的层面解释这一问题,但其原理却是普遍适用的。我们心中的价值即是我们奋斗的动力。如果未能获得我们期望的价值,我们便会感到不完整、不丰富。一致性的感觉,以及个人协同感,均来自于实现个人价值的需要。价值观主宰着我们的生活方式,影响我们对所遭受经历的反应。其功能颇似电脑的执行系统,虽然你可以输入任何程序,但电脑是否应用,还是取决于电脑出厂时所设定的执行程序。价值观则是我们的大脑判定是否执行程序的系统。

　　从你穿的衣服、开的车子、住的房子、你的配偶(倘若你已婚),到你养育孩子的方式,你所支持或所做的行为选择,都离不开价值观的作用。它们决定了我们在任何给定条件下的反应。它们是你理解和认知自己以及他人行为的决定性因素——是开闭我们内心的决定性因素。

　　既然价值观决定着是非、对错,是何可为、何不可为的标准,其又来自于何处呢? 既然价值观独特、很情绪化、与信念相关,则其来源亦和我们在前文章节所述的信念一样。你的成长环境在其中扮演着重要角色,这种影响早在你是孩童时即已形成。你的父亲以及母亲(尤其在传统的家庭中)对你最初的价值观形成会具有重大影响。他们就自己的价值立场，不断地告诫你什么该做、什么不该做，什么该看、什么不该看，什么该信、什么不该相信。如果你遵从了他们的价值观，就会得到赞赏；如果你没听他们的话，就会遭到训斥，甚至责罚。

事实上，你的大多数价值观都是通过这种奖惩机制形成的。随着你逐渐长大，你接触的人成为你的价值观的另一来源。当你初次在街头遇到其他孩子时，他们的价值观可能与你截然不同，你就需要或者屈从他们的价值观，或者改变自己的价值观。因为倘你不这样做，他们就会痛打你，或者出现更糟的情况，自此你没有玩伴，被完全孤立开来。纵观你的整个人生，你要不停地接触新的群体，或者屈从、改变自己的价值观，或者将自己的价值观传输给他人。此外，你的一生中也有着英雄或反英雄的偶像，因为你钦慕他们的成就，你也会效法你认为他们拥有的思考方式。很多孩子最初接触毒品往往是因为自己心中的英雄(如钟爱的歌手)沉溺于毒品。幸运的是，现在的公众偶像意识到了自己作为一个公共角色的责任，意识到自己影响着一大批追随者的价值观，都一致澄清自己不使用或不支持使用毒品。很多艺术家都在澄清自己，支持积极的生活。为了通过媒介宣传帮助那些饥饿的人群，鲍勃·格尔多夫①组织了 Live Aid 系列的现场演唱会，将明星们的慈善价值观传播开来。通过他们的努力和示范作用，他们强化了"粉丝"对他人赠予和关怀的价值观。那些一开始并未拥有价值观的人，在看到自己偶像的行为后，价值观也开始发生了改变。布鲁斯·斯普林斯汀、迈克·杰克逊、肯尼·罗杰斯、鲍勃·迪伦、史蒂文·伍德、戴安娜·罗斯以及其他明星，通过他们的音乐作品每天都在直接宣传有些人即将因饥饿、贫困、疾病而死去，而我们则要伸出援手！在接下来的一章，我们将进一步探讨潮流的开创过程。而在此处，你仅需认识到媒体在引导、创建价值观及行为中的重要性。

价值观的形成并不仅限于明星的影响，在实行同一奖惩制度的公司中也时刻发生。要想在工作中获得晋升，你就必须采纳你的雇主的价值观，不采纳老板的价值观，升职的机会就极其渺茫；如果你跟公司的价值观(企业文化)不合，工作就很痛苦。在学校教书的老师们也常常会采用相同的奖惩制度在学生中传输自己的价值观。

_____

① 罗伯特·格尔多夫(Robert Frederick Xenon Geldof)，爱尔兰歌手，歌曲作家，演员和政治活动家。他最为人所知的是事情组织了 1985 年的 Live Aid 慈善演唱会以及 2005 年的 Live 8 演唱会。

当我们改变目标或自我定位时，价值观也会改变。譬如说，当你实现目标赚到很多钱时，你开始希望从此处获得一些不同的东西，比如成为公司的一把手，你对自己用心工作的价值观自此也有可能悄然变化。你对之前认为很不错的车子会不屑一顾，即便对与你待在一起的人也会发生变化。之前你会和孩子们一块喝啤酒，现在你则会和公司内其他几个计划升职的员工一道迷恋沛绿雅①这样的品牌。

你所开的车子，去的地方，结识的朋友，做的事情都彰显出了你的自我定位。他们可能涉及行业心理师罗伯特·麦克默里所说的逆向自我标识，这同样也是你的价值观表现。例如，一个人驾驶着名贵的好车，并不意味着他不懂得节省或者不将油钱看做一回事。相反，他是想通过这些非同寻常的符号向他人彰显自己高于常人的经济地位；一个受过高等教育的科学家或文艺工作者拥有较多收入时，彰显自己卓尔不群的方式是开一辆廉价的老爷车；住在豪宅里的百万富翁不吝惜房内的空间，他希望能够借此向自己及他人展示自己非同寻常的价值观。

我想现在你应该知道了认识自己价值观的重要性了。问题是，对大多数人而言，价值观都是无意识的。他们很多时候都不能清醒地判断自己因何做某些事情，他们只是自我感觉想这么做。在和价值观与自己存在巨大差异的人相处时，人们会感觉非常不舒服，彼此间十分猜忌。事实上，人们生活当中的大多数冲突都出自价值观的差异。不仅仅发生在人际关系中，国与国之间的冲突也是如此。看看中东、朝韩、越南等地，一个国家侵略另一国家的原因何在？这是因为征服者希望能向另一国家传输自己的价值观。

不仅仅国与国之间、人与人之间存在价值观的差异，甚至个体本身的价值观也存在着彼此的轻重、缓急之分。几乎所有人都有个价值底线，这一底线超过了其他所有判断标准。对于某些人而言，诚实是底线；对于另一些人而言，友情是底线。有些人会为了保护朋友而撒谎，即便他们很看重诚实，原因何在？因为他们心中，友情的地位（价值等级）要远高于此情境下的诚实。你可能高度看重业务成功的价值，同时也看重亲密的家庭关系。因此，当你承诺和家人待在一起时，突然出现紧急业务要处理，就会引发冲突。将时间和精力花费在个人业务还是与家庭成员厮守上，取决于你对双方价值比重的衡量。相信此时你就会理解

---

① 沛绿雅（Perrier）是法国有气矿泉水的品牌，水源为法国南部的加尔省。中国一些媒体把"Perrier"译成"巴黎水"，因其前两个音节与巴黎（Paris）的法文发音相近。但"Perrier"是其公司创办人的姓氏，与巴黎无关。

自己、他人缘何做某事了。价值观是发现一个人工作方法的最重要手段。

分析一个人，就需要分析他心中看重哪些东西，尤其是他的价值等级。一个人倘若不能理解他人所看重的价值所在，便很难理解他人的行为和动机。一旦他了解了这一点，便可以预知他人在特定场合的反应。一旦你知道了自己的价值等级，你便可以下决心解决任何可能引发冲突的人际关系或心理暗示。

若不能坚守自己的基本价值观，你便不可能获得成功。有时候，学会在彼此冲突的价值观之间斡旋十分关键。如果一个人不能获得高薪工作，而其中的主要原因是因为他认为金钱是万恶之源，因而终日惴惴不安，无法安心工作的话，问题就在于价值观轻重的冲突。如果一个人不能安心工作，是因为他高度看重家庭成员间的相处，而他现在的全部精力都花费在了工作上，你便需要分析其内部冲突以及这种不一致引发的情感。重构和挖掘动力是解决问题的关键。你可以有百万家私，但是倘若你的生活与你的价值观相冲突，你仍然感觉不到快乐。反过来说，如果你家徒四壁，但是这和你的价值观相一致，你依然会觉得快乐充实。

在此我无意将价值观分个对错高下，我更无意向你灌输我的价值观。我只是想让你明白，你的价值观可鼓舞、支持着你的人生。我们都有着至高的价值观，都会把某些东西看得比所有东西都要重，无论其是人际关系，还是工作。它可以是自由、爱、新奇，也可以是稳定和安全感。可能你读到上述内容时，会暗自嘀咕："这些东西我都想要啊！"大多数人都是如此。但是我们赋予它的价值比重却是不同的。一个人在友情中最看重的是心情；其次，爱；再次，真诚的沟通；最后则是安全感。大多数人对自己及自己所关爱的人的价值等级并不清楚。他们有着含糊的爱、挑战、激情方面的渴望，但是不知道如何将这些期许组合在一起。对价值进行轻重区分至关重要，这决定了是否能够满足个体的终极需求。如果你不知道某人的需求，满足其需求就无从谈起；你不可能像帮助自己那样清醒地帮助他人，你也无法处理自己的价值冲突，除非你能够判断出各自的价值等级。因而，此时的第一要务便是发掘出价值等级。

你该如何找出自己或别人的价值层级呢？首先，你需要为你追求的价值设定一个框架。即你在特定的情境中如何诱发出他们。这有着明确的区分。通常我们在工作、人际关系以及家庭中持有不同的价值观。你必须问："对你而言，你在人际关系中最看重的是什么？"对方可能回答："相互支持的感觉。"随后你会问："相互支持中你最看重的是什么？"他的回答可能是："能够表示出对方关爱我。"你接着问:"对方的关爱中你最看重什么?"他可能回答:"可以使我心情愉快的那种。"不停地询问这些问题,你就能列出一个价值表。

接下来,为了清楚地理解某人的价值等级,你需要做的就是拿出这个价值表进行比较。问他们:"如果在相互支持和心情愉快之间选择,你更看重哪一点?"如果他的答案是"心情愉快",显然心情愉快的价值等级更高。接着问:"如果在关爱感和心情愉快之间选择,你更看重哪一点?"如果他的回答仍是"心情愉快",则表示在三种价值之中,心情愉快最为重要。接着问:"如果在相互支持和关爱感之间选择,你会选择哪一点?"这个人可能会疑惑地看着你,回答道:"他们都很重要啊。"你接着说:"不错,但倘若你必须在二者之间进行取舍呢?"他可能回答:"好吧,我承认关爱感更为重要。"此时我们便得出,关爱感较为重要,而相互支持排在了第三位。你可以用这种方法比较一下他的其他价值比重。本例中的个体在感觉不到相互支持时,仍然可以感觉到牢固的人际关系。而另外一些人,则把相互支持看得比心情愉快更为重要(发现这样的人你也许会感到惊奇)。倘若他人不对自己提供支持,这类人便不相信对方关爱自己。对他而言,关爱才是可有可无,而相互支持不可或缺。

人们是否断绝友情关系取决于特定的价值衡量。例如,倘若相互支持放在第一位,但是他未能获得支持,他便很可能与朋友就此绝交。而另外一些人则将相互支持摆在第四五位,而将关爱放在了第一位,只要他能感受到彼此间的关爱,发生的任何事情都不至于使其放弃朋友关系。

我想你心中也在想着自己在人际关系中看重的价值,以下列出了其中几条重要价值。

爱

快乐

相互沟通

尊重

趣味

成长

支持

挑战

创造性

美感

魅力

精神相通

自由

真诚

当然并不表示这就是全部的重要价值,你也可以自己找到比上表所列内容更重要的价值。如果你能想到,不妨也将他们补充记下来。

现在根据各自的重要性进行排序,第一条为你最看重的,而第十四条则是最不重要的。

你是不是觉得这种排序很困难? 如果不会系统地进行等级划分,这种排序的方法可能很费脑筋①。让我们通过彼此间的相互比较进行价值等级划分。不妨取前两条:在爱与快乐之间,你更看重哪一点? 如果是爱的话,是不是又比相互沟通更重要? 你需要将上述列表中的内容与其逐条比较,看看是否有你更看重的一条。如果没有,则表示其在你的价值等级处于第一位。接下来则是第二条,在快乐和相互沟通之间,你更看重哪一条? 如果你的答案是快乐,则继续与列表中其他选项进行比较。如果发现任一选项的重要性高于这一条,则开始以该条为比较对象,依次和剩余选项进行比较。例如,如果相互沟通要比快乐重要,你就要将相互沟通与其他选项依次比较;如果没有选项超过这一条,则表示相互沟通是第二重要价值。如果有其他选项较其重要,则依照上述方法与其他条进行比较,以便确定其是否超过了其他内容。

例如,当你将相互沟通与上述内容逐条比较,比较到价值列表的最后一条"真诚"时,发现其重要性超过了相互沟通,你就可以判断真诚要比其他条更为重要,无须再逐条和上述内容进行重复比较。因为之前我们已经得出相互沟通的重要性要超过其他诸条,而真诚的重要性又超过相互沟通,因而其重要性理所当然地排在了第二位。为了完成整个的等级划分,重复上述方法进行比较,直至得出最终的价值列表。

正如你所看到的,划分等级排序并不简单。有些内容我们可以很容易的区分,可以不必花费那么多工夫,而有些内容则很难取舍。例如你在问:"在快乐和成长之间,你更看重哪一点?"他的回答可能是"如果我在成长,我就感到快

---

① 罗宾森研究中心编订的一个电脑程序可对其进行归类划分等级。

乐。"你接下来就要问："快乐对你意味着什么？成长又对你意味着什么？"如果回答是："快乐意味着全身心的欢乐感觉，而成长意味着克服困难。"你接着问："在克服困难和全身心的欢乐之间，你更看重哪一点？"此时下结论就相对简单得多。

如果仍不能清晰的区分，不妨问一下其缺失某一种价值时的状况："如果要你在再也感受不到快乐但能够因此成长，以及不再成长，但能感觉到快乐之间进行选择，你会选择那一种？"这一问题，将使其能够清楚地区分各种价值的重要性。

进行价值等级划分是本书中一项最有意义的练习。不妨花点时间想想自己希望在人际交往中获得什么，如果你有个搭档，你也应对他进行同样的价值等级划分。自此以后，你们相互之间都知道对方最深层级的需求，因而关系也更为融洽。将自己在人际关系中看重的东西列一份清单，例如，魅力、快乐、新奇以及尊重。为了使这份清单更为详尽，你可以问他："尊重在你心中的重要性如何呢？"你的搭档可能会说："这是人际关系中最重要的东西。"此时你便知道了其第一位的价值。或者你的搭档可能说"当感到自己受到尊重时，我感到我和他人是一致的"，你便得到了另一种价值"一致"。你接着问："你如何看待一致的重要性呢？"他的回答可能是："若我感觉我和对方一致，我便感觉到对方关爱我。"你接着就要问："你又如何看待关爱的重要性呢？"继续进行这样的提问，直至你找到对方在人际交往中最看重的价值。

至此，你已经知道了人际关系中的价值等级，接下来我们将对工作中的价值进行等级划分。将自己置于工作的情境中，问自己："工作之中，我最看重什么？"你可能会说创造性。接下来的问题则是："你如何理解创造性的重要性？"你可能会回答："当我在进行创造时，我感觉到自己在成长。""你又如何看待成长的重要性呢？"继续进行刨根问底。如果你已为人父母，我建议你对自己的孩子也进行价值等级区分，找到那些能够真正激励他们的事物，你便可以成为一个谆谆善诱的父母。

你发现了什么？你又如何看待你所列出的清单呢，是不是这精确地说明了你的情况？如果不是，则需要进行额外的比较，直至你感到其正确无误。很多人在发现自己最看重的价值时都十分惊奇。然而在清醒地知道自己的价值等级后，他们才能知道自己缘何做某事，做了什么事。在人际交往以及工作中，只要你知道自己看重的价值，清楚自己追求的终极价值，你便可以全情投入地去实现它。

仅仅列出一个等级区分是不够的。我们下文中将谈到,在谈论价值时,不同的人在表达同一词语时,含义也是不同的。既然已经知道了价值等级,不妨花点时间了解一下价值的具体含义。

如果在人际交往中最重要的是关爱,你接下来就要问:"怎样才会使你产生被关爱的感觉?"或者:"是什么原因致使你关爱某人?"或者:"当你未得到关爱时,你是如何觉察到的?"你的提问应尽可能精确,涵盖至少包括你的价值等级的前四条。单单的"关爱"一个词可能有诸多意思,我们需要发掘出其具体的含义。当然这一过程并不简单,但倘若你足够自信,你就会更了解自己,了解自己真正想要的东西,以及自己的期望得到满足时的具体证据。

当然,你可以一生中都采用这种方法发掘出你周围所有人的价值等级,精细和具体的程度完全取决于你想要获得的结果。如果你想要与配偶或子女间形成永恒的亲密关系,你会希望自己能够了解对方大脑运转的所有细节。如果你是一个想要激励队员的教练,或者是想要说服客户的业务员,你仍然希望能够了解对方的价值观,不必事无巨细了解那么深入,你只需了解那些关键的主要部分。记住,在任何人际关系中——无论是亲如父子,抑或是用同一部电话的推销员之间——都存在着价值约定,无论你是否注意到它的存在。你们都希望能从对方那里获得自己所期望的东西。你们都在根据自己的价值观裁定着对方的言行,即便没有刻意而为。你可能也清楚这些价值观包含着哪些内容,知道如何实现统一,以便你能预先判断怎样的行为才能同时满足双方的需求。

你可以通过仔细的谈话诱发出这些主要价值。其中一种简单但十分有效的手段便是仔细倾听对方所说的话,人们总是倾向于重复地使用一些能透露出其最看重的价值的关键词。两个人可能有着共同的快乐经历,其中一个人可能会滔滔不绝地讲述,讲述其如何激发出自己无穷的想象力,而另一个则可能只是高兴,讲述其感受到彼此团结的情感多么强烈。很可能通过他们的表述,你就可以判断出他们所看重的价值所在,判断出激励或者引起其兴趣的方法。

价值观诱发在商业活动和私人生活中都十分重要。人们都会在自己的工作中追求终极价值。正是这种价值促使人努力工作,若是这种终极价值未能得到满足(或遭到违背),他便会毅然放弃这份工作。对于某些人而言,这个终极目标可能是钱,你付的钱越多,就越能留住他。但是对大多数人而言,则是一些其他东西,可能是创造性、成就感抑或是家庭般的归属感。

经理清楚员工的终极价值至关重要。若想挖掘出其终极价值,首先询问他:"是什么原因促使你加入一家公司?"假定员工的回答是:"鼓励创新的环境。"你可以接着询问,以便得出一个价值清单:"其他原因呢?"随后你可能想知道,如果这些原因都具备了,究竟是什么原因促使其离开呢? 假定答案是"缺乏信任",你便可以就此询问:"那就假定这是个缺乏信任的环境,有没有什么理由能让你继续待下去?"有些人可能会说,他们绝不会待在缺乏信任的公司了。如果是这样,信任就是他们的终极价值,是他们安心工作的必要条件。也有些人会说,即使缺乏信任,他们仍愿意留下来,前提是自己能够获得晋升的机会。那就接着就这一回答进行询问,直至找到使他安心工作的真正原因,你便可以使他踏踏实实地待在工作岗位上。人们所用的价值语汇很像是终极锚标——有着很强的情感关联。为了达到更高效、更清晰的答案,接着问:"你是如何判断自己实现了目标呢?""你又如何判断自己尚未实现目标呢?"此外,还需你的信任概念是否与他的相同,并注意他做出这种判断的表现。他可能认为缺乏信任时,如果自己的职位变动,便很难得到清晰的解释。经理了解这些价值十分重要,这有助于在处理任何员工的情绪问题时,能够形成预先的判断。

有些经理认为只要采用自己的价值观激励员工,员工就会努力工作。他们认为,既然我付给了你很多钱,我就应当能够对等甚至得到更高的回报。单纯从情理上是说得通的,但是不同的人所看重的东西不同。对某些人而言,最重要的是为关心他们的领导工作。当他们不再受到关怀,工作的积极性也大减。有些人工作则是为了追求创造性和新奇,有些人则看重其他东西。如果你想要好好地管理他们,你就需要知道这些人的终极价值并满足他们的要求。倘若不然,他们便不再忠诚于你,或者至少不再以全部的热情、最佳的状态投入到工作之中。

上述这些内容是不是耗时、耗力? 当然如此。但是你能够重视为你工作的人,这种付出就是值得的——你们可以因此双赢。记住,价值观具有惊人的情绪感染力。如果仅从你的价值观进行管理,并且一厢情愿地认为你的观点是最为公平公正的,你将因此一败涂地。但倘若你能够消除价值观之间的隔阂,你与工作伙伴、朋友以及家庭成员之间的关系将更为融洽,而你本人也会感到更快乐。这并不是要求你放弃自己的价值观,屈从于对方的价值观,而是教会你调整自己,认识到他人的价值观,鼓励他们更好地工作。

价值观是我们所掌握的最有效的激励手段。如果你想要改掉某一种坏习惯,倘若你能够将这种改变与你的终极价值联系在一起,你就可以轻松地改掉这一陋习。我曾认识一个将骄傲和自尊视为终极价值的女性,她的做法便是向其最敬重的五个人各写了一个便签,上面声称她再也不会抽烟、相对于她对自己身体以及最敬重的人的尊重,烟草的诱惑便变得微不足道。在信寄出去以后,她也彻底戒掉了烟。据她自己说,自己有很多次几乎要忍不住抽烟了,但是自尊使其挡住了诱惑。现在她已经是一个健康的不吸烟者。价值观在改变我们行为方面的效果是惊人的。

再给你讲讲我最近的一段经历。我最近的辅导对象是一个具有三个四分卫①的大学足球队。这三个人具有截然不同的价值观。通过询问三人在踢足球中所看重的东西,我诱发出了他们的价值观。其中一个人说足球使他们的家庭感到骄傲,可以使他感到神的庇护和荣光。第二个人则说足球是其个人力量的一次展示,可使其不断地突破局限、不断获胜,超越他人是他的终极价值。第三个人则是一名来自于贫民区的年轻人,他在足球之中未能发现任何价值。当我问:"你最看重的是足球的哪一方面"时,他摇摇头说自己也不清楚。显然他过去一直在回避着诸如贫穷、破烂的家,他对足球并没有清晰的认识。

显然,这三个人的激励方式也是不同的。如果你在激励第一种人(将上帝和家庭的荣光放在第一位)时宣扬冲击对手、将对手碾碎的内容,很可能和他自身的价值观引发冲突,因为在他眼中比赛是正面的,不是暴力、消极的游戏。如果你对第二个人宣称比赛能带来家庭和上帝的荣光,也丝毫不会产生激励作用,因为那毕竟不是他踢球的根本原因。

第三个四分卫很有天赋,但他并未像前两位那样充分地运用自己的天赋。教练一度要花费很久的时间激励他,因为他并没有清晰的价值判断和清晰的目标。在这种状况下,他们必须找到一些他在其他情境中的价值——如骄傲——并将其转嫁到足球场上。最终,尽管他已经在之前的比赛中受伤,依然尽力地支持着球队。教练最终找到一种在他伤愈之后激励他的方法。

价值观的运作方式和本书之前谈到的内容一样复杂、精细。记住当我们说某些话时,我们在给自己裁定某一地图——但是地图并不是真实的疆界。如果我告诉你,我饿了,或者我要搭一辆车,你仍然是在使用这张地图。饥饿时可以

---

① 四分卫,是美式足球和加拿大式足球中的一个位置。四分卫是进攻组的一员,排在中锋的后面,在进攻线的中央。四分位通常是进攻组的领袖,大部分的进攻由他发动。

吃一顿大餐,也可以仅仅吃几块点心。你心中想要的车可以是本田,也可以是一辆豪华轿车。但是这张地图很近,你的疆界与我很接近,我们之间不存在太多的交流障碍。价值观代表了地图中最显著的位置,因此当我告诉你我的价值观时,你可以从自己的地图上过渡到我的地图上。你的地图上最显著的价值成分,可能与我的截然不同。如果我们两人都说自由是我们的最高价值,就很可能在我们之间形成某种默契,因为我们都追求同一东西,我们受同一目标的激励。但事情远非那么简单。自由对我而言可能至高无上,意味着我有权做任何我想做的事情,无论何时,无论何地,我的自由都不受任何约束。而自由对你则是有人随时照顾你,使你生活在一个不受杂物、杂事烦恼的环境里。对另外一些人而言,自由则是一种政治权利,意味着自由的政治体制保障。

如果一个人没有找到他愿意为之牺牲的事业,他就不适合活在这个世界上。

——马丁·路德·金

价值观具有如此非凡的作用,通过有效地组合人的最高价值观,可以将众人凝聚在一起。这也是缘何宣誓誓死保卫国家的部队能够击败一群雇佣军的原因所在。使人们分崩离析的最有效方式,便是引起他们彼此间的价值观冲突。价值观是我们最看重的东西,无论是爱国情怀抑或是对家庭的爱,都是价值观的直接反映。因此通过建立精确的价值等级,你获得了一种之前从未拥有的东西——一张清楚反映他人的需求以及对事件态度的最有用的地图。

我们已经知道了价值观在人际交往中具有惊人的影响。一个人失恋时可能感觉自己遭到背叛。"他说过他爱我,多么卑鄙的谎言!"对于某些人而言,爱即是一生矢志不移;而对另一类人,则是瞬间的激情。后一类人可能是对爱麻木不仁,也可能是因为对爱有着不同的价值观。

因此,将你自己的地图构建得尽可能具体就变得至关重要,只有这样你才能判断出他人的地图是什么样子。你不仅需要知道他们所说的话,也要注意到他们说话的方式。具体的方法便是坚持灵活的提问,因为你要创建的是一个精确、有效的价值等级。

通常,人们对于价值的看法多种多样,以至于持有同一价值观的人没有任何共同之处,而价值观背道而驰的人却发现二者追求的东西完全一样。对于某个人而言,兴趣是吸食毒品、整夜的派对、舞会,直至天亮。而对于另一类人,兴趣则是登山、射击以及一切能让他们感到新奇、有挑战性的东西。他们价值观的惟一相同之处在于他们所用的语言。第二种人最重要的价值观是挑战,对他而言,登山、射击也是其目标。这两种的价值观的惟一共通之处可能就是"都是价值观"了。而第三种人则说自己最重要的价值就是挑战。对他而言,所谓挑战可能是登山或者是急速漂流。而问到他对于兴趣的理解,他则不屑一顾。但是他所谓的挑战可能和第二种人所言的兴趣指代的是完全相同的内容。

共同的价值观是达成默契的前提。如果两个人的价值观完全相同,他们的关系便能持久;如果他们的价值观完全不同,则很难形成长久的融洽关系。不过任何人际关系都不至于那么极端。所以,你仍有两件事可做。第一,寻找两人价值观中的共同点,从而消除因其他不同价值观造成的隔阂。(这就是里根与戈尔巴乔夫在高层会议中所努力的方向:找出维持双方关系的共同利益取向——例如民族的安全。)第二,竭尽个人所能帮助对方实现其终极价值。这两点是形成强大、相互扶持的持久关系的前提,无论在商业活动,还是私人生活之中都是如此。

价值观是某人言行是否一致、能否被激励的决定性因素。如果你知道对方的价值观,你便掌控了最终的动向;否则,你进行的再强大的行为要么无法持久,要么无法发挥作用。如果你恰好与对方的价值观相冲突,就无异于一个强制的断路器,妄图强行中止他们的价值观。价值观是行为的最终裁决者,他们决定了哪些行为有效,哪些行为是白费功夫,哪些行为能够达到期望的心态,哪些行为只会使其摇摆不定。

就如同人对于价值观的概念有着不同的理解,他们也有着判断其是否实现的不同方法。

就个人的角度而言,发掘出印证程序是你在设定目标时最为重要的事情之一。接下来进行一项十分有用的练习:取五个你看重的价值观,找到印证其实现的程序。即你身上发生了什么事情,才能使你判断出自己的价值观已经得以实现。现在即刻在一张纸上写下你的答案,评估一下你的印证程序是有助于你实现目标,还是使你望而却步。

你的印证程序是可变可控的。简单地说,它不过是我们的一种心理架构,它应该为我们服务,而不是使我们处处受限。

价值观也会发生改变。有时候变化很直接,但通常发生在无意识的层面。我们都会发现自己的印证程序要么失效,要么过时。当你在初中时,你可能需要多种化妆品才能感觉自己的魅力;而作为成人,你则希望能够采用更为从容的方式。如果你很看中个人魅力,但仅仅在自己外表像雪洛儿·提格丝①或者罗伯特·雷德福②时,你才能感觉到自己的魅力所在,那么你可能会因此十分沮丧。我们都知道一些专注于某一目标的人,这些目标即是他们终极价值的象征。当他们实现了这一目标时却丝毫感觉不到乐趣。他们的价值观已经变化了,而他们的印证程序却仍停留在原地。有些时候,人们的印证程序早已发展到了和价值观完全无关的地步,他们知道自己想要追求什么,但追求的原因却无从谈起。因此当他们实现目标时,不过是一场幻梦,只不过是他人强加给自己的所谓目标,根本不是自己所期望的东西。价值观和个人行为的不一致是文学和影视作品永恒的主题,从《公民凯恩》到《了不起的盖茨比》,无一不是如此。你需要制定一个发展的价值观意识,理解其变化。所以,就像你在本书第十一章讲述的定期评估自己的目标一样,你也需要定期回顾一下自己的价值观,看看其是不是仍是你的奋斗动力。

另一种审核印证程序的方法是注意在合理的时间段内,达到一定的水平。以两个高中毕业就步入社会的人为例。对其中的一个孩子而言,成功可能意味着一个稳定的家庭,每年四万美元收入的工作,一栋十万美元的房子,身体健健康康。而对另一个孩子而言,成功则意味着一个大家庭,每年二十四万美元的收入,价值两百万美元的豪宅,身体如铁人三项运动员一样强壮,有很多的朋友,加入一支职业的足球队,拥有自己的一辆劳斯莱斯轿车,拥有一个肯为你工作的崇高目标,无疑是美好的。我当然也为自己设定了很多目标,而通过创造出这些心理暗示,我能够创建出支持实现目标的行为。

但正如目标和价值观在不停变化,印证程序也在变化。如果发现中期目标得以实现,人们会更加高兴。因为这印证了你正走在成功的道路上,过程并未出错。有些人会为拥有铁人三项运动员那样的身体、两百万的豪宅、加入一家足球队和一辆劳斯莱斯轿车而奋斗。而另外一个人则将成功视为一万米的长跑成绩、连续工作、改善饮食习惯或一栋价值十万美元的美丽房子,抑或是美满的夫妻关系或家庭。一旦实现这些目标,他们即会创立新的目标。当然他们可以将目光放的更高、更远,但是他们依然觉得实现之前的目标更有成就感。

---

① 超级名模,以美丽著称。

② 查尔斯·罗伯特·雷德福二世 (Charles Robert Redford, 1936 ~),为知名奥斯卡获奖导演、演员,亦为监制、商人、模特儿、环保人士和慈善家。

印证程序的另一个特征是具体。如果你将恋爱视为一种价值，你可能会说其印证程序是和一个美丽动人的女士交往。这是一个合理的目标，值得你去奋斗。你甚至会描绘出你所追求对象的长相及个性特质，这也很不错。而另一个人的印证程序则是和一个金发蓝眼、丰乳肥臀、有第五大道的豪华公寓、六位数字的收入的人，才能使你感到满足。拥有一个目标并没错，但是倘若你将自己的目标设置得如此特殊，你很可能会失败而归。因为，你排除了99%的人、事物或经历。当然这并非意味着你不能实现这种目标，事实上只要你肯努力，这些目标仍然不会成为泡影。但是，倘若你的印证程序具有更大的弹性空间，你可能更容易实现你的愿望和价值观。

此处就要涉及到一个共性：适当的弹性空间的重要性。记住，在任何情境下，最大灵活性的系统具有最多的选择空间，相应也最灵活。记住我们的首要价值无疑至关重要，但我们呈递他们的首要地位时，需要采用印证程序。你可以选择一张世界地图，其周围的限制是如此之多，几乎可以保证你处处受挫。我们之中的很多人的确如此。我们说成功就应该确确实实是这样，而良好的人际关系则要确确实实的那样。但如果一味将弹性空间从系统中剥离出来，注定要导致失败。

人们必须克服的最困难的问题往往涉及到其价值观。有些时候，两种不同的价值观（如自由与爱），使我们处在相反的方向。自由意味着可以随时去做你想做的事情，而爱则表示将全部身心倾注在某一个人身上。我们之中的多数人认为他们存在冲突。当我们不得不进行取舍时，无疑会感觉痛苦。然而，清楚我们的最高价值并采取有助其实现的行为至关重要。如果我们未能做到这一点，我们将会发现自己将过多的情感资本耗费在了并非是我们最看重的目标上面。与较高价值等级相联系的行为，将会抑制与较低价值等级对应的行为。

再没有比被一种强烈的价值观拉到相反的方向上更可悲的事情了，这将会造成强烈的不一致感。如果这种不一致持续的时间足够长，就可能摧毁你的人际关系，你会做一些摧毁他人的行为（例如过度的自由）。你可以试着调整它，抑制你的自由倾向——通过这种方式使自己变得沮丧，人际关系也变得一团糟。又或者认为，既然没有人真正面对并理解我们的价值观，何不索性就体验一下沮丧和不安的感觉；不久之后，我们便开始通过这种负面的情绪筛选我们的行为，直至我们和这种情绪融为一体。此时的不愉快感觉是我们开始尝试通过暴食、抽烟等方式寻求解脱办法。

如果你不理解价值观是如何发挥作用的,就很难做到优雅、稳妥。但倘若你知道,你就无需在人际关系和自由感之间进行取舍。你可以改变自己的印证程序。当你还是一个高中生时,或许自由意味着可以模仿沃伦·比蒂①香艳的生活。但很可能真正的恋爱关系带给你的舒适、愉悦和欢乐,要远比可以自由地在酒吧碰到的随便一个女郎上床多得多。重构自身的经历,使其实现一致,至关重要。

有时,不一致性并非来自于价值观本身,而是来自于不同价值观的印证程序。成功和精神上的升华并不一定会引发不一致。你可以在取得巨大成功的同时,保有丰富的精神世界。但倘若你的成功印证程序是奢华的生活,而精神世界的升华则意味着安贫乐道呢? 此时你要么改变其中一种印证程序,要么重构你的愿景。否则,你生活中的内在冲突将不可避免。想想前文我们讲到的 W·米歇尔在几乎陷入绝境时是如何振作起来,重新获得充实、幸福的人生的,或许这会对你很有帮助。任何两种因素之间都没有绝对的关系。即对他而言,瘫痪并不意味着失意、悲观;对你而言,拥有百万家资也不意味着你精神贫瘠,生活的清贫同样也不能表明你的精神高尚。

NLP 提供了一种改变大多数经历的架构,从而营造一致性的工具。我曾经遇到过一个人,他和一个女人建立了恋爱关系,但他同时也很看重性吸引力并且经常和其他女性发生关系。当他从一个有魅力的女人身上获得性暗示时,他就开始为自己对爱情的不忠感到内疚。

当他遇到一个有魅力的异性时,他的行为方式如下。他首先看到一位女性(Ve),此时他会对自己说(Aid):"这个女人看起来很漂亮,她需要我。"这引发了追逐的感觉和期许(Ki),而当他采取行动时,他的期许很可能变成现实(Ke)。但是这种期许和任何出轨的刺激都会和其强烈的一对一恋爱需求相冲突,而这是他深层次的愿景。

我则在其方式中新增了一部分内容,他过去的步骤是 Ve→Aid→Ki→Ke。当他在看到美丽的异性(Ve)时,会说:"这是一位美丽的女士,她也需要我。"(Ai)我在此处添加了另一个内部听觉内容,即"我也爱我现在的恋人"。随后我要求他在内心展现出自己的恋人的照片,而她也在微笑地看着他,眼睛中满怀深情(Vi),这也造成了他新的内部感觉,使他深爱他现在的恋人。我则要求他重

---

① 亨利·沃伦·比蒂(Henry Warren Beatty,1937~),美国演员、导演、编剧和制片人。他曾经获得奥斯卡奖和金球奖。

复进行了这一方法，一看到吸引自己的异性，对自己说："这位女士很漂亮，她需要我。"随后立刻添上一句"我深爱着我现在的恋人"，说这句话时应采取满怀深情的语调，然后在脑中展现恋人满怀深情、微笑看着你的画面。我让他反复进行练习，直至他完全掌握。就如同飚换模式一样，现在陌生的美丽异性从其旁边经过时，他立刻调动起这种模式，便可以坐怀不乱了。

这种方式使他一致，而过去的方式则使他左右摇摆，使他在和他人相处时承受了极大的压力，仅仅是对有魅力女性的念头都会使他感到自责和沮丧。新方式则使其能够接纳魅力的积极一面，同时避免了对其恋爱关系的冲突。现在他见到的有魅力女性越多，对他现在的爱人爱得越深切。

利用价值观的最终方法是将之与元程序综合在一起，以便理解并激励自己及他人。价值观是终极过滤器；元程序则是指导我们认知的运转方式，进而影响着我们的行为。如果你知道如何将这两部分内容综合在一起，你便找到了最为准确的激励方式。

我曾经辅导过一位浪荡的年轻人，在此之前他差点把他的双亲气死。他的问题在于做事从来只考虑现状，丝毫不考虑后果。如果某事使他彻夜未归，他也丝毫不会意识到自己不负责任。但是对于当前直接面对的事情（他追求的东西），他的反应要远超过事情的后果（即他应回避的东西）。

通过和这个年轻人的交谈，我发现了他的元程序，即他倾向于趋利和必备性。接着我问出他价值层级的前三条，依次为安全感、快乐和信任。这些也是他在生活中主要需求的东西。因此，我通过模仿他的行为，和他形成了默契。随后我用一种完全一致的方式，向他阐释他的行为是如何背弃了自己所看重的最高价值。之前他曾在外面胡混两天之后才回家，根本未事先得到父母的允许，或者哪怕告知他们。我告诉他这些行为会使他的双亲失去耐心，这些行为将会断送家庭中包含的全部安全感、快乐和信任。若他继续执迷不悟，他将会被送到一个缺乏安全感、没有快乐和信任的地方，可能是监狱，也可能是少管所。既然父母无法教化他，那就索性将他送到一个能管得了他的地方。

我讲的这些内容都是他想极力回避的东西，是会危及其价值观的东西。（大多数人都会避免失去自己的核心价值观，即便是那些趋利的人也是如此。）接下来我告诉了他补救的办法，以及某些追求目标。我为他安排了特定的任务，以便他的父母能够觉察到自己的支持对儿子的安全感、快乐和信任感是何等重要。自此以后,他都会在每晚十点之前返家。他在一周之内找到了一份工作,现在他甚至每天在家里帮助打点家务。我告诉他若能在 60 天之内确实遵行这三点,他的双亲会提高对他的信任,并提供他应有的庇护和快乐。我这番话对他说得很明白,那就是这些规定是他即刻"必须去做"(针对他"必备型"及"趋利型"元程序),如此方能维护他心中认为重要的东西,而那三件必须遵行的规定便是印证程序。在过去他不知道该做哪些事才能赢得双亲的支持,但是经此把价值要件和性格模式结合后,他从此就变成父母眼中的好孩子了。

知人者智,自知者明,胜人者有力,自胜者强。

——老子《道德经》

我想你此刻已经认识到价值观的重要作用,对于其在改变时的惊人作用也有了清醒的认识。过去,你的价值观几乎全部任其无意识运转;而现在,你不仅知道了它的作用方式,而且知道了引导其积极转变的方法。曾有一段时间我们不知道原子为何物,因此我们无法利用原子的惊人能量。认识到价值观的作用也可以发挥出同样的效果。通过将之纳入到有意识的轨道,我们便可取得之前从未奢望的结果。因此,通过调整我们的价值观——或者消除价值观之间的冲突,或者增强积极的价值观的效力——我们亦可改变自己的生活。

我们非但不会像过去那样处处感到价值观的冲突,相反,我们可以清楚地判断我们内部、我们与他人之间发生的事情,从而取得新的结果。方法有很多种,我们可以重构过去的经历,使其发挥积极一面的作用;我们可以通过操纵次感元,改变我们的印证程序——这也是贯穿本书的内容。当价值观冲突时,真正的冲突源自印证程序的冲突。我们可以降低画面、调低声音、淡化冲突。在某些状况下,我们甚至可以改变价值观。如果你想将某一价值观置在较高的价值等级,你可以改变该价值观的次感元,使之与高等级价值观相似。多数情况下,处理次感元的方法无疑要更有效、更简便,前提是你能认识到如何高效地运用这些技巧。通过这种方式,你可以先改变其向大脑的呈递方式,进而改变你的价值观重要性等级。

例如,我曾遇到过一个将实用性作为首要价值观的人。在他的价值等级里,爱仅仅排在第九位。你可以想见,持有这种价值观的人很难和他人之间形成默契的关系。我发现他在想象到有用性时,会将图片放的很大,置于自己右方,图片十分清晰明亮,而且还配上了相关的声音。而对于爱,则恰恰相反。我所要做的便是将前者所利用到的次感元转嫁到后者之上,从而创建一种飚换模式,通过这种方法，改变他的价值等级。现在爱变成了他的首要价值观，这也改变了他的认知方式、所看重的事物，并基于此采取了一系列行为。

改变他人的价值等级时，尽管具有很大的影响，但效果并不会立即显现。通常最好先寻找他人的印证程序，更改他对自己是否实现价值观的认知方式，之后才会引起其价值等级的变化。

我想你现在已经知道了价值观在人际关系中的重要性。假定一个人的首要价值观是魅力，其次是坦诚沟通，再次是创造性，随后是尊重。那么，在人际交往时，有两种方法可使对方感到满意。第一种是尊重其首要价值观，而将第四种变得具有吸引力。此外，你可以选择一个对其搭档没有任何吸引力的人，使得这种感觉的重要性低于对吸引力的重视。一旦他觉得自己得到尊重，他便认为自己的最高需求得到满足。此外，还有一种较为简便，但不那么直接的方式，可以发掘出判断某人是否有魅力的印证程序。即他必须要能看到、听到和感觉到什么。随后或者改变吸引力策略，或者使他和搭档实现共同的价值需求。

我们大多数人总会多少存在价值观冲突。我们希望出去闯荡，做出一番惊天伟业，同时我们又想躺在沙滩上休憩；我们希望能与家人享受天伦之乐，同时我们又想要努力工作，取得事业上的成功；我们既渴望安全，又对新奇的事物充满了好奇。有些冲突不可避免，它们是生活必不可少的组成部分。其问题的根源在于与我们的基本价值观背道而驰。在阅读完本章内容后，仔细地观察你自己的价值等级及印证程序，看看哪些地方存在冲突。认清问题，是解决问题的首要前提。价值观的形成有社会的原因，也有个体的原因。美国过去 20 年的历史是价值观变化的最好佐证。20 世纪 60 年代的动乱（"垮掉的一代"）是不是价值观冲突的最好佐证？突然之间，出现了一个巨大的有声社会分层，挑战着整个社会的价值认知。我们国家过去一致推崇的价值观——爱国主义、家庭、婚姻、工作热情——一度受到前所未有的高度质疑。结果便引发了一段时间的社会不协调和动乱。

现在与当时的状况有两点不同。首先，多数 60 年代的孩子现在已经摆脱了"垮掉的一代"的消极心理，开始找到了新的、更为积极的表达自己价值观的方式。在 60 年代，自由的观念可能是吸食毒品和留长发。而到了现在（80 年代），当时的同样一批人可能觉得拥有自己的公司，将自己的人生掌控在自己手中，是实现自由的最好方式。另一点不同则是我们的价值观也已变化。如果你仔细地观察美国过去 25 年价值观的演变过程，你不会真正看到各种价值观的你争我斗。相反，你会看到不同价值观的融合。从某种角度上将，我们又回归到传统的爱国爱家价值观。同时,我们也接纳了许多 60 年代的价值观。我们更加宽容,现在我们对妇女及弱势群体权利的价值观认识也更加多元化,同样对于工作、人的原始欲望也有了全新的认识。

这一演变过程教会了我们很多有用的东西。价值观在变化,人也在变化。世间惟一不会变化的人惟有死人。因此我们需要寻找出变化的潮流,因时而动。还记得本章前文提到内容么? 一个沉溺于某一个目标的人,会发现他并不是像自己期望的那么有价值。我们也会发现自己在不同场合陷入到同样的境地。解决这一问题的方法便是认识我们的价值观以及我们为之建构的印证程序。

我们的生活都不得不遭遇到不一致的情况,毕竟人类本身就有着模棱两可的本性。就如同 60 年代的价值观花样繁多一样,人也会感到自己的漂移不定。但倘若我们知道发生了什么,我们便能更好地应对,并做出改变。如果我们察觉到不一致,但不知其为何物,通常会采取不恰当的行为。例如,我们会抽烟、喝酒,以及做出一切能使我们暂时不受因迷茫造成的失落情绪侵扰的行为。成功公式永远适用于价值观及一切事物。你需要知道自己的目标——你的主要价值和价值等级;你需要采取行动,你需要利用自己的感官敏锐判断自己当前所得到的东西;你需要灵活地进行调整。如果你当前的行为与你的价值观不匹配,你需要改变自己的行为,以消除这种冲突。

此处还有值得注意的一个要点。记住,我们时时刻刻都在模仿。我们的孩子、员工、业务伙伴也总在以不同方式模仿着我们。如果我们想成为高效的模仿者,没有比足够坚定的价值观和一致的行为更为重要的东西。行为模仿固然重要,但是价值观凌驾于一切智力之上。如果你的外在表现是失意和困惑,那些视你为模仿对象的人也会联想到失意和困惑。反之亦然。

想想那些对你影响最大的人,很可能是为你提供了最高效、最一致的模型。他们是那种价值观和行为提供了最动感、最吸引人的成功模型的人。历史书,以及像《圣经》这样的宗教书籍中最具激励效果的内容,都是讲述的价值观。他们所讲述的故事,描述的情境,是我们大多数人的行为模型,为我们的价值观赋予了极大的潜能。

寻找出他人的价值观即是寻找出他所看重的东西。知道了这一点,你不仅可知道如何更好地满足他的需求,同时也可借此满足自己的需求。在下一章,我们将着重讲述成功人士所应面对并进行处理的五件事情,以便使用并施行本书中所学内容。我称之为——

不是环境创造人，而是人创造环境。

——本杰明·迪斯累里

Unlimited

power

第十九章

快乐富足的五个要诀

到目前为止,你已经知道了掌控自己人生的方法,知道了如何形成正确的心理暗示和心态,以支持自己走向成功。但是,掌握和运用完全是两码事。人总难免会遇到坎坷之处,使你陷入到迷茫的状态。人生并无坦途,你会遇上弯道,碰到湍流,甚至坑洞。这一切都有可能使你失去继续前行的勇气,而愿意随波逐流。本章的内容犹如一份地图,表明了各个危险及其所在,并告诉你如何一一克服。

我将其称作快乐富足的五要诀。如果你打算充分发挥你现在拥有的潜能,实现你所期望的目标,你就必须知道这些要诀。如果你能奉行这五要诀,成功是迟早的事情。掌握着这些内容,你的人生将获得不可估量的成就。

不久之前,我去了一趟波士顿,在一次晚间课程结束后,我独自漫步在波士顿科普利广场,此时已是夜深人静。广场的四周围绕着美国自建国以来的各式建筑,我不由得认真端详起来。就在此时,我瞥见一人摇摇晃晃朝我走来。他似乎露宿街头已有很长的时间,浑身散着酒气,看起来数月没有刮过胡子了。

我猜想他多半是过来向我乞讨的,果不其然,他迎向我开口道:"先生,能否给我25美分?"起先我有点犹豫,后来还是动了恻隐之心。25美分毕竟是一个极小的数目,对我没什么影响。而且我还可以借此为他指点一下。"25美分?你就只要这一点吗?"他忙不迭地说:"只要这么多。"我把手伸到裤袋里,掏了25美分给他,同时说:"有所求即有所得,所得即所求。"他听了一愣,然后又摇晃着离去了。

望着他离去的背影,我难免心生感慨,成功的人和失败的人有何差异呢?我和他之间又有何差异?为何我的人生充满了喜悦,可以在任何时刻做自己想做的事情,可以周游任何自己想去的地方?而他大约已有60开外,露宿街头,只能以向他人乞讨一个又一个25美分为生。上帝是不是曾开恩于我,亲临我的身旁,告诉我"努力吧,孩子,一切都会好起来,你将会过上自己梦想的生活"?显然上帝不可能垂青于我。是否有贵人提携我,赋予了我超能力呢?回头想想的确也不曾有这样的经历。我曾经的状态比他好不到哪去,尽管我没有像他那样酗酒、露宿街头。

我认为我们之间的不同就如同我对他所讲的一样——有求即有所得,所得即所求。如果你想要 25 美分,你能得到的也只有那么多。如果你想要获得无尽的欢乐和成功,生活也会恩赐给你。我所接触的一切内容都告诉我,倘若你能学会管理自己的心态和行为,你可以改变一切事情。你可以学会向生活索取,而你索取的一切也终会得到。在随后的数月内,我接触到了大量露宿街头的人,了解到了他们的生活现状,以及因何陷入到这种境界。我发现,其实我们所遭遇的困境几乎一模一样,惟一的差别在于我们如何去面对那些挑战。

你说什么,必能听到什么。

——希腊谚语

现在就让我告诉你们五个要诀,以此作为你成功的路标。这五点内容并无任何艰深抽象之处,但却是绝对关键。你若能确实运用,人生定如坦途;你若不用,人生便举步维艰。决断和积极的思考仅仅是一个良好的开端,并不是全部的答案。决断而不慎思,毫无章法而言,只会使你困惑迷茫;决断而慎思,有章可循,才可能创造出奇迹人生。

快乐富足的第一要诀是必须知道如何应付挫折。如果你希望能有个成功快乐的人生,你就必须学会应对自己所遭遇的挫折。挫折是梦想的刽子手,不幸随时都可能发生。挫折可以使人从意气风发变得低落消沉,从自信满满变得畏畏缩缩。消极的态度会使你失去自律,一旦失去自律,你的梦想也杳如黄鹤了。

因此,为了确保你能不断获得成功,你必须学会管理自己的挫折。我不妨告诉你,成功的要诀便是克服大量挫折。回顾一下所有伟大的成就,你都会发现其中遭遇了大量的挫折。如果有人告诉你,成功可以不遭遇挫折,他肯定没有过成功的经历。实际生活中存在两种人——一种人击败过挫折,另一种人则梦想着自己能够击败挫折。

曾有一个名为联邦快递的小公司,由一个名为弗雷德·史密斯的人创建,到发展成数百万资产的大公司,其间克服了无数的挫折。公司开张时,他倾尽了自己的所有,期望自己能够获得 150 件包裹的业务,而实际上他只交付 16 件,其中的 5 件还是自己的员工要求托运的。而霉运并未就此止步,由于公司无资金可周转,员工不得不在便利店里赊账;很多时候,他们不得不质押自己的货运飞机,因为当时不得不获得特定数量的收入,不然就会被强行关闭。现在联邦快递已是一个资产数十亿美元的大公司。之所以能取得这样的成就,是因为弗雷德·史密斯能够坦然处理一个又一个挫折。

坦然应对挫折,你便能获得丰厚的回报。如果有一天你破产了,很可能是因为你未能克服足够多的挫折。你会说:"不错,我破产了,这也是我受挫的原因。"你在逃避你应当面对的挫折。攻克的挫折多了,你便会享有富足的生活。有稳定经济收入的人和经济拮据的人之间的差别,就在于应对挫折方法的差异。我并不是说贫穷的人是因为挫折不够多,而是说要想不穷,惟有坦然应对一次又一次的挫折,直至成功。人们常说,"有钱人没有任何难题"。事实上,你拥有的越多,所遭遇的挫折和问题就越多。他们之所以看起来没有遭遇任何难题,是因为他们知道应付挫折之道,总能找到新的策略、新的替代方法。记住,生活富足并不仅仅是拥有钱那么简单。任何成功的路上,必然有无数的挫折,挫折越多,成就越大。

最优绩效技巧所馈赠的最大礼物便是教会了我们高效地应对挫折的方法。你可以选那些使你感到挫败感的事情,坦然应对,使之变废为宝,化害为利。诸如 NLP 这样的技巧并非仅仅教你积极的思考。积极思考的问题是当你意识到这一点时,已经错过了最佳的时机。

NLP 所告诉我们的是如何将压力转化为机会。之前你已经知道如何处理那些使你情绪低落的画面,使其或者消失,或者转化为欢快的画面。这一切并不难,而通过本书之前的内容,你也已经掌握了具体的操作方法。

以下为处理压力的两步公式:第一,不要理会琐碎的压力;第二,所有的压力都是琐碎的。

所有成功的人都知道,成功躲藏在挫折的背后。不幸的是,很多人往往只看到了挫折,没有看到之后的成功。那些人之所以未能实现自己的目标,往往是因为在挫折面前止步,在挫折面前放弃了努力。各位朋友,你要跨越挫折这道绊脚石,就必须把每一次的挫折都看成是一个回馈的讯息,基于此修正自己的行为,随后再继续尝试。我不相信存在未经挫折的成功。

接下来我们讲述快乐富足的第二个要诀:你必须学会如何应对拒绝。当我在课堂上重复这一点时,我能够感觉到学员生理状态的变化。在我们的语言里,你可知有哪个字眼比"不"更刺耳么?如果你是一个推销员,做出 10 万美元的营销业绩和 25000 美元的营销业绩有何差异?这其中的差异就在于如何能不因别人的拒绝而却步。一流的业务员往往是遭受拒绝最多的人,他们能把别人的"不"化成下一次的"是"。

在我们的文化中,人们面临的最大挑战是如何应对"不"字。还记得我之前常问的那个问题么?如果你知道自己不可能失败,你会怎么做呢?不妨再想一下。如果你知道自己不可能失败,你的生理状态会发生怎样的变化?是不是你就会自信、坦然、从容地做自己想做的事情?那么又是什么使你失去了做这些事情的勇气呢?是别人嘴里的"不"字吗?若想成功,你就必须学会面对遭到拒绝的情况,学会将别人的拒绝转化为自己努力的动力。

我曾经帮助过一位跳高奥运选手,当时他正面临瓶颈,无法超越自己的最好成绩。当我看过他的练习后,立即就找出了其中的症结所在。原来每次无法跨过横杆时,就会陷入心理上的障碍,把一件很平常的触杆看成是莫大的失败。为了破除他的心结,我把他叫到面前来,告诉他如果真要我协助他,就不可再有那种失败的念头。因为长久以来在他脑子里所形成的失败图像早已根深蒂固,每次跳高,他脑子里会认为失败的机会远远超过成功的可能,因而无法发挥内在的潜能。

我告诉他,如果下次再触杆,只把它当做一个不满意的结果,而不是又一次失败。应该使自己充满斗志,信心满满,然后再一次冲击新的高度。结果仅用了三次试跳,他就超越了过去两年里的最好成绩。七尺和六尺四寸的高度仅仅相差一点,并不是不可超越的巨大差异。人生也是如此,小小的变化可以带来整个生活质量的大大改观。

你有没有听到过兰博①这个名字?史泰龙呢?是不是他一进入到演艺圈,就有电影公司和经纪人走到他跟前,对他说"嗨,我们很欣赏你的身材,我们将让你在我们的电影中担纲主角"?当然不是。史泰龙之所以能在演艺事业上取得成功,是因为他能够容忍一次次被拒绝。在他出名之前,他被拒绝了不下上千次。他找到了纽约所有的经纪人,每个人都拒绝他。但他并未因此气馁,继续屡败屡战,最终在电影《洛基》里一炮而红。他就是那种即使被拒绝了 1000 次之后,仍能自信满满地去敲第 1001 扇门的人。

你能忍受多少次的拒绝?你有多少次因为不想听别人说"不",而放弃了可

---

① 电影《第一滴血》(First Blood)中的男主角,是 1982 年美国拍摄的一部越战主题电影。由动作片明星西尔维斯特·史泰龙主演,导演为特德·科特切夫。由于片中男主角的名字,该影片也被翻译为"兰博"(Rambo)。

以爬升的地位呢？你有多少次因为受不了别人说"不"，因而不再去找份新工作或再拜访一位新客户呢？你想想这样是不是有些可笑？只不过害怕再听到那个"不"字，你就把自己给限制住了。其实这个字并不具任何效力，惟一的效力来自于你自身对其的定位。限制自身思考的结果是什么？必然是受限的人生。

因此当你学会了如何控制大脑的运转，你便知道如何应对拒绝。你可以将"不"设定为一个积极的锚标，使你每听到这个词，立马两眼放光，斗志满满，仿佛遇到了一个千载难逢的机遇。当你进行电话推销时，你可以将电话里"嘟嘟"的联通声音看做欢快的乐音，而非潜在被拒绝的恐惧。别忘了，成功就在拒绝的另一面。

世间根本不存在未遭拒绝的人。你被拒绝得越多，说明成功的概率就越高，你能从中学到的内容就越多，离最终成功的距离就越近。下次别人拒绝你时，你可以给他一个拥抱（或者很有风度的握握手）。这也改变了他的心理，将"不"理解为一次拥抱。只要你知道如何应对拒绝，便必能得到所要的许多东西。

接下来讲快乐富足的第三要诀：你必须学会应对金钱压力。若想彻底逃避金钱压力，最好的办法莫过于没有任何财务。财务压力有很多种，毁掉了很多人。他们可能带来贪婪、嫉妒、欺骗，会蒙蔽人的眼睛，使好友反目。注意我只是说"可能"，而不是"会"。应对金钱的压力，即是要知道如何取舍、如何挣钱、如何存钱。

还记得自从我第一次赚钱后，每天就像发了疯似的拼命赚钱。许多朋友对此难以理解："你是怎么啦？财迷心窍啦？"我说："我可没财迷心窍，只是想多赚点而已。"他们对此很不以为然。人们多多少少会认为我这追求金钱的态度实不可取，甚至极为不悦。像这种情形就可以算是一种金钱压力。另外，没有钱也是一种金钱压力。大部分的人，包括你我，不管钱多钱少，每天都面对着它所带来的压力。

我们生活中的一切活动，都受人生观的影响，它主宰我们的行为。乔治·S·卡拉森在他那本《巴比伦大富翁》一书里，曾提供我们一个应对金钱压力的经典模式。不知你是否看过这本书，倘若你看过，不妨再回头看一下。若没有，现在就到书店买一本看看。这是一本可使你富有、快乐和保持兴奋的书。就我本人来看，这本书中最重要的一点便是从自己的收入中拨出10%帮助别人。我认为这个做法很对：第一，你取之社会也应用于社会；第二，这样做对你也对别人,深具意义。最重要的是,你这样做无异于告诉别人也告诉自己,人人头上有片天,只要自己肯努力,终能开创出自己的路来。

你打算何时拨出收入的 10% 呢? 等到你足够富足、功成名就之时? 不,你应该在自己开始营收时便这么做。因为你的施与就像播种一样,在那些受你帮助之人的心里,重新燃起希望之火。在我们的四周有许多需要帮助的人,当你对他们伸出了援手,你会对自己有另一番的肯定,生命不再是为了满足自己的需要。

我之前有幸能回到加州格兰岱尔市的母校。当时我正在进行一项旨在针对老师的培训课程,也想顺道拜访一下那些影响我一生的老师。当我一进校门,便获知我过去受益的演讲课程已经因为经费不足而被取消,而之所以存在经费问题,是因为部分老师认为其可有可无。所以我自己出资赞助了这个课程,我要为自己曾经受益的课程做出回报。我这么做,并非炫耀自己的阔绰大方,而是为了知恩图报。当你欠别人,而又有能力偿还,这不是一件很令人高兴的事吗? 我们对这个社会都身负亏欠,应当尽力偿还,这才是拥有金钱最可贵的意义。

在我还是孩子时,父母为了照顾我们辛苦工作。但因为各种原因,我们的处境依然十分窘迫。我还记得有一年的感恩节,家里穷得一文钱都没有,眼看着这个节将过得十分凄凉。在我们几近绝望时,突然有个人到我们家来,抱着一个大纸袋,里头满是各类罐头还加上一只火鸡。他说这袋礼物是受一位认识我们且爱我们的无名氏所托,希望我们能有一个快乐的感恩节。那一年的感恩节,我永志不忘。从此以后,每到这一天,我都会效法那位无名氏为我们所做的,送些东西给那些拮据的家庭,不留下任何姓名,只留下这句话:"这些东西是来自一位关心你们的朋友。他对你们只有一个希望,当你们行有余力之后,也能把这份关爱之情散播给其他有需要的人。"

这些年来,我一直对这件工作乐此不疲。那些人知道周围存在着热心人时,脸上绽放出笑容,这也就是生活的真谛。有一年我想要在黑人聚集区派送火鸡,但是当时没有敞篷货车,甚至连一辆汽车都没有,一切似乎都不可能了。我手下的员工说:"今年就算了吧!"我说:"绝对不能算了。"他们问:"你又能怎么做呢? 你甚至连一辆运输的货车都没有。"我告诉他们街上有很多货车,我们只需找到一个乐于协助我们的人即可。我开始在路边向经过的货车挥手。这一招在纽约显然不那么有效。很多司机认为我们在借机掠财,即便是感恩节那天也不会让他们放松警惕。

因此，我走到了红绿灯跟前，敲开一位货车司机的车窗，告诉对方如果能载我们到黑人区，我将会付他100美元。这种方法也没有奏效，随后我便改变了自己的表达。我告诉货车司机，我想要花费一个半小时的时间，将食物送到需要的人手中，这些人住在城市的贫民区。这时司机的态度有了点松动。

我已经决定雇用一辆足够宽敞的货车运送火鸡，而当我看到一辆恰好合适的货车时，我心想就是它了。随后敲开车窗，表达了我的想法。对方爽快地说，你根本不必付钱，为你们这些人效劳我十分乐意。他是我们遇到的第十个货车司机，他很乐意为我们帮忙。他曾经在救世军服役，他说自己的名字是约翰·朗拿度队长。他惟一需要确信的是我们是在为那些真正需要的人运送食物。

因此，我们不仅进了黑人区，还去了城南的布朗克斯区，那地方可以说是全国最贫穷的地方。我们开车经过了金碧辉煌的市区，来到了南布朗克斯区，将车里的食物交给了贫民、流浪汉，以及为体面的生活而挣扎的人们。

我不知道我们的行为对他们的生活带来了怎样的改变，但据朗拿度队长说，这改变了那些人对于他人关心的看法。即使赚再多的钱也不能获得当你帮助别人时的满足。我们任何的投资计划，也都比不上拿出10%的收入助人更为合理。当你这么做以后，对金钱会有更深刻的认识，知道它能买许多东西，但也有许多东西是买不到的。这便是你最值得你学习的两条经验。过去我一直认为帮助穷人最好的办法是成为他们的一员，我发现其实方法不止于此。帮助穷人的最好方式是让他们寻找到希望，发掘出可行性的模型，让他们知道自己的人生其实有另一种选择，使他们以你的资助为本，实现自给自足。

在付出10%的收入之后，再取出另外10%偿付各种贷款，把第三个10%进行投资，剩余的70%则用于生活消费。我们生活在资本主义的社会里，但大多数人缺少资本。因此，他们无法获得自己期望的生活。为何生活在资本主义社会，周围到处都是机会，却不能善用先辈为我们开创的好局面呢？学会管理你的金钱，将其视为你的资本。如果你将它们花掉，你就永远不会积攒下资本，也就无任何资源可用。据说加州的人均年收入是两万五千美元，而每年的人均支出却是三万美元。这其间的差值就是我们所谓的金钱压力。想必你也不愿加入到入不敷出者的行列。

金钱和其他资源基本并无二致。你可以使它为你所用，或者任由它差遣。你应该能够像处理观念中的其他事物一样，优雅、从容地处理自己对金钱的态度。要学会赚钱,同时也要学会付出。如果你能做到这一点,你便可以处理金钱所带来的压力,金钱就不会带给你烦恼,令你不安,使你陷入到无资源可用的境地。

若你已经掌握了上述三个要诀,你将会拥有非常成功的生活。如果你能够正确应对挫折、拒绝以及金钱压力,就不会有任何能够限制住你的东西。不知你是否看过蒂娜·特纳的表演?她便是知道如何应对上述三种内容的人。在成为明星之后,她失去了自己的婚姻,失去了她的金钱。她花了八年的时间在旅馆休息室、酒会和低档的俱乐部表演。尽管她屡屡向人自荐,却总是石沉大海,没有回音,更罔论一个唱片合约了。但她并未因此灰心、气馁,丝毫不把一次次的受挫放在心上,继续努力工作偿还债务,并且不惜把自己的豪宅抵押出去。最终,她得以重新成为娱乐圈的焦点。

因此,你同样可以做到所有的事情。**这就是我们要讲的第四个要诀:你必须知道如何处理自己的自满情绪**。在你一生中必定见过许多名人或运动员,在达到某种程度的成功后停止了前进。他们学会了自满,丢弃了起初使他们成功的特质,因而停止了成长、停止了创造。

祸莫大于不知足,咎莫大于欲得 。

——老子《道德经》

安逸是对人体危害最大的情绪。当一个人过分安逸时,会出现何种状况?他会停止追求、停止工作,停止创造经济价值。因此,你不要想自己太过安逸。如果你实在感觉安逸,很可能你已经停止了成长。正如鲍勃·迪伦所言:"不是忙着出生,就是忙着死去。"人生如逆水行舟,不进则退。一次有人请麦当劳公司的创始人雷·克雷克为那些想要维持成功的人提供一条建议,他是这么回答的:当你在青涩时,你还在成长;而当你成熟时,你便开始腐烂。

只要你能够保持在青涩的状态,你就仍在成长。你可以利用自己的一切经历,将其作为你成长的机遇。你也可以心安理得地坐享其成,任自己腐烂。你可以将退休看作自己富足生活的开始,也可以视其为自己工作生涯的终点。你可以将暂时的成功视为更高追求的跳板,亦可就此止步,坐吃山空。如果你就此止步,金山也会很快吃空。

有一种自满源自攀比心理。我过去认为我做得好,是因为相对于我认识的人我做得很好。这是最大的错误。可能仅仅是因为你周围的人做得不够好。你应该学会根据自己的目标而非周围的人的行为判断你自己。原因何在?因为周围的人的行为与你的目标并不相关,并不能反映你的真实进度。

你小时候是不是也这样?是不是也说过"强尼这么做了,为什么我不能呢"?你的母亲很可能会答道:"我可不管强尼做什么,你就是不行。"你的母亲说得对,你不应该关注张三或李四做些什么,而更应关心自己在做什么、自己想做什么。出自一系列动态、与时俱进、能动的目标的工作,将使你做到自己想做的事情,而非别人所做的事情。总有一些人在某些方面要强于你,同样你也能找到自身强于很多人的地方,这些都不应作为你做事的判断标准,你的判断标准应该出自你的目标,而非其他内容。

小事只会影响狭隘的思想。

——本杰明·迪斯累里

接下来介绍另一种避免自满的方法。尽量远离吹牛皮、侃大山的场所。你知道我说这句话的含义。这种场合里,他人的工作习惯、性生活、经济状况以及其他一切东西都成了一个竞赛的游戏。这种"吹牛皮、侃大山"无异于毒药,毒害着你的大脑,使你无法集中在自己应该做的事情上,而将主要精力用在了研究他人的花边新闻上面。人们很容易沉溺于这种侃大山的游戏。但请记住,那里的人仅仅喜欢对别人的缺陷品头论足,借此打发自己的无聊生活,自己的生活其实要比这更糟。

曾有一个名为奔雷的印第安智者,时常说一句话,"说话应仅以好的目的为前提"。记住我们所说的话会映射到自己身上。因此我在此处对你的要求便是远离生活的糟粕。切勿为虎作伥、推波助澜。如果你想要自高自大,那就将时间耗在和别人私下交流谁睡了谁之类的事情上。如果你想要使你的一生自此发生改变,那就不妨用严格的标准要求自己,使自己的人生更为不凡。

接下来讲述最后一个要诀:要比期望更多地付出。这可能是五条要诀中最为重要的一条,因为它确确实实保证了你真正的幸福。

我记得自己某晚会议结束后很晚才驾车回家,驾车时昏昏欲睡。道路上的限速带引起的颠簸又使我恢复到清醒的状态。在这种半睡半醒的状态下,我试图找到生活的意义所在。突然,耳边一个声音响起:"生活的秘诀就是给予。"

如果你想要人生有意义,你首先应该懂得如何付出。大多数人一开始都仅仅想着如何从生活中索取。索取本身并没有任何问题。索取就像一个无涯的大海。但是在此之前你必须首先付出,你才可能启动你的索取过程。生活中遭遇的问题是人们总想先从生活中得到什么。一对夫妻找到我,丈夫说妻子对他不好,妻子说丈夫丝毫不体贴她。他们的问题在于,都希望对方先做出举动。

这又是怎样的一种夫妻关系呢? 你认为这关系能持续多长时间呢? 人际交往、相处之道是首先付出再付出。不要停下来等着索取或得到什么。当你开始停下来计算自己的得分时,比赛已经结束了。你呆在原地说:"我付出了,现在轮到她了。"比赛结束了,她也离你而去了。你可以带着你的分数去另一个星球,那里会给你提供期望的计分方法。大自然春种秋收的道理是对付出回报关系的最好阐释。

如果你对土壤说:"给我水果,给我植物。"土壤的回答可能是:"抱歉先生,我想你没有搞清楚现在的状况,这不是我们的游戏方式。"随后他便会给你讲春种秋收的道理:播种、打理、浇水、施肥、细心呵护,并提供生长所需的营养。这些都做到之后,你才能得到你想要的水果和植物。你可以向土壤索取,但这起不了丝毫作用。你必须不停地付出,提供营养,土壤里才能产出鲜美的水果——人生也是如此。

不管你有多少钱、多大的公司、多广阔的土地,如果你只为了自己,那都算不上真正的成功。因为,你并没有真正拥有权力,你甚至也没有真正拥有财富;如果凭借一己之力攀上了"成功之巅",你也随时可能从上面跌下来。

你知道人们对于成功最大的误解是什么吗? 是将成功视作一座待攀登的山峰,待得到的某种东西,抑或是待实现的某种动态结果。如果你想要成功,想要实现某一目标,你就应当把成功视作一个过程,一种生活方式,一种思考习惯,一种生活策略。这也是本章的主旨所在。你必须清楚自身拥有什么,成功的道路上可能遭遇的障碍。你必须能够以一种合理的、充满爱心的方式使用自身的潜能,这样你才能体会到真正的快乐富足。如果您能够掌握上述五个要诀,你便可以将本书中的技巧和提到的潜能运用到极致,赢得精彩的人生。

成功是人人所盼望的,如果你想美梦成真,那就得把成功看成是一个人生的过程,一种生活的方式,一种心灵的嗜好,一种生存的策略。在前面我已经告诉了你快乐富足的五个要诀,如果你能力行实践,那么你在本书中所学的一切才能充分发挥。

现在我们将看看如何在更广的层面——群体乃至整个国家层面,做出改变。

除非我们齐心协力，视同己任，否则地球这座太空飞船很难持久地顺利飞行。

——巴克敏斯特·富勒

Unlimited
power

第二十章

开创潮流：说服的力量

本书之前的内容都是讲述个体变化、激励个体成长的方法。但现代社会的一个共识是：世界是由发生在大众层面的变化组成的。地球村的概念早已是陈词滥调，但一语中的。我们的历史上从未出现如此多强大的媒体概念，如此持久的群体说服机构。它使更多的人购买可口可乐，购买李维斯牛仔裤，听摇滚歌曲。这同样带来了群体态度大量的积极变化。这一切都取决于说服者为谁，采用何种说服方法。本章我们将介绍大众层面的变化，看看这些变化是如何发生的，并观察其变化的意义。随后我们将教会你如何成为一个说服者，以及如何利用自身的能力。

我们认为当今的世界正在被各种刺激淹没，但这并不是和之前社会的真正差异。一个穿过树林的印第安人不停地接收到视觉、听觉和触觉方面的信息，而这些信息决定着他的生存或死亡，吃饭或饿死。他的世界内的刺激一点不比现代社会少。

最大的差异在于现代的刺激的意图性和目标性。生活在丛林中的印第安人所接收到的刺激信息是随机的。而我们在现代社会接收到的刺激，则是在有意识地引导我们去做某些事情。这可能是说服我们买一辆车，或者为某位总统候选人投票，也有可能是号召我们帮助那些濒临饿死的孩子，又或者是鼓励我们购买更多的面包和食品。其可能暗示我们拥有某些东西或信息可使我们感觉良好，而一旦不能拥有，我们的境况就是一团糟。但现代社会的主要特征还是持续说服。我们生活中充斥着那些掌握着说服技巧和说服方法的人。说服成了全球共享的主题，传递到我们面前的讯息可以完好无损地同时传递到全球各个角落。

就以抽香烟的习惯来说，早期的人们形成抽烟的习惯是因为对健康知识的缺乏，但今天我们早已从各种资料中得知吸烟对身体的危害，是包括癌症和心脏病在内众多疾病的主要致因。甚至存在很多公众抵制情绪，使越来越多的人认识到抽烟的害处。人们有足够的理由戒烟，但为何烟草业仍然是个暴利行业，依然有成千上万的人抽烟呢？此种情形甚至有愈演愈烈的趋势，原因何在呢？

人们从抽烟当中获得吞云吐雾的乐趣，但若说这是他们第一次抽烟的动机，多少有点说不过去。想要获得这种乐趣,他们必须首先学会抽烟,此后才可通过抽烟触发乐趣。抽烟与快乐之间并无本质的直接联系。想想看,第一次抽烟时的感受如何? 多半不是很愉快。你会被烟呛得猛咳嗽,感到恶心。身体告诉你:"这种东西太糟糕了,把它从我这里取走。"多数情况下,如果你的身体本能告诉你这不是好东西,你就会听从。但对于香烟,我们为何无法做到这一点呢? 为何他们继续抽烟,直至身体被烟草征服成瘾呢?

他们抽烟是因为他们心中的抽烟概念被重构了,抽烟被赋予了新的意义。有些掌握了丰富说服技巧的群体,花费了数百万美元说服公众抽烟是合理的。通过娴熟的广告手法,巧妙的图片和配音,使人们进入到了积极的心态,而这种期望的心态又和他们的产品——香烟——联系在一起。一片纸中包裹着几片烟叶,丝毫没有任何的本质价值或社会成分。但是我们却被他们的宣传策略说服,认为抽烟性感、优雅、成熟,有阳刚之气。想要成为万宝路男人么? 那就抽烟吧。想要彰显自己的沧桑感么? 那就抽根烟吧。你立刻就变得沧桑了——如果你抽烟已久,至少你的肺已足够沧桑。

这有多么疯狂?! 你又怎能相信把癌症吸进肺里与你期望的状态有着必然的联系呢? 但是广告商们运用了本书中所述的大量说服技巧。他们选择声音、画面等刺激元素,使你进入到期望的状态,在你感受最强烈的时候使用出现在电视、广播、杂志上的产品符号进行刺激,使产品成为触发状态的锚标。

为何可口可乐要请天才老爹比尔·考斯比,百事可乐请迈克尔·杰克逊作为产品的形象代言人呢? 为何政客会身披国旗? 为何米勒品牌能够横扫美国市场? 为何我们喜欢热狗、棒球、苹果派以及雪佛兰汽车? 这是因为这些人和符号已经成为了文化之中根深蒂固的锚标,广告商们将我们对这些人物和符号的认知转嫁到其产品上。他们通过这种方法,建立了产品和我们认知之间的联系。为何里根的电视竞选广告上要有一只狰狞的野熊呢? 因为熊代表俄国,是凶猛的象征,暗示美国需要有一位强而有力的领导者,而里根便是合适的人选。然而你又是否真正见过熊,你对真实的熊是否也那么恐惧? 为何广告能够引发如此强烈的效果? 原因便是他们的说服策略——借助灯光、语言以及音乐的影响力。

倘若你仔细地分析任何一次成功的商业广告或政治推广活动,你会发现都严格遵循本书所述的架构。首先它是利用画面及声音,刺激你进入到期望的状态,然后将你的状态和他们的产品和行为之间建立锚定关系。当然这一过程需要反复作用,直至你的神经系统自动将产品或某个行动成为你的状态锚标。一则好的广告会采用能吸引并影响我们的三种认知系统（视觉、听觉、触觉）的画面和声音元素。电视媒体是这一点做得最成功的，因为它同时运用到了这三点——美丽的画面，动听的音乐，以及可引发情感共鸣的信息。回想一下可口可乐、米勒啤酒以及麦当劳所做的经典广告，回想一下电话公司的那句经典广告词"伸出手臂，触摸世界"，可见成功的广告都融合了视觉、听觉、触觉三种元素，引人入胜。

当然也有些广告营造出了反面的图像——以一种截然不同的方式打破这种状态。不妨回想一则禁烟的公益广告：一个胎儿在母亲子宫里抽烟的画面。又或者：波姬·小丝①神情呆滞，一缕烟正从她耳朵里飘出。当他们作为模式终止，或者破坏他人创造的魅力假象时，这种广告说服效果最好。

在这说服无处不在的世界里，你也可以去说服别人，也可成为别人的说服对象；你可以掌控自己的人生，也可将自己的人生交与他人之手。本书是一本为说服作主体的书。我希望能借这本书告诉你如何激发自身的潜能，从而使你在说服中占据主动，无论是在为你的孩子塑造一个模仿对象，还是将其作为工作的一股强大动力。说服者掌握着主动权，没有说服能力的人，只会任人颐指气使，供人差遣。

当今社会需要的是沟通和说服的能力。倘若你是一个说服者，就算你断了双腿，也能说服别人背着你走；就算你一文不名，也能说服别人借钱给你。说服技巧是创造变化的终极技术。总之，如果你是一个孤独的说服者，而你又想改变这种状况，你便可以找到朋友或恋人。如果你是一个推销的说服者，你就会找到购买产品的客户。你可能拥有足以改变世界的思想或产品，但倘若你不懂得说服的技巧，你便无法将自己的想法传输给他人。说服，是你可以培养的最重要的技巧。

接下来我将用一则事例表明这一技巧有多么强大，一旦掌握 NLP 提供的这种技巧，你又能达到怎样的高度。当我创建我的首个"十二天神经语言专业培训课程"时，我决定设计一项使用所学内容的练习。我是这么做的：我让参加课程的每一名学员在晚上 11 点 30 分集合在一起，让他们把自己的车钥匙、现金、信用卡、钱包等东西统统上交，仅穿着衣服。

---

① 波姬·克莉丝特·卡蜜儿·小丝（Brooke Christa Camille Shields，1965～），美国女演员、作家、模特。

我告诉他们，我要向他们证明，只要凭借自身的潜能和说服能力，无需任何其他东西，即可成功。我告诉他们，他们拥有发现并填补他人需求的能力，他们不需要钱、地位、车或任何其他东西，我们的文化早已告诉我们应当过自己理想的生活。

当时我们的约定地点位于亚利桑那州。我们面对的第一个考验便是找到一种到达凤凰城的方法。凤凰城距此的车程约为一小时。我告诉他们照顾好自己，使用自己所学的技巧安然无恙地到达目的地，寻一个舒服的地方住下来，吃好点，使用他们认为有效的任何形式的说服技巧和激励方法，不仅仅为了他们自身，也为了他人。

最终的结果十分惊人。他们之中的多数人仅仅凭借自身的能力和一致性，即从银行获得了 100～500 美元不等的借款。记住，他们甚至没有带身份证，无法表明自己的身份，他们之前也从未在这个城市生活过。其中一位女学员走到了一家银行，在无任何身份的前提下，居然申请了一张信用卡。参与这一过程的 120 人中，80％的人能够找到一份工作，7 个人甚至一天内找到了 3 份以上的工作。一位女学员走进了一家动物园，被告知动物园需要 6 个月的时间才能录用她作为志愿者。但是她通过与之形成足够的默契的方法，被破例录用。她甚至运用 NLP 治疗一只生病的鹦鹉。动物园的训练师在她结束治疗时大受启发——原来这些方法还可以影响到动物。一位男学员特别喜欢孩子，一直梦想着自己有天能对着一大群孩子讲话。他走进了一家学校，说："我是规划老师，我该何时开始工作？"人们就问他："何为规划？"他回答说："你看，今天的课程即是一次规划，我走了很远的路，我不能再等一小时了，我们现在就开始上课。"没有人知道他是何人，但是他看起来十分自信而且言行一致。他们最终决定增加了一课。而他则将孩子们聚集在一起，花费了一个半小时的时间告诉他们如何更好地生活。学生和老师们均十分喜爱他。

另一位女学员走进了一家书店，看到了一本由电视传道者特里·科尔惠特克亲笔签名的自传。尽管她的长相和科尔惠特克一点也不像，而且科尔惠特克的头像就印在本书的封面上，但是她惟妙惟肖地模仿科尔惠特克的走路姿势、面部表情，笑得极为夸张，以至于书店的经理开始以为这个陌生人就是本书的作者。经理走到她面前说："我很抱歉没有注意到您，科尔惠特克女士。您的到来使本店蓬荜生辉。"此时恰好还有另外几个人在书店买书，看到她便买了书。当天的练习，使很多学员都克服了心理的恐惧以及其他问题。这项练习的本意是向学员证明他们掌握特定的说服技巧后，无需任何物质的支持，仅仅自己的双手，即可开创出丰富、精彩的人生。他们都结识到了很多的朋友，并且帮助了成百上千的人。

在本书的第一章，我曾说过每个人对潜能的看法各有不同。有些人认为这为权力，意即对他人颐指气使。但是我得告诉你，在现代社会，说服他人的能力是你必须拥有的。如果你不想被人牵着鼻子走，如果你想引导你所关爱的人，那么你就得学习做个具有说服力的人。如果你要放弃这个责任，自然会有一大堆的人填补这个空位。

至此，你已经知道了这些沟通技巧对你个人的作用。接下来我们要讨论它对群体的作用。我们生活在一个日新月异的时代，我们现在一天所发生的变化可能抵过去的 20 年，过去花费数月才能跨越的路程，现在仅仅需要一小时。大多数变化都是好的，我们活得更长，活得更舒适，获得更多新奇的东西，也更自由。

然而部分变化则是令人恐怖的。我们首次认识到，我们居然可以完全摧毁整个地球，方式可以是瞬间的恐怖爆炸，也可以是长期、缓慢的污染毒害。这是一个我们不愿谈及的话题，一件我们尽量想回避的事情，但却是我们不得不面对的现实。好消息是既然出于上帝或人类的智慧或纯粹的偶然，或是其他作用力，造就了今天的状况，引发了此类诸多令人恐怖的问题，自然也能寻到相应的应对方式。我承认所有的世界问题都是事实，但我同时也相信同样存在更多未知的问题。承认不存在解决问题的智慧，无异于称上帝为一个网络字典，是出版产品泛滥的产物。一切事物都是自然而然地实现平衡的。

有一天，当我在思考全球所遇到的种种问题时，我兴奋异常，因为我找到了他们之间的共通之处。那就是所有的人类问题都是行为问题！我希望你现在正在使用精确的表达模型，并且询问我"是所有的吗"？让我这么说：就算不是人类所有问题的根源都是行为，也存在通过行为加以解决的方案。例如，犯罪不是问题——是人类的行为形成了我们称之为"犯罪"的事件。很多时候我们把一系列行为名词化，将之视为实物，而实际上这只是一个过程。只要我们仍将人类的问题视为实物，我们就会把它们放大，超出我们的限制，从而使自己无能为力。核电力和核废料并不是问题，人类如何使用核能才是问题。核战争本身不是问题，人类的行为造成或避免了核战争。饥饿不是非洲的问题，人类的行为造就了这一问题。互相侵蚀对方的土地，使得食品的供给量不足。如果其他地区的人运输的食物腐烂在甲板上，那是因为人与人之间没有很好地协作，这也是行为问题。相对而言，以色列人在中东的行为算是轻的啦。

因此，若我们能在这一点上达成共识（即人类的问题都应归结于人类的行为，或者说新的行为可以解决所有的问题），那我们就会乐观得多。因为我们已经知道这些行为是特定心态的结果，而应对这些特定心态的方法则相对轻松很多。

我们还知道形成这种行为的心态都是特定心理暗示的结果。例如，我们知道有些人会将抽烟和特定的心态联系在一起。他们并未时时刻刻抽烟，仅在他们感觉到那种心态时如此。同样，暴食者也不是时时刻刻都想大快朵颐，仅在他们感觉到那种心态时才会如此。如果你能够改变这些关联的心态或者响应机制，你便可以有效改变人们的行为。

我们生活在一个需要通过技术手段将各种信息传播到整个世界的时代。这些技术的载体就是媒体——广播、电视、电影及出版物。

今天在纽约和洛杉矶上映的电影，明天就可能出现在伦敦和巴黎的银幕上，后天就可能出现在贝鲁特和马拿瓜①，随后几天就可能全世界都在上映了。随着电影的放映，它里面的信息就很快地散播到世界各地。电影如此，电视、广播及书籍具有相同功效。如果这些媒体能改变一国人民的内心储忆去追求更美好的未来，那么它们也能改变整个世界共同追求美好的未来。相信你一定从爱尔兰歌手吉多夫所发起的援非饥民音乐会中，看见电视所激起的全球各地伸出援手的媒体效果。所以我们若能善用现代传送信息的科技，就可以改变我们的未来。

因此，我们现在掌握了一种可以改变绝大多数人的心理暗示，进而改变其心态，随后再改变其行为的方法。通过应用人类行为触发机制的知识以及现代的传播技术，我们可以向大众传播新的心理暗示，进而影响世界的发展。

纪录片《恐怖监狱》即是通过媒体改变人们的心理暗示进而改变人的行为的实例。该片讲述了一群因破坏性或过失行为被送进监狱的少年，监狱改变了这些孩子对于犯罪监狱生活的认识。事先，制片方采访了这些问题少年，大多数人认为进监狱并不是什么大事。当一个连环杀人犯开始告诉他们监狱的真正生

---

①　二者分别为黎巴嫩和尼加拉瓜的城市。

活时,他们对监狱的认识和心态立马改变了。其中的细节使任何人都难免为之动容。《恐怖监狱》不得不看。随后的拍摄过程也发现其在改变少年的行为方面十分有效。电视媒体可以将相同的心理体验传输给更多的孩子(甚至成人),同时改变着人们的思考和行为。

如果我们能够有效地运用对其基本认知系统有吸引力的认知内容,同时采用他们的元程序架构方式,即可改变大多数的人类行为。若能改变大众的行为,我们就能书写整个历史。

在此我可以举个例子。当你问起美国青年对第一次世界大战期间美国派兵远渡重洋到欧洲作战的看法时,差不多绝大多数的人都会持肯定态度。原因何在? 大多数年轻人对战争的认识源自《在那里》这首歌以及山姆大叔到处张贴着的"我需要你"的海报。一战中的年轻人多会被认为是民主和自由的拯救者。这些外部的刺激信息,使年轻人热血沸腾,愿意参战。而越战的情形又是如何呢? 此时人们还会离开家门,"在那里"奋战吗? 是否截然不同?原因何在? 我们每日从电视、新闻中接收到的信息,改变了我们对这场战争的认识。人们开始认识到这场战争的意义和之前截然不同。人们不再会毅然决然地"在那里",而是情愿待在家里。这场战争不是一场盛大的游行,也不是在拯救民主。没有人愿意看到 18 岁的少年——也许就是你自己或周围的邻居,无缘无故地战死在异国他乡。因此,越来越多的人认识到这场战争的意义,随后他们的行为也为之改变。在此我无意评论战争的好坏对错,我只是想向你陈述人的心理暗示会改变这一事实,相应的行为也会因之改变,而媒体则是这些改变的催化剂。

即便在此时此刻,我们的行为也在发生改变,只不过我们之前从未意识到这一点而已。例如,你认为外星人应该是什么样子? 想想电影《E. T》等科幻电影。我们过去认为外星人是会吃掉我们脑袋、摧毁我们家园,破坏我们宁静生活的恐怖生物,现在我们则认为他们是藏在孩子们的壁橱中,与你的孩子一道骑着自行车的小精灵。如果你是一名外星人,希望地球人能够友善地对待你,你肯定不希望他去看史蒂文·斯皮尔伯格的外星人恐怖入侵题材的电影。如果我是外星人,在我来到这座星球之前,我希望人们能看到我多么伟大的电影,此时,这座星球上的生物会敞开怀抱来欢迎我。或许斯皮尔伯格电影中的外星人来自于一个完全不同的星球。

兰博系列的电影又使你怎样看待战争呢? 它是不是使杀戮和爆炸显得壮

观、神圣，充满了新奇的刺激，是不是让你多少接受了战争的想法？显然仅仅一部电影很难改变一个国家的行为。须谨记史泰龙并非鼓励杀戮，恰恰相反，他的电影提倡的是通过努力工作、遵纪守法的方式克服条条框框的限制。他们是排除万难、追求目标的典范。然而，我们须重视、观察我们不断接触的大众文化。重要的是我们知道清醒地定位自己，使之为我们实现目标服务。

想想看，如果你有能力扭转世人对战争的看法会怎么样？如果你能拥有一项能够消除人与人之间、国与国之间价值观分歧，使得世界和谐发展的技术，又该多好！是不是有这种技术呢？我相信绝对是有的。请别误解我的意思——我并没有说这很容易，就像制作一部电影，然后放映给每个人看，世界就能变得大同了。我的意思是说我们应该更为主动地对我们所见、所闻的内容投以更多的关注，见微知著，将个体的经验映射到群体意识中。如果想对自己的家庭、社区、国家、世界有所贡献，就得心存这种意识。

我们持续呈递在大众传媒上的东西，可以影响大批的人。这些呈递的内容也进而影响着一个文化群体以后的行为，影响着世界。因而，倘若我们想要创造一个这样的世界，我们需要持续地回顾和规划我们的行为，以便创造出支持我们实现目标的心理暗示。

人生有两种，一种是像"巴甫洛夫的狗"，对外界传输的信息照样全收，照搬照做。别人让你加入战争你就加入战争，别人说垃圾食品好，你就成为垃圾食品的拥趸者，受一切行为趋势的奴役。有些人说："广告可被视为一种长久蒙蔽人类智慧以期从中赚钱的技巧。"这种人就生活在一个智慧被蒙蔽的社会之中。

另一种方式则是掌握更多的主动性。你可以学会运用自己的大脑，从而选择支持提升自己、创造美好世界的心理暗示和行为。若你能将编程权和操纵权掌握在自己手中，你便可以判断出何种行为与你的价值观相匹配，从而使自己行事时目的性和针对性更强，避免无的放矢，徒费太多的无用功。

我们生活的世界几乎每月都会出现新的潮流趋势。如果你是一个说服者，你便成为潮流的开创者，而非潮流的跟随者。事物的发展方向和事物本身同等重要。方向决定了你能否达到目的。因此，发现流水的方向十分重要，不要等到了尼亚加拉大瀑布边缘才发现自己处在一个没有桨的小船里。说服者的工作便是引导方向，定位区间，寻找通往更好结果的捷径。

趋势是由个体创造的。例如，创立法定假日感恩节的不是政府部门，而是一位有着强烈的团结意识的妇女。她的名字叫莎拉·琼斯·海尔,她实现了过去250多年没有人能够实现的任务。

许多人误以为早自1621年10月,首批抵达美洲大陆的清教徒开始向上帝表示感恩时,感恩节便是法定的节日,其实大错特错。自那之后约有155年之久,殖民地都没有存在任何周期性或一致性的感恩节庆祝活动。直到独立战争的胜利,才再次出现举国庆祝感恩节的活动。但这也只是昙花一现,未能成为法定的传统。第三次感恩节是在1789年的11月26日,为庆祝宪法的签署完成不久,由华盛顿宣布全国共同庆祝,不过当时也还未成为国定假日。

直到1827年,莎拉·琼斯·海尔以其无比坚定的决心和毅力使得法定感恩节成为现实。当时她已是五个孩子的母亲,为了养家,她以职业作家为生,这在当时还很少有女性成功的例子。作为一份女性杂志的编辑,莎拉·琼斯·海尔使其成为一家发行量达15万份的主流全国性杂志。她因女子大学的权利、免费公共设施、日间看护方面的报道而举国闻名,儿歌《玛丽的小羊羔》便出自她之手。然而,她最大的成就是使感恩节成为全国的法定节日。她以自己手中的杂志为平台,呼吁那些有影响力的人一起支持这一方案。在大约36年间,她不断向历任总统和各州州长写信,呼吁他们支持自己的设想。在她的杂志上,每年都会发表一期感恩节专刊,刊登感恩节主题相关的故事和诗歌,而她本人也在刊末发表申明,支持每年一次感恩节。

终于,南北战争的爆发给了她一次打动整个国家的机会。在1863年10月的杂志上,她呼吁道:"如果我们能永久设定一天为感恩节,我们的社会、国家、信仰岂不因此大大获益?让我们暂时将政治和势力搁在一边,暂时停止联邦间的争斗,用一个共同的时间由衷地感谢我们的上帝,感谢她在过去一年之中对我们的呵护和祝福,这样岂不更显示我们的高贵和是个真正的美国人吗?"她同时还写了一封信给联邦秘书长威廉·席德,秘书长又将该信转呈给了林肯总统。林肯认为设定一个举国团聚的节日十分正确,于是就在4天之后,将1863年11月最后一个星期四立为法定感恩节。从此这个节日沿袭至今。这全拜这位女士锲而不舍的精神,以及媒介宣传手段的应用能力所赐。在此让我提供给你两种有效的开创潮流模式。我希望经由教育带来积极的改变。如果我们希望有个美好的未来,就得帮助下一代掌握实现理想生活的工具。我们公司的做法是建立一个卓越无限训练营。在这个训练营里,我们教授孩子们使用这些工具指导大脑的运转,指导他们自身的行为,从而改变自己的生活。孩子们学会了与不同背

314

景的人形成默契,学会了模仿成功者、突破局限、重构他们对可行性的认知。在课程结束时,大部分孩子都表示这是其所接触到的最强大的学习练习。孩子们们的肯定,是对我这份课程最大的奖赏。

然而,我只是一个人,我和我的伙伴所能直接影响到的孩子毕竟有限。因此我们针对老师提供了 NLP 和其他最佳绩效表现技术。这一方法使得我们所能影响到的孩子数量实现了一个飞跃,但仍未达到足以开创一项潮流的地步。因此我们正在酝酿另一个名为"挑战基础"的计划。对今天的大多数孩子,尤其是先天条件不佳的孩子,其面临的一项最大的挑战是,无法找到强大、正面的模仿对象。"挑战基础"项目搜集了许多录影带,呈现了众多强大、积极的人物模型:既有当代各行各业的英雄及领袖人物,也有许多已逝的伟大人物,如约翰·F·肯尼迪、马丁·路德·金、圣雄甘地等。这将为孩子们提供绝佳的效仿对象。你可以从老师那里听到马丁·路德·金的故事,你也可以读到他那些振聋发聩的话语,但这些只是效仿对象的一部分。如果你能够让他站在你面前,用 30 分钟的时间亲口向你讲述他的哲学和信念呢? 如果他在 5 分钟前,要求你为自己的人生做某事呢? 我希望孩子们在模仿时,不仅仅要模仿语言措辞,还要模仿语调、生理状态以及说服者的其他表现。例如,很多孩子虽知道宪法,但却不知与他们日常生活有何关联。如果他们看了最高法院首席法官解说宪法与个人关系的录影带,你想会有什么结果呢? 这种课程结束后,又会引发孩子们的那些奋斗方向呢? 这一项目可以影响到社会的未来。如果你对此类项目很有心得,我随时静候你的批评和建议。

第二种利用感化力开创正面新潮流的方法则是科罗拉多州洛基山学院的研究中心主任 Amory Lovins 的研究成果。他研究替代能源项目多年。今天虽然有许多人认为核能发电既不经济,效率不高且又十分危险,但反核运动这些年来也没什么进展。主要原因是他们只知道反对,却提不出取代核能发电的其他方法,他们仅仅是为了反核而反核。Amory Lovins 之所以能够和能源公司洽谈成功,是因为他是一个说服者而非单纯的提议者。他并未攻击核电公司,而是提出了赢利更高的替代方案。由于该项目不需要大型的电厂,也就无需考虑因之引起的巨额预算。

Lovins 喜欢将之称为"合气道政治学"方法,使用本书中"合一框架"的相同原理指导自己的行为,使双方的冲突降至最小。在某一案例里,他被要求举证一家听说要建立大型核电厂的核能公司。那里土木设施还没动工,就已经花费了

3亿美元。他打一开始就声明自己无意支持或反对该核电厂的兴建,乃是为电力公司及用电户的共同利益而来,希望公司能考量到成本效益。他用数字详细说明稳健做法所能节省下来的费用,以及核电厂兴建的巨额花费所造成的电费结构,让电力公司衡量一下得失。这看起来一点不起眼,他丝毫未透露出自己对电厂和核能的态度。

在他分析过后,便接到了公司管理财务的副总裁的电话。当两个人进行会谈时,副总裁谈论了该电厂对公司财务的影响。他说这个电厂如果建成,可能导致公司降低股息,也势必造成公司股票的溃败。最终,副总裁说:如果投资者愿意接受,公司愿意放弃电厂的建设,自行承担3亿美元的损失。如果一开始洛文斯就采用对抗的强硬方式,公司势必冥顽不化,最终落了个两败俱伤。但是洛文斯找到了双方共同的利益基础,通过提供一种可行的替代方案,他们双方达成共识,也获得了双赢的结果。由于他在这一项目上的出色表现,开创了一种新趋势。另外一家电气公司现在聘请他担任咨询顾问,以限制公司对核电力的依赖,同时增加公司的利润。

另一则案例则发生在科罗拉多州与新墨西哥州交界的圣路易山谷地区。当地的农夫过去均以燃烧的木料为能量来源,然而现在的土地所有人要架设藩篱,将农夫采集木材的区域封闭起来。他们是生活贫困的人,但是几个领导最终说服了农民:这种情况不是倒退,而是一次机遇。他们就此开始了全球最成功的太阳能项目,自此获得了之前从未知道的集体力量及其好处。

洛文斯还援引了爱荷华州奥赛齐的一个类似案例。当地的小型联合公司认为这样未能高效利用能源,结果催生了适应气候的房屋和节能燃料,促使联合公司及时地偿还了债务。在两年内他们降息了三次,客户覆盖了辖区内3800户居民,节省了160万美元的燃料成本。

上述案例中有两个共同点:通过寻找双赢的架构,人们能够互惠互利;通过学习采取行动以实现期望的结果,他们形成了对权威和安全感的全新认识。顺应民意和集体精神方面的两次收获来自于一同工作和采取的行动,其重要性不亚于赚钱。这些便是少数有决心的说服者可以开创的积极潮流。

计算机行业有个说法:"GIGO:无用输入 – 无用输出",意思是系统的输出质量完全取决于你的输入内容。如果你输入放入损坏、错误或不完整的信息,所得到的结果也是如此。今天许多的美国人很少,甚至从不有意关注每日输入的信息质量。根据一份统计资料显示,平均每个美国人每天看七小时的电视。《美国新闻与世界报道》栏目则说,年轻人在九年级至十二年级之间平均在电视中看到 18000 次谋杀。他们将会看 22000 小时的电视——是他们 12 年上课时间的两倍多。时刻留意我们种植在自己思想之中的东西十分关键,如果我们希望他们茁壮成长并培养完整的体验和享受生活的能力,这一点就必须做到。我们的心灵也跟电脑一样,我们必须密切注意每天输入的东西是否能促进心灵的滋养和成长。如果我们放进去的是垃圾,那么我们的一生就会为其所毁。

现在你比以前拥有更多的潜能,可以塑造指导行为的心理愿景。我不敢说这个愿景会比以前更好,但最起码它具有无穷的潜力,我们应当把它给释放出来。这是全人类所面对的最重要问题。

开创潮流即是领导力,这也是本书的重要内容。现在你已知道如何运转大脑,以最为主动的方式处理信息;已经知道如何调低垃圾交流的音量,降低其清晰度,知道了如何避免自身价值观之间的冲突。但如果你真的想出人头地,你还需知道如何成为一个领袖,如何应用说服技巧,如何使得整个世界变得更美好。也就是说你要成为你的孩子、员工、业务伙伴们更为正面、更为智慧的模范。你可以通过一对一的说服达到这个层面,你也可以通过群体说服达到这个层面。你不需要狂热地追逐兰博而丢失了自身的存在,你需要将自己的精力用在传输激励的信息上,从而以自己的方式推动世界的运转。

记住,世界掌控在说服者手中。本书中的所有内容,你所接触到的一切事情都围绕着这一主题。如果你能够外化自己对于人类行为的认知,将自己的从容、高效、积极的一面展示给他人,你便可以影响你的孩子、社区、国家乃至整个世界的发展方向。我们现在已经掌握了立刻改变的技巧,何不索性就此开始你传奇的一生呢?

本书的终极目的,当然是最大化地激发你的个人潜能,教会你如何高效、成功地追逐梦想。但没有任何一种价值可以凌驾于我们这个星球之上。我们谈及的所有内容——合一框架的重要性,默契的本质,卓越成就的模仿,成功的法则以及其他内容——在以积极的方式运用时,都会事半功倍。这无疑是在为自己、为他人播种和孕育成功。

无限的潜能是一个整体,其作用的发挥离不开众人的协作。我们现在已经掌握了在瞬间改变他人认知的技巧,是时候将其用作改进所有人的生活了。托马斯·乌尔夫曾写道："世间没有事情能使人放弃成功的感觉。"这便是卓越的真正挑战——在更广的层面上使用这些技术，以真正积极的方式鞭策自己和他人，取得大量欢乐的卓越成就。

就从现在开始吧！

人之为人，不在于其所得，而在于其未得，在于其可得。

——让-保罗·萨特(Jean-Paul Sartre)

第二十一章

Unlimited
power

卓越的生活：人类最大的挑战

本书的学习如同一段长途跋涉的旅程，我们最终也即将抵达终点。而你的人生却不会就此止步，至于你所能到达的高度，完全取决于你自己。本书为你提供了改变一生的工具、技巧以及观念。是否将它利用，决定权在你。当你放下手中的书，你可能所得寥寥，于是依旧坚持过去的自我。又或者你可以自此开始主动掌控自己的大脑和人生，你可以创建强大的信念和心态，帮助自己以及自己关爱的人创造奇迹。但这些事情能否发生，取决于你自身是否愿意。

接下来让我们回顾一下本书的内容。你现在已经知道了这个星球上最强大的工具就是人脑，只要能正确地运转你的大脑，你便可以使自己的生活超越梦想。你已经知道了成功的公式：清楚你的目标，采取行动；发挥你敏锐的感官，确认你所达到的，调节你的行为直至你最终实现目标。你已经知道了我们生活的时代人人都可以获得无限的成功，但成功需以采取行动为前提。知识很重要，但仅仅掌握知识是不够的。世间有无数的人掌握着与史蒂夫·乔布斯和特德·特纳相同的信息，但仅仅他们采取了行动，取得了非凡的成就，进而改变了世界。

你已经知道了模仿的重要性。你可以从自身的经历、遭遇的失败和挫折中学习、成长；你也可以通过模仿他人，加速这一过程。每个个体成就都是特定顺序的特定行为的结果。掌握某项能力的时间可以大大缩减，方法便是模仿在这方面取得突出成就的个体的内部（精神和心理层面）和外部（生理层面）行为。是短短数小时、几天，还是几年，取决于任务的类型，但至少可以保证你所花费的时间要远远少于他们。

你已经知道了生活的质量即是沟通的质量。沟通有两种形式。第一种为自身沟通。任何时间的意义都是你赋予的。你可以向自己的大脑传递强大、积极的信号，使万事万物皆为你服务；你也可以向大脑传递自身无能为力的讯息。卓越的人可以使一切条件为我所用。如 W·米歇尔、胡里奥·伊格莱西亚斯、杰里·科菲，他们能够坦然面对生活中的厄运，并将之看做自己荣耀成就的垫脚石。时光易逝，永不回头；木已成舟，徒叹无益。我们无法改变已经发生的事情，但我们可以控制自己对这些事情的认知，使之能提供积极的信息。第二种沟通形式为人际沟通。那些改变了我们世界的人，都是沟通大师。你尽可利用本书所学的一切内容发现人们的需求，此后即可高效、熟练、从容地进行沟通。

你也已经知道，信念具有惊人的能量。积极的信念使你掌控一切，负面的信念使你一败涂地。你已经知道自己可以改变信念，使其为自己服务。你已经知道心态以及生理状态的巨大能量。你已经知道了他人做事的方式方法，知道了如何与他人之间建立默契。你已经知道了强大的重构和锚定技术。你已经知道如何精确、巧妙地传递信息，如何避免扼杀沟通效果的含糊语言，如何使用精确的沟通模型从他人那里获取信息，如何应对成功道路上的五块绊脚石。你已经知道了元程序和价值观，它们是个人行为的组织原则。

我不认为你放下这本书，就能取得立竿见影的效果。可能本书讲述的部分内容对你而言相对容易，但人生存在着连锁反应，变化总会伴随着变化而生，个人的成长也会孕育出更多的成长空间。开始作出变化，点点滴滴的成长，你可以缓慢却平稳地改变自己的一生。正如石子掷入静水之中，随波荡漾开来，可至无穷。须知广厦起于微土，微小的事物却可成就大事业。

试想一下指向同一方向的两个箭头。如果你对其中一个的箭头方向进行微小的变动，如果使其方向存在三至四度的差异，一开始可能感觉不到变化，但随着指向的距离越来越远，其间的差异会越来越大，到了最后会看不到二者之间存在任何联系。

这就是本书为你提供的内容。它不会使你一夜之间判若两人，但如果你能学会运转自己的大脑，如果你能够理解并运用诸如次感元、价值观、元程序等技巧，六周、六个月直至六年的变化将会一步步改变你的人生。本书中的部分内容（如模仿），你自己在生活中一直进行着，而其他东西则是你之前未接触到的。只需记住，生活中的一切事情都是一种积累。如果你在今天运用到本书中的一两条原理，你便向前迈进了一大步。如果你在意向中设立了一个致因，而每个致因都会造成某种结果，每一种结果都使得我们在同一方向上行进的距离相累积。累计的过程也是最终实现目标的过程。

生活中有两个目标:得之所欲,享之所得。

——洛根·皮尔萨尔·史密斯①

接下来考虑最后一道问题。你当前将走向何方?如果你按照这种方向走下去,五年或者十年之后,你将会到达何处,达到什么样的高度?而这种地方、这种高度,又是不是你所愿呢?千万不要对自己撒谎。约翰·奈斯比特曾说预知将来的最好方法是清楚地了解当前的事情。想要人生圆满,你也需要清楚地分析现在的状况。因此,当你读完这本书后,静静地坐下来,想想你现在所去的方向,这个方向是否出于你本人的意愿。若非如此,我建议你最好做出改变。如果这本书有什么能使你有所得的话,那就是可以以几近光速的速度创造积极的变化——无论是在个人层面还是群体层面。无限潜能意指改变、适应、成长、演变的能力。无限潜能并不是说你将攻城拔寨,无往不克。而是说你可以从所有人的经历中学习,使得这些经历为你所用。无限潜能改变着你的认知、你的行为,进而改变你所取得的结果。无限潜能可以使你学会关爱,使你的生活质量得以提升。

在此,请允许我推荐另一种改变人生确保持续成功的方法。找到一个你愿意与之合作的团队。别忘了我们之前已经介绍过群策群力的能量。无限潜能是人人协作的潜能,是一种合力,而非各个单打独斗、各自为战。这个团队可以由家庭成员组成,也可以由朋友组成,可以是值得信赖的业务伙伴,也可以是你的工作搭档。如果你同时为他人以及自己努力工作,你付出的越多,获得的回报也会越丰厚。

如果你问及某人一生之中最丰富的经历,他通常回想起他作为某个团队一员的经历。有些时候这是个实打实的团队,例如,体育运动队。有时候这个团队的含义则相对抽象,如业务团队。有时候团队则就是你的家庭。作为团队的一员,是你自身的扩展、延伸,使你成长。团队的其他成员可以培养、考验你,很多时候仅仅单靠你自己根本无法做到这一点。毕竟为他人做事与为自己做事截然不同。

如果你生机勃勃,你是在某个团队之中。这个团队可以是你的家庭、你的人际关系网、你的业务、你所在的城市、你的国家、你的地球。你可以坐在沙滩上观

---

① 洛根·皮尔萨尔·史密斯(Logan Pearsall Smith,1865~1946),美国散文家及评论家。

望,你也可以站起身来参与其中。我建议你做一个参与者,参与到群体之中,与他人分享你的世界。因为你付出越多,收获越多。你使用本书中所学的内容为自己和他人所做的越多,回馈你的也越多。

　　须确认你处在一个不断挑战的团队之中。须知道人很容易偏离目标,人很容易明明知道需要做某事,却依然做着其他事,而这似乎也就是人生中意的方式。人的生活受重力作用,具有向下的趋势。我们都有状态不佳的时候,都会有不知道该做什么的时候。但倘若我们周围都是成功人士,他们都保持向前,都保持着积极的态度,都专注于实现目标,都能够支持你。你就会被激励着追求更多,获得更多,分享更多。如果你周围的人能够使你永不满足于自己的现状,你便获得了其他人梦寐以求的馈赏。搭档、伙伴是一个强大的后盾,须确信周围的人将你与他们联系在一起,能使你变得更好。

　　一旦你下定决心成为团队的一员,接下来的问题就是如何成为团队的领袖。领袖的含义可以是世界 500 强公司的 CEO,也可以是最好的老师。你可以是更好的企业家或更好的家长。真正的领袖知道团队的能力,知道大变孕于小事。他们能意识到他们所说的一切话对他人的惊人的鞭策和激励作用。

　　我的生活也有过这样的经历。当我在高中时,我的一位演讲老师要求我下课后留在教室里。同学们走后,我就在那一直琢磨自己究竟做错了什么。他说:"罗宾,我发觉你有着不可思议的演讲天赋,我希望你下周能够参加校演讲队的选拔赛。"说实话,当时我实在感觉不到自己身上有什么演讲天赋,但他的语气是如此肯定,我便信以为真了。他的这一番话改变了我的一生,因为他引导我走上了沟通者这一角色。尽管在他人看来,他做的事情极其微小,却对我的一生产生了深远的影响。

　　做为一个领导者,最应拥有的才能是超前的视野,能够洞察出当前行为所能产生的或大或小的结果。本书中的沟通技巧提供了进行此类区分的关键方法。我们的文化中需要更多的成功楷模,更多的卓越符号。我的启蒙者和导师们传授给了我许多无价的东西,我的一生都将因此而获益。我的生活目标是将自己所掌握的东西回馈给更多的人——这也是我写这本书的原因,也是我至今仍在发奋努力的动力所在。

　　我的第一位启蒙老师名为吉姆·罗恩。他告诫我生活的幸福和成功不在于你所拥有的东西,而在于你的生活方式。我们如何应对周围的事物,决定了我们生活质量的高低。他告诉我即便最微小的事物,亦能对你的生活造成极其深远的影响。例如,他告诫我要总是做个"两美分"人。他举了一个事例。假定一个擦鞋人把你的皮鞋擦得油光闪亮,你伸进自己兜里准备付钱时,不知道应该付一美分还是两美分,那就务必选择付两美分。你这么做不仅仅是为了他,也是为了你自己。如果你仅仅付了他一美分,在此后的一天内,你低下头看到自己脚上的皮鞋,便会想到他的工作那么出色,而我却怎可以如此吝啬,仅仅付了一美分?如果你付的是两美分,你在一天中的自我感觉也会好很多。如果你每次经过募捐箱前,总能遵循这种做法,多少捐点钱表表心意呢?如果你每次都自动承诺购买男童子军、女童子军品牌的衣服呢?如果你能时不时地想着打电话给朋友,告诉他,"我给你打电话并没有什么特殊的原因,我只想让你知道我爱你,我无意打扰你——我只是想把我的想法传达给你"呢?如果你能够养成为帮助过你的人写一份简短便签的习惯呢?如果你能有意花费点时间和精力,构想出能够为他人的生活增添价值的新奇方法,从而带给自己欢乐呢?这就是我们所说的生活方式。我们都拥有时间,生活的质量在于如何利用这些时间。我们是陷入到定势思维中,还是持续地创造新奇独特的视角,看起来似乎是一点小事,但所有这样的小事往往对你自身的认知起着强大的作用。他们影响着你对自身的认知储忆,进而影响着你的心态和生活的质量。我现在一直遵守着那个"两美分"的允诺,也在享受着其带来的丰厚回报。现在我再将其转赠于你,我相信只要你能将其用在自己的生活实践中,必能使你的人生更为丰富多彩。

那位化学家能从自己的心中提取出许多为人们所熟悉的悲悯、尊重、热情、忍耐、同情、新奇、宽容的情感,将其提取混合,组合成一种我们称作"爱"的独特珍宝。

——纪伯伦

我对你的最后一点要求是将这些信息分享给他人,这主要基于两点原因,首先,我们总是传授我们最需要学习的内容。通过将这些观点和他人分享,我们就会再次听到这些内容,并提醒自己,我们重视和坚信的东西在我们的一生中十分重要。另一点原因则是,在帮助他人做出真正重要的积极改变时,你可以体会到一种非同寻常、难以描绘出的充实和快乐。

就在去年,我在一次儿童培训夏令营中体会到了一种至今难忘的经历。该次夏令营为期 12 天,在此期间,我们向孩子们讲授了本书中的很多内容,让他们体会到了自身能力、学习技巧的变化,激发起了他们全部的自信。在 1984 年的夏天，我们进行夏令营结业典礼时，每个孩子都得到了奥林匹克冠军样式的金牌。在颁发奖品时，他们告诉我："你会魔法吧！"结业典礼十分欢快，我们狂欢到凌晨两点才结束。这是我一生中最快乐的经历之一。

典礼结束后，我回到房间，感到筋疲力尽。尽管意识到自己一早六点钟就要起床赶飞机，参加我的下一个议程，但我仍能感觉到过去的一天自己过得十分充实。当我三点钟准备睡觉时，突然听到了敲门声，感觉十分疑惑：谁会那么晚来找我呢？

我打开门，看到一个小男孩站在门前。"罗宾先生，我希望你能帮助我。"在我正要开口问他能否在下周再打电话给我的时候，我听到了他身后的哭声，一个小女孩站在他身后开始泣不成声。

我询问他们发生了什么事，小男孩告诉我她不想回家。我说你把小女孩带进房间，然后我用锚定的方法帮助她，她就会感觉好点，自然就可以回家了。他说她不回家并不是因为这个原因，而是因为她的哥哥经常性虐待她，至今已经有七年的时间了，她害怕回到家里。

于是我将他们两人都带进房间，使用本书中所用的工具改变了她对这些苦痛经历的储忆认知，使他们不再创建出痛苦的感觉。随后我将新的储忆认知与她最机智、最强大的心态锚定在一起，直至一想到或看到自己的哥哥立马进入到一种自己可掌控的心态之中。在这一过程结束后，她决定给自己的兄长打电话，她用一种其兄长之前从未听过的坚定语气告诉他："哥哥，我现在告诉你我马上回家，你最好以后不要再用以前的那种眼神看着我，或者让我发现你有想对我做那些事情的念头。否则，你以后的日子就呆在监狱里自责吧！这就是你的行为应该付出的代价。做为妹妹我依然爱你，但我绝对不容许这种事情再次发生。如果我察觉到你再有这样的念头，你就完了。我很严肃地告诫你，请将我说的这些话牢牢地记在心里。我依然爱你。再见！"他听到了她的立场。

她挂断了电话，一生中首次感觉到自己如此强悍，如此自主。她拥抱着自己的小男朋友，俩人终能解脱地大哭一次。当晚我对他们提供了帮助，而他们也以最不可思议的方式拥抱了我。小男孩告诉我，他不知道该如何报答我。我告诉他能够看到她的变化便是对我最大的犒赏。他说："不，这不算，我一定要用我的方式报答你。我知道有些东西对我十分重要。"他缓缓地取出自己的金牌，将它放在了我的手中。他们亲吻了我的面颊便离开了，临行前还告诉我，他们将一生铭记我。后来我妻子听我讲完故事后,泣不成声。我也是如此。她说:"你做了一件十分了不起的事情,这个孩子一生的命运因你而改变。"我说:"谢谢你,甜心。任何知道这种方法的人都可以帮助她。"妻子说:"不错,人人都可以做到,但只有你真真正正做到了。"

　　如果你能献出足够的爱,你便可成为世界上最强大的人。

——艾默特·福克斯①

　　这也是本书想要传达的终极信息。做个实干家,掌控自己的一生,身体力行。使用本书中所学到的内容,就从现在开始做起。不仅仅用于自身,也要学会用这些内容帮助他人。这些行为所获得的回报超出了我们的想象。世上有很多夸夸其谈的人,有很多人知道如何做到正确、强大,但仍未能取得自己所期望的结果。光说不做是不够的,你必须将所说的内容付诸实践,这也是《激发无限潜能》的真谛所在。激发你自身无限的潜能,去做一些取得卓越成就必须做的事情。费城76人队②的朱利叶斯·欧文拥有一项处世之道,我将其归纳为"漫步者"的哲学。这十分值得你模仿。他说:"我对自己的要求要远比其他人想象到的还要高。"这也是他能够成为NBA最好的球员的原因所在。

　　古代有两位伟大的演说家,一位是西塞罗③,另一位则是德摩斯梯尼④。当西塞罗演讲结束时,人们总是起立为他鼓掌,欢呼"多么伟大的演说"。而当德摩斯梯尼演讲结束时,人们会说"我们游行去吧"。这便是表述与说服之间的区别。我希望自己能有幸成为后者。如果你在读完本书后,心里想"这是一部十分伟大的书,其中包含了很多实用的工具,"但是却丝毫不使用书里的内容,这样无疑是在浪费我们双方的时间。然而,倘若你从现在开始将这本书作为观念和身体的指导手册,将它用作改变你任何想要改变行为的指导,你的一生自此将踏上康庄大道,可以实现你过去甚至不敢想象的梦想。当我在我的日常生活日常中施行这些原理时,也的的确确发生了上述内容。

　　我希望你的生活能取得令人瞩目的成就,我希望你能成为那些众人学习、追

---

　　① 艾默特·福克斯(Emmet Fox,1886~1951),20世纪前叶新思想派精神领袖,最为人熟知的成就是在经济大萧条时期在纽约城进行的神学教派活动。

　　② 美国男子职业篮球联赛(NBA)参赛球队,朱利叶斯·欧文斯(Julius Erving)是该球队的传奇巨星。

　　③ 马库斯·图利乌斯·基凯罗(Marcus Tullius Cicero,前106~前43),或依英语音译西塞罗。罗马共和国著名演说家和政治家,被誉为"拉丁语雄辩家"。

　　④ 德摩斯梯尼(前384~前322),也译作狄摩西尼或德摩斯提尼。古希腊著名的演说家,民主派政治家。

随的对象。他们是卓越的典范，而周围的世界也围绕着他们运转。能够有幸成为他们之中的一员，证明你是极少数能够做到设立伟大的梦想、实现梦想、引导他人实现梦想的人。有些人能够使用自身拥有的资源为自身及他人取得一个又一个新的成就，我一生都受他们的故事感染。我希望某日我能有幸讲述你的故事。如果本书能有幸使你走向这一方向，亦属笔者的荣幸。

同时，我十分感激你愿意听我讲述使我的生活改观的一些心得，并能运用到自身的学习、成长和发展之中。希望你能够取得无限的丰硕成就。希望你能全身心地投入，不仅仅是为自己设定目标，同时要将目标一一实现，并接着树立更多的目标；不仅仅是要紧紧地抓住你现在的梦想，还要将你的梦想无限延伸；不仅仅是要学会珍爱我们的土地和财富，同时也要让其变得更美好；不仅仅是尽你所能获得你想要的东西，还要学会关爱他人，慷慨施与。

在此，我为你送上一段以色列祝词："愿道路为汝敞开，迎汝之至；愿汝一路坦途，风顺日清；愿阳光沐于汝面，甘露滋于汝土，直至与汝再会……惟愿吾主轻抚，与汝同在。"①

再见，愿"上帝"保佑你。

---

① 以色列祝词，1967 Bollind 公司所有。该公司位于科罗拉多州，博尔特市。

解读线索（Accessing Cues）：影响我们神经传导的行为，使得我们更倾向于某一种储忆系统。例如，降低呼吸的频率和声音的节奏，可使你直接进入到触觉模式；像听电话那样将头偏向一边，则可以使你直接进入到听觉模式。

锚定（Anchoring）：一种神经作用过程，通过它将任意的储忆认知（内部或外部）与一个触发物或刺激源联系在一起，一旦接触到触发物、触发事件，即可作用在神经系统之中。特定的锚定过程响应的典型示例是当你听到你很有好感的人叫你的名字时，你会自然而然地将特定的情感与其联系在一起。

行为（Behavior）：人类具体的行动，包括"大的"行为，诸如手势或掷球；以及"小的"行为（可能更不易观察到），例如思考、眼神运动、呼吸变化，等等。

调适（Calibration）：针对相应的标准进行观察、测量调整的能力。调适须依赖于精准的敏锐感知。当你所爱的人感到有一点不确定或十分愉快时，你很可能能够捕捉到。这是因为你已经对他们的人生观进行了调适。

沟通（Communication）：通过语言、符号、象征以及行为传递信息的过程。它可以具有方向性，即交谈结束时所处的境况已经与交谈开始时完全不同，例如，谈判、心理治疗和推销。它表现出了一定的目的性。

一致／不一致（Congruity/Incongruity）：即一个人口头传递出的信息和通过其他表达手段呈递出来的信息是否相似或相同，即口头信息和声音、手势等传达出相同的讯息。所有的外部表达手段都可以用作校验标准。不一致的言行会呈现出和外部传达手段相冲突的信息。例如，嘴里说"是的，我十分确定"，而声音却是绵软无力。

删除（Deletion）：即从你的认知储忆中删除的原始经历内容。这是一种认知过程，使你不会任由接收到的感觉输入信息控制。有些东西我们遗漏了，但是如果能够包括在内,则会对我们帮助更大。

曲解(Distortion):通过这种方法使得人的储忆认知失真,造成了认知局限,包括"夸大"、"扭曲",等等。它支持我们改变自己认知的内容。

生态学(Ecology):对存在与环境之间关系模式或者总体研究的学科。在NLP课程中,我们还使用到内部生态学参考这个条目——即人处理自身价值观、策略及行为时体现出来的一种平衡。

诱发(Elicitation):通过对人的解读线索进行直接的观察等,进行信息的采集,通过恰当的提问发掘出他们的内部经历架构。

眼神扫描模式(Eye - Scanning Patterns):眼球运动以及眼球所处的位置可以透露出某人所处的认知模式。说服者可以根据对方所处的模式,调节变更自己的说服和诱发技巧。

概括(Generalization):一种认知过程,基于人的部分认知经历,将部分信息内容的认知作为了整体认知。这种方法在多数情况下很有效。如一个小孩接触到火炉盖受到轻微的烫伤,他概括出的理解就是"火炉是热的","火炉点火后不要碰它"。而在另外一些模式下,这会成为负面的限制条件。

储忆认知(Internal Representation):你创建并储存在脑中的信息构成形式,包含了画面、声音、感觉、气味、味道。如果想要回忆你长大的房子的状况,除非你的确就处在房中。你对房屋的概念都来自于你的储忆认知。

匹和(Matching):调节自己的行为(例如特定的手势、面部表情、说话方式、声音等),使之与他人一致。如果能做到惟妙惟肖,便可以和他人形成默契的感觉。

镜像(Mirroring):就如同一个镜子一样,模仿他人的行为。如当你面对你的镜像对象,他的左手便是你的右手模仿对象。

模型(Model):对某些事物如何工作的一种形象表述(但并不一定表述事物为何可以工作)。当我们说某人是世界的"典范"时,我们指的是他的信念、思维过程以及行为的综合,使得他能够以特定方式工作。模型是组织经历的一种方式。

模仿(Modeling):寻找他人完成某项重大任务的储忆认知和行为的过程。一旦详尽地了解到了策略、语言、信念以及行为的构成,即可轻松地掌握这项技术。

调适(Pacing)：在与他人交流时获得并维持一段时间的默契感的手段。你可以调适信念、观念以及行为。

默契(Rapport)：人们交流和/或分享特定行为时表现出来的一种现象。它往往在人们相处时自然、无意识地发生。通过镜像和匹和，可有意识地对其进行控制，增强你的交流效果。

储忆认知系统(Representational Systems)：即我们对感知信息的编码方式。它包括视觉系统、听觉系统、触觉系统、嗅觉和味觉系统。它使得我们吸收、存储、分类并运用信息。我们与其他物种的差异也来自于这些系统。

感觉敏锐度(Sensory Acuity)：我们充分应用自己的感知器官（视觉、听觉、触觉、嗅觉、味觉）进行认知的过程。这可以为我们带来更充足、更丰富的体验，能使我们捕捉到细节，使得我们更为具体地表述出自己与外部世界的交流内容。

感官描述(Sensory – Based Description)：使用能够表达出直接五种感知内容的语言。这就是"她的嘴唇略微张开，几颗牙齿露在了外面，嘴角上扬"和"她很高兴"的区别。

感知经历(Sensory – Based Experience)：由可见、可触、可听、可闻、可尝的内容构成的经历。

心态(State)：个体在任意时刻的总的神经过程。心态会影响和删选我们当前对过去储忆的认知。

策略(Strategy)：用于指导我们行为的特定认知方式。策略通常包括各种感官认知系统（视听触等）的特定组合。通过留意与他人交流时所用的词汇/观察眼球运动方式，以及询问储忆的形式和构成，可以判断出一个人的思维策略。

次感元(Submodalities)：外部感知经历的次级分类：画面的明亮度、距离远近、深度；声音的音量，发声位置、语调，等等。

"句法"(Syntax)：关联或组织系统，通过它将外部和内部事件有序组合在一起。而在语言学，这表示为使句意通顺所应采取的句式结构。